高等教育"十三五"规划教材

新编安全科学与工程专业系列教材

安全工程国家级实验教学示范中心(河南理工大学)资助

安全工程专业实验教程

主　编　邓奇根　高建良　魏建平

副主编　牛国庆　王　燕

主　审　景国勋

U0338188

中国矿业大学出版社

内 容 提 要

本实验教程内容力求覆盖安全工程专业(矿山安全、瓦斯地质方向)专业基础课和专业课所开设的实验,包括"矿井通风"、"瓦斯地质"、"煤矿瓦斯灾害防治"、"矿井火灾防治"、"矿井粉尘防治"、"矿井安全检测监测技术"、"抢险与救灾"、"矿井瓦斯预测技术"、"矿井瓦斯抽采技术"、"煤化学"、"爆破安全"、"煤矿地质学"及"通风网络解算"13门课程的实验教学内容,是一本综合性的安全工程专业实验指导书。

本书主要读者对象是高等院校安全工程专业学生、教师,也可供从事相关专业教学、设计、科研、检测检验等工作者参考使用,或者作为培训教材供相关人员使用,亦可作为相关专业研究生实训教学使用。

图书在版编目(CIP)数据

安全工程专业实验教程 / 邓奇根,高建良,魏建平
主编.—徐州:中国矿业大学出版社,2017.4

ISBN 978-7-5646-3472-8

Ⅰ.①安…　Ⅱ.①邓…　②高…　③魏…　Ⅲ.①安全工
程—实验—高等学校—教材　Ⅳ.①X93-33

中国版本图书馆 CIP 数据核字(2017)第 049094 号

书　　名	安全工程专业实验教程
主　　编	邓奇根　高建良　魏建平
责任编辑	陈红梅
出版发行	中国矿业大学出版社有限责任公司
	(江苏省徐州市解放南路　邮编 221008)
营销热线	(0516)83885307　83884995
出版服务	(0516)83885767　83884920
网　　址	http://www.cumtp.com　E-mail:cumtpvip@cumtp.com
印　　刷	徐州中矿大印发科技有限公司
开　　本	787×1092　1/16　印张 16.5　字数 412 千字
版次印次	2017 年 4 月第 1 版　2017 年 4 月第 1 次印刷
定　　价	33.00 元

(图书出现印装质量问题,本社负责调换)

前 言

　　安全是人类生存与发展永恒的主题,也是人类社会发展的基本要求。安全生产是社会文明和进步的重要标志,是国家稳定、社会发展、人民安康的基石,事关人民群众的生命财产,事关改革发展稳定大局,是经济发展和社会进步的前提和保障,是落实科学发展观的必然要求和构建和谐社会的重要方面,是安全发展的核心内容和基本任务。

　　安全工程专业是为解决社会与经济发展过程中的“安全”问题而产生并被社会所接受和认可的,多学科交叉、多行业交融的专业。其人才培养目标应具有“理论基础扎实、工程背景强、实践及创新能力强”的高素质复合型工程技术专业人才。实验教学是安全工程专业教学活动中的重要环节,对培养学生的动手能力、独立思考能力、创新意识和创新能力以及严谨的科学态度方面,具有其他教学环节无法代替的作用。

　　本书作为一部系统化安全工程专业实验教程,希望既能在知识传授方面深入浅出地介绍本学科领域的知识,又能在工程实践教学方面得到应用检验,并在此方面做一些探索。

　　本书由河南理工大学编写,全书共分 13 章,各章分工如下:

　　前言由高建良编写;第 1 章安全工程专业实验概述由高建良、王燕共同编写;第 2 章矿井通风由高建良编写;第 3 章瓦斯地质由魏建平、邓奇根共同编写;第 4 章煤矿瓦斯灾害防治由邓奇根编写;第 5 章矿井粉尘防治及第 6 章矿井火灾防治由牛国庆编写;第 7 章矿井安全检测监测技术及第 8 章矿井瓦斯预测技术由魏建平、邓奇根共同编写;第 9 章矿井瓦斯抽采技术由魏建平、王燕共同编写;第 10 章煤化学由邓奇根、王燕共同编写;第 11 章抢险与救灾由王燕编写;第 12 章煤矿地质学及第 13 章通风网络解算由高建良编写;附录 1 由牛国庆编写,附录 2 由魏建平、邓奇根共同编写。

　　全书力图包含安全工程专业(矿山安全方向、瓦斯地质方向)所涉及的主要实验内容,同时兼顾安全工程工业安全方向部分实验内容,力求做到内容丰富、图文并茂、层次清晰、通俗易懂,突出内容的基础性,注重理论联系工程实践,强调实用性和可操作性。

　　在本书编写和出版的过程中,河南理工大学刘明举教授给予了全过程的指导和帮助;河南理工大学安全工程国家级实验教学示范中心的老师以及煤矿安全工程技术与研究中心的研究生为本书的编写给予了无私帮助,在此一并表示衷心的感谢和崇高的敬意!

　　在本书编写过程中参阅了大量的文献,在此对文献的作者表示最诚挚的谢意!

由于实验条件复杂或实验设备繁多，书中还有诸多地方值得探讨和研究。由于编者水平有限，书中疏漏和错误在所难免，热切地希望读者批评指正并提出宝贵意见。

编　者

2017 年 2 月

目 录

第1章

安全工程专业实验概述

随着我国经济发展方式加快转变和产业结构优化升级,煤矿、非煤矿山、建筑和危险化学品等部分高危行业(领域)机械化、自动化水平将不断提升,安全生产将不断出现新情况、新问题,安全生产共性、关键性技术支撑能力不足。安全生产工作既要解决长期积累的深层次、结构性和区域性问题,又要积极应对新情况、新挑战,任务十分艰巨。因此,迫切需要加大安全工程专业人才教育培养力度,不断提高各行业(领域)从业人员的安全素质和能力,全面提升安全工程专业人员的技术水平和实际操作能力,为实施"科技兴安"战略,建立安全生产长效机制,为促进安全生产形势进一步持续稳定好转奠定坚实基础。

"安全工程"是指在具体的安全存在领域中,运用各种安全技术、装备及其综合集成和教育、管理等手段,以保障人们安全健康的方法、手段和设施。安全工程的实践,为保证人们在生产和生活中,早期防范和应对突发公共安全事件、使人身安全健康得到保障,设备、财产不受到损害,提供直接和间接的保障。

安全工程专业是为解决社会与经济发展过程中的"安全"问题而产生并被社会所接受和认可的,社会、经济发展过程中"安全"的不确定性、复杂性和综合性,使得安全工程专业不同于一般的工科专业,构成了多学科交叉、多行业交融的专业特点。不同的生产行业、不同的社会、经济发展阶段,不同的环境条件,其安全要求和保障条件也会各不同,安全工程专业人才必须具备特有的专业素质和工程能力,这样才能满足社会、经济发展的需求。但长期以来直接从事安全工作的人员数量不足、素质不高,与当前技术发展的要求不相适应。

安全工程专业不同于一般的工科专业,是一个多学科交叉、多行业交融的专业。同时安全工程专业其行业的特殊性,决定了在安全工程人才的培养过程中要"以基本知识掌握为先导,以基本技能训练为基础,以创新能力培养为核心"。

安全工程专业应培养掌握安全科学、灾害防治技术和安全管理等方面的基本理论、基本知识和基本技能,具备安全工程师的基本能力,重点培养在安全工程领域从事安全工程设计、研究、管理、检测检验、评价、监察、培训等方面工作,同时兼顾金属与非金属矿山、化工、电力、机械、冶金、交通运输、建筑等其他安全工程领域的"理论基础扎实、工程背景强、矿山特色明显、实践及创新能力强"的高素质复合型工程技术专业人才。因而这门新兴的学科涉及学科门类十分广泛,不少问题尚难以用准确的数学方法描述,许多事故的分析和预防都需要通过实验来提供依据,所以实验技术在安全工程中具有特别重要的地位。

安全工程专业实验的主要任务是通过实验现象的观察、有关数据的测定,直接获取感性知识,从而巩固、扩大并加深理解所学的理论知识,培养学生掌握正确的基本实验方法和操作技能以及对实验数据进行概括、总结和分析的能力;培养严谨的科学态度、实事求是的工作作风、良好的工作习惯;培养学生独立思考、提高分析问题和解决问题的能力,增强创新意识和创新能力。

1.1 安全工程实验教学的地位及作用

实验教学是高等教育的重要组成部分,是抽象与具体、理论与实践相结合的过程,在人才培养,尤其在创新性人才培养方面具有理论和其他教学环节不可替代的作用。当今社会的竞争,与其说是人才的竞争,不如说是人的创造力的竞争。因此,作为培养高素质人才的高等学府应该将大学生创新能力的培养作为实验教学改革的重要目标。实验教学不仅能使学生掌握基本的实验技能,而且对于培养学生树立严肃认真的科学实验作风、提高实验能力、加深对理论知识的理解、综合运用知识、开拓创新等方面起到重要作用。

根据我国教育发展形势,2005 年教育部将"坚持和落实科学发展观,以学生为本,以创新人才培养为核心,实施开放式实验教学,促进学生知识、能力、思维和素质的全面协调发展"作为实验教学改革的指导思想,启动了国家级实验教学示范中心的评审工作。2006 年年底,共建设了 11 个学科门类的 84 个国家级实验教学示范中心,带动全国 918 个省级实验教学示范中心的建设。2007 年国家级实验教学示范中心的建设纳入"十一五"本科教学质量工程规划,2007 年 135 家获准建设,2008 年 141 家获准建设,2009 年 142 家获准建设。目前,全国共建设有国家级实验教学示范中心 900 个,300 个国家级虚拟仿真实验教学中心和数千个省级实验教学示范中心。学科类别涵盖理学、工学、农学、法学、医学、管理学、文学(艺术)等 44 个类别主要学科领域,覆盖全国 31 个省、市、自治区。2007 年,教育部出台《关于实施高等学校本科教学质量与教学改革工程的通知》(教高〔2007〕1 号)和《教育部关于进一步深化本科教学改革全面提高教学质量的若干意见》(教高〔2007〕2 号),提出"推进人才培养模式和机制改革,着力培养学生创新精神和创新能力","创造条件组织学生积极开展社会调查、社会实践活动,参与科学研究,进行创新性实验和实践,提升学生创新精神和创新能力"。

目前,国内已有 180 多所高校开设了安全工程专业,加上消防工程、采矿工程、煤层气等专业,学生人数较多,高等学校需要创造条件让学生进行创新性实验和实践,提升学生创新精神和创新能力。

因此,实验教学和实践教学是高校教学活动中的重要环节,在培养学生的动手能力、独立思考能力、增强创新意识和创新能力以及严谨的科学态度等方面,具有其他教学环节无法代替的作用。

1.2 安全工程专业实验教学模式

实验教学以培养学生实践能力和创新能力为主要目的。实验教学可以采用理论讲授、现场示范与实际操作相结合,多媒体辅导和教师辅导相结合,课堂实验与课外实践、应用创新相结合等多元化实验教学方法与手段,建立了以学生为中心的实验教学模式,形成了以自主式、合作式、研究式为主的实验模式,如图 1-1 所示。

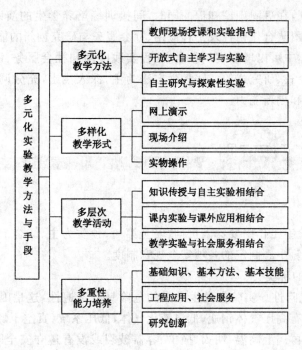

图 1-1 实验教学方法与手段

1）多元化的实验教学方法

将理论知识传授与学生自主实验相结合，教学实验与组织学生参加科学研究相结合，课堂教学与课外创新实验活动相结合，强调启发式教学，注重学生自学能力的培养。采用教师现场授课和实验指导相结合，开放式自主学习与实验相结合，自主研究与探索性相结合。根据不同的教学内容，针对不同的对象，采取不同的教学模式。

对刚进入实验室的学生进行实验基础知识教学，主要采取教师在实验现场授课和指导实验的教学方式，以便学生理解教学内容和要求，熟悉并了解仪器设备；同时，迅速引导学生入门，便于教师了解学生的学习状况，有针对性地解决普遍性问题。

对于具备了一定实验知识并初步掌握实验方法的学生，可采取开放式自主实验教学方式，实验项目由学生自主设计，引导并培养学生自己获取知识的能力，让学生充分发挥主观能动性和创造性。

在综合设计型实验教学和课外创新活动中，采取研究和探索性实验方式。引导学生发挥个性，培养学生的知识应用能力、信息获取与选择能力、动手实践能力以及创新能力。

2）多样化的实验教学形式

采取网上演示实验、现场介绍及实物操作结合的方式，使学生掌握基本的实验方法和最新技术的应用，并充分了解当前科学技术的发展状况。

3）多层次的实验教学活动

将知识传授与自主实验相结合、课内实验与课外应用相结合、教学实验与社会服务相结合。强调启发式教学，加强课程教学与科学研究的关联，注重学生自学能力的培养。

4）多重性的能力培养

除巩固理论知识、培养工程实践能力和创新意识外，还应注意对学生团队合作精神与交流能力的培养。在设计、创新型教学中要求学生数人合作完成任务，并要求学生将设计方案当众宣讲、讨论、论证,在巩固理论知识的同时,间接训练培养学生的演讲与写作、交际与沟通能力,培养学生的团队合作精神及工程应用、社会服务与研究创新的能力。

在实验教学过程中可以增加案例教学、工程实践应用和社会服务、课堂讨论等环节,以启发式、自学式、讨论式、研究式等实践教学方法为主,深入浅出,充分调动学生学习的积极性,培养其创新思维和创新能力。

1.3 实验室工作守则

1.3.1 安全守则

在安全工程实验室工作中要深入贯彻"安全第一、预防为主、综合治理"思想方针,严格执行学校、学院及实验中心制定的各项安全规章制度。

1) 常见危险性的种类

(1) 火灾爆炸危险性。实验室发生火灾的危险具有普遍性,这是因为实验室中经常使用易燃易爆物品,还有高压气体钢瓶,低温液化气体,低压系统(真空干燥、蒸馏等)。如果处理不当或操作失灵,再遇上高温、明火、撞击、容器破裂或没有遵守安全防范要求,往往酿成火灾爆炸等重大事故。

(2) 有毒气体危险性。在安全工程实验室中,很多物质不仅易燃、易爆,而且有毒。如果不注意,就有引起人员中毒的可能性。

(3) 触电危险性。实验室离不开电气设备,不单用到 220 V 的低压电源,甚至还要用到几千甚至上万伏的高压电源,这些都有可能导致触电事故。

(4) 机械伤害危险性。实验过程中经常用到玻璃器皿、加载设备等,操作人员若疏忽大意或思想不集中,便可能造成皮肤或手指创伤、割伤或挤压伤害等事故。

(5) 放射性危险性。从事放射性物质分析及 X 光衍射分析的人员很可能受到放射性物质及 X 射线的伤害,必须认真防护,避免放射性物质的侵入和污染人体。

2) 具体安全守则

(1) 严格执行压力容器操作规程。经常检查钢瓶及连接管路的气密性,防止气体泄漏;可燃气体放空时必须引至室外。

(2) 存放或使用易燃物质的实验室严禁明火,有毒物质的使用和处理必须在通风橱内进行。

(3) 了解常用化学试剂的储存和使用知识,严禁随意混合不明性质的化学试剂。切实注意防止火焰、爆炸、化学灼伤、创伤和中毒等事故发生。

(4) 注意用电安全,防止人身触电及设备仪器损坏事故。

(5) 熟悉发生意外事故时应采取的措施。

(6) 最后离开实验室的人员注意检查各仪器控制开关,水、电、气总开关及门窗是否关好。特别要注意防止水害,杜绝无人操作运行等。

1.3.2 工作规则

(1) 学生进行实验前必须做好实验预习,否则指导教师有权取消学生本次实验的资格。

(2) 学生在实验室内必须遵守纪律,保持安静,集中精神,认真操作,仔细观察,如实记录。

（3）爱护实验仪器、设备，严格按照操作规程进行实验。若发现异常，应立即停止使用，报告指导教师并及时排除；若有损坏，必须如实报告并及时登记，按章赔偿。

（4）遵守试剂取用规则，注意节约药品、材料以及水、电、气等。实验过程中应养成良好的工作习惯，保持整洁的实验环境。

（5）实验室的仪器、药品、材料和工具等不得擅自带离实验室，更不得据为己有。如有违反，一经发现，应给予相应处罚。

（6）实验过程中，未经指导教师允许，不得擅自离开实验室。

（7）废纸等应倒入垃圾箱内；废液应倒入废液缸内，严禁倒入水槽，以防止水道堵塞和腐蚀。

（8）实验完毕，应立即关闭仪器控制开关及水、电、气开关，并将仪器洗涤干净，整理好实验台，做好实验室的清洁卫生。

1.3.3　意外事故的处理

（1）割伤：应用蒸馏水洗净伤口，涂上红药水和紫药水，撒消炎粉后包扎好。若为玻璃割伤，应先挑出伤口里的玻璃碎片，再进行相关处理。造成创伤的物体有锈蚀等情况时，在简单处理伤口后，还应及时到医院视情况根据需要注射破伤风疫苗。

（2）烫伤：受到烫伤时，不要用冷水洗涤伤处。如果伤处皮肤未破，可涂擦饱和碳酸氢钠溶液或用碳酸氢钠粉调成糊状敷于伤处，也可抹獾油、烫伤膏或牙膏，以减轻灼痛，待缓解后擦干，涂抗菌消炎药物；如果伤处皮肤已破，可涂些紫药水或 1‰ 高锰酸钾溶液。受金属熔液烫伤时，应立即采取措施使伤者脱离致伤源，保持呼吸道通畅，保护创伤面，并立即联系医院救治，同时报告相关安全领导小组成员。

（3）受碱或酸灼伤：先用凉水冲洗，若为碱液，再用 1‰ 硼酸溶液冲洗；若为酸液，则用 1‰ 碳酸氢钠溶液冲洗，最后再用水洗。

（4）吸入刺激性或有毒气体时，应立即到室外呼吸新鲜空气。

（5）触电：首先切断电源，必要时进行人工呼吸。触电者神志清醒，让其就地休息；触电者呼吸、心跳尚存，神志不清，应仰卧，保持周围空气流通，注意保暖；触电者呼吸停止，则用口对口进行人工呼吸；触电者心脏停止跳动，用体外人工心脏按压维持血液循环；若呼吸、心脏全停，则人工呼吸和体外人工心脏按压两种方法同时进行。现场抢救不能轻易中止抢救，要坚持到医务人员到现场后接替抢救。

（6）起火：应首先切断电源，迅速移走易燃物品等以防火灾蔓延，与此同时，选用合适的灭火方法，小火可用湿布、石棉布或沙子等覆盖燃烧物；有机溶液燃烧时，大多数情况下严禁用水灭火，可用干粉或二氧化碳灭火器灭火；电气设备着火时不能用泡沫灭火器，只能用二氧化碳或干粉灭火器灭火；实验人员的衣服着火时，切勿惊慌乱跑，应就地打滚或赶快脱下衣服，也可用湿棉布覆盖着火处。

（7）被液氮冻伤后，不要揉搓冻伤处，应立即脱下溅有液氮的衣物，及时送往最近的医院进行救助。

1.3.4　安全应急救援预案

为进一步落实教育部有关安全工作的文件精神，坚持"安全第一，预防为主"，使实验中心师生牢固树立"隐患险于明大，防范胜于救灾，责任重于泰山"的安全意识，不断提高中心处置安全事故的能力和水平,特制订如下应急预案。

1) 指导思想

实验室是教学工作使用和保管仪器设备、危险品的重要场所,各类具有易燃、易爆、氧化、剧毒、放射性物质和贵重仪器设备都存放其中。在使用和保管过程中稍有不慎,极有可能能引起人身伤亡事故和对社会造成危害。为此,除了对实验室进行必要的技术预防,还必须保障实验操作中师生的安全,促进实验室各项工作顺利开展。为防范安全事故发生,应做好充分的思想准备和应变措施,还应做好事故发生后补救和善后工作,确保实验室在发生事故后能科学有效地实施处置,切实有效降低和控制安全事故的危害。

2) 适用范围

本预案适用于中心教学、科研实验室易燃、易爆、有毒有害危险化学品发生的各类安全事故。

3) 组织领导机构

坚持"预防为主"和"谁主管谁负责"原则,实行逐级管理,分工到个人。实验中心主任应为事故应急处置的第一负责人,实验室全体人员都是事故处置的责任人。

(1) 成立中心实验室安全工作领导小组

总 指 挥:×××,电话:×××。

副总指挥:×××,电话:×××;×××,电话:×××。

成　　员:×××,电话:×××;×××,电话:×××;×××,电话:×××。

(2) 责任分工

×××:实验中心主任,负责全面指挥,及时有效地解决突发事件。

×××:实验中心副主任,协助实验中心主任工作,建立预防措施,加强应急教育,通力协助。

×××:实验中心教学办主任,协助实验中心主任及副主任开展各项工作,建立预防措施,加强应急教育,通力协助。

各分室主任:负责调查及组织工作。

成员:负责通讯联络及法制安全宣传教育工作;消防工作;保护、疏散学生工作。

4) 应急原则

(1) 先救治,后处理。

(2) 先制止,后教育。

(3) 先处理,后报告。

5) 注意事项

(1) 实验物品要摆放规范。

(2) 在学生操作之前,要明确要求及示范正确的操作程序。

(3) 对一些危险物品要向学生重点强调其使用的注意事项,做好安全教育工作。

6) 应急措施

(1) 明火操作安全应急预案

① 实验室内严禁吸烟,使用一切加热工具均应严格遵守操作规程,离开实验室时应检查是否断水、断电。

② 转移、分装或使用易燃性液体,溶解其他物质时,附近不能有明火。若需点火,应先进行排风,使可燃性蒸气排出。

③ 实验所剩余钠、钾、白磷等易燃物和氧化剂 $KMnO_4$、$KClO_3$、Na_2O_2 等易燃易挥发的有机物不可随便丢弃,防止发生火灾。

④ 一旦发生火灾,应迅速切断火源和电源,并尽快采取有效的灭火措施。水和沙土是最常用的灭火材料。

⑤ 发生火灾报警程序:

a. 任课教师迅速报告实验中心及学院安全领导小组,同时组织疏散学生离开现场。

b. 发生的火灾范围较小且可以控制时,现场人员必须通过电话向实验室的直接负责人报告。当火情不能有效控制时,应通过电话向学校保卫处或消防中心(电话 119)部门报警。报警内容为:"×××发生火灾,请迅速前来扑救",待对方放下电话后再挂机,同时通知相邻实验室人员。

c. 实验中心(学院)领导在向学校领导汇报的同时,派出人员到主要路口等待引导消防车辆。向公安消防部门和学校保卫处报警时,要迅速准确地说明起火地点、燃烧物的类别等。公安消防人员到场后,报警人员或着火房间人员及时向公安消防指挥员介绍已了解的火场情况,如火情火势、燃烧物品的类别、有无危险物品、有无人员被困等。

⑥ 明确分工:

a. 参加人员:在消防车到来之前,实验中心(学院)教师均有义务参加扑救。

b. 消防车到来之后,校内人员配合消防专业人员扑救或做好辅助工作。

c. 使用器具:灭火器、水桶、脸盆、水浸的棉被等。

d. 学院领导和教师要迅速组织学生逃生,原则是"先救人,后救物"。

e. 学生及无关人员要远离火场和校区内的固定消火栓,便于消防车辆驶入。

⑦ 注意事项:

a. 火灾事故首要的一条是保护人员安全,扑救要在确保人员不受伤害的前提下进行。

b. 火灾第一发现人应查明原因,如是用电引起,应立即切断电源。

c. 火灾发生后应掌握的原则是"边救火、边报警"。

d. 不得组织学生参加灭火。

(2) 带电操作安全应急预案

① 操作时不能用湿手接触电器,也不可把电器弄湿。若不小心弄湿了,应等干燥后再用。

② 若出现触电事故,应先切断电源或拔下电源插头。若来不及切断电源,可用绝缘物挑开电线。在未切断电源之前,切不可用手去拉触电者,也不可用金属或潮湿的东西挑拨电线。分析漏电的程度,如果较为严重,在切断电源后立即通知学校电工处置,并指挥学生离开现场。

③ 遇到人员触电,应及时实施救护。若触电者出现休克现象,要立即进行人工呼吸,并请医生治疗,同时报告学校安全领导小组。

(3) 有毒物质操作安全应急预案

① 禁止尝任何药品的味道。闻气体应"招气入鼻",即用手轻轻扇动气体,把气体扇向鼻孔(少量),不可把鼻子凑到容器上。

② 实验室内应装有换气设备,并设有通风橱,有毒气产生或有烟雾产生的实验应在通风橱内进行,尾气应用适当试剂吸收,防止污染空气,造成中毒。拆卸有毒气的实验装置时,也应在通风橱内进行。

③ 仪器中的反应物倾倒出来后再清洗。有毒物质不准倒入水槽里,要倒在废液缸中,统一处理。有毒物质剩余后不可随意乱扔。

④ 皮肤破损后不能接触有毒物质,以免有毒物质经伤口侵入人体造成中毒。

⑤ 每次实验完毕应用冷水洗净手、脸后再离开实验室。不宜用热水洗,因热水会使皮肤毛孔扩张,有毒物质容易渗入。

⑥ 一旦发生化学药品伤人刑事案件和灾害性事故,任课教师应立即打开窗户通风,及时将伤者送往就近医院救治,同时向主管领导汇报事故情况,发生严重事故应拨打"110"、"119"、"120"。采取正确、有效的方法,疏散无关人员,避免对人员造成更大伤害。采取有效措施,保护现场,配合公安部门进行勘察,着手对所获得材料、物证进行具体分析,研究,判明事故性质。事故查清后,要写出定性结案处理报告,事故发生的时间、地点、部位和人员伤亡情况,造成的经济损失、调查经过、对调查的证据材料的分析、对事故性质的认定和结论,以及对事故制造者或责任者的处理意见。根据事故的情况,报上级有关单位。

7) 其他

本预案由中心组织落实,全体实验室工作人员必须严格按照本预案的规定实施,各分室要制订本实验室切实可行的应急预案。凡在事故救援中,有失职、渎职行为的,将按照有关规定给予处罚,构成犯罪的将追究刑事责任。

1.3.5 实验教学的基本要求

1) 预习

为使实验顺利进行并收到预期效果,实验前应做好充分准备,预习要做到以下几点:

(1) 明确实验目的。

(2) 阅读实验指导书及有关教材、参考书,掌握实验原理、实验内容和步骤;明确实验中应记录的数据和注意事项。

(3) 认真思考实验中可能发现的问题。

(4) 每位学生都必须准备好实验报告,用于实验时做原始记录。

(5) 实验要求:在实验记录簿上简明扼要地写明实验目的、内容和步骤、实验注意事项和观察的现象、原始数据记录项目及表格等。预习报告不符合要求或草率者,则需重写后方能进行实验。

2) 实验

学生在实验过程中应做到以下几点:

(1) 按实验指导书提供的方法、步骤认真操作,仔细观察实验现象。

(2) 按照要求及时并如实记录原始数据、实验现象和结果。

(3) 实验过程中应勤于思考,发现问题后应进行分析并加以解决。

(4) 实验完成后,原始记录经教师检查,符合要求后按实验室工作规则结束实验,经指导教师同意后方可离开实验室。

3) 实验报告

实验结束后,要求在规定的时间内写出实验报告。其内容包括:实验目的、实验原理、实验装置或仪器、所需耗材、实验数据及处理、现象及结论等。经指导教师审查,如实验报告不符合要求,必须重做实验或重写报告。

1.4　实验数据误差分析

由于实验方法和实验设备的不完善、周围环境的影响，以及人的观察力、测量程序等限制，实验观测值和真值之间总是存在一定的差异。人们常用绝对误差、相对误差或有效数字来说明一个近似值的准确程度。为了评定实验数据的精确性或误差，认清误差的来源及其影响，需要对实验的误差进行分析和讨论。由此可以判定哪些因素是影响实验精确度的主要方面，从而在以后实验中进一步改进实验方案，缩小实验观测值和真值之间的差值，提高实验的精确性。

1.4.1　误差的基本概念

测量是人类认识事物本质所不可缺少的手段。通过测量和实验能使人们对事物获得定量的概念和发现事物的规律性。科学上很多新的发现和突破都是以实验测量为基础的。测量就是用实验的方法，将被测物理量与所选用作为标准的同类量进行比较，从而确定其大小。

1) 真值与平均值

真值是待测物理量客观存在的确定值，也称为理论值或定义值。通常真值是无法测得的。若在实验中，测量的次数无限多时，根据误差的分布定律，正负误差的出现概率相等。再经过细致消除系统误差后，将测量值加以平均，可以获得非常接近于真值的数值。但是，实际实验测量的次数总是有限的。用有限测量值求得的平均值只能是近似真值，常用的平均值有下列几种：

（1）算术平均值。算术平均值是最常见的一种平均值。设 $x_1, x_2, \cdots, x_n$ 为各次测量值，n 代表测量次数，则算术平均值为：

$$\bar{x} = \frac{x_1 + x_2 + \cdots + x_n}{n} = \frac{\sum\limits_{i=1}^{n} x_i}{n} \tag{1-1}$$

（2）几何平均值。几何平均值是将一组 n 个测量值连乘并开 n 次方求得的平均值，即：

$$\bar{x}_j = \sqrt[n]{x_1 x_2 \cdots x_n} \tag{1-2}$$

（3）均方根平均值。

$$\bar{x}_{jf} = \sqrt{\frac{x_1^2 + x_2^2 + \cdots + x_n^2}{n}} = \sqrt{\frac{\sum\limits_{i=1}^{n} x_i^2}{n}} \tag{1-3}$$

（4）对数平均值。在化学反应、热量和质量传递中，其分布曲线多具有对数的特性，在这种情况下表征平均值常用对数平均值。

设两个量 x_1, x_2，其对数平均值：

$$\bar{x}_d = \frac{x_1 - x_2}{\ln x_1 - \ln x_2} = \frac{x_1 - x_2}{\ln \dfrac{x_1}{x_2}} \tag{1-4}$$

变量的对数平均值总小于算术平均值，当 $x_1/x_2 \leqslant 2$ 时，可以用算术平均值代替对数平均值。

当 $x_1/x_2=2$ 时,$\bar{x}_d=1.443$,$\bar{x}=1.50$,$(\bar{x}_d-\bar{x})/\bar{x}_d=4.2\%$,即 $x_1/x_2\leqslant2$,引起的误差不超过 4.2%。

在大多数实验和科学研究中,数据的分布较多服从正态分布,所以通常采用算术平均值。

2)误差的分类

根据误差的性质和产生的原因,一般分为 3 类:

(1)系统误差:又称为可测误差,它是由分析操作过程中的某些经常原因造成的,在重复测定时,它会重复表现出来,对分析结果的影响比较固定。这种误差可以设法减小到可忽略的程度。实验分析中将系统误差归纳为以下几个方面:

① 仪器误差:由所使用仪器本身不够精密所造成的,如未经校正的容量瓶、秒表、砝码、直尺及压力表等。

② 方法误差:由于分析方法本身不够完善造成的。

③ 试剂误差:如蒸馏水含杂质或试剂不纯等引起的。

④ 操作误差:由于分析工作者掌握分析操作技术不熟练,个人观察器官不敏锐或固有的习惯所致。如滴定终点颜色的判断偏深或偏浅、对仪器刻度表现读数不准确等。

(2)偶然误差:又称为随机误差,是由于在测量过程中不固定的因素所造成的。例如:测量时的环境温度、湿度和气压的微小波动,都会使测量结果在一定范围内波动,其波动大小和方向不固定。偶然误差产生的原因不明,因而无法控制和补偿。但是,对某一量值进行足够多次的等精度测量后,就会发现偶然误差完全服从正态分布规律,误差的大小或正负的出现完全由概率决定。因此,随着测量次数的增加,随机误差的算术平均值趋近于零,所以多次测量结果的算术平均值将更接近于真值。

(3)过失误差。过失误差是一种显然与事实不符的误差,是由于操作不正确、粗心大意造成的。

3)精密度、准确度和精确度

反映测量结果与真实值接近程度的量,称为精度(又称为精确度),即在相同条件下 n 次重复测定结果彼此相符合的程度。它与误差大小相对应,测量的精度越高,其测量误差就越小。"精度"应包括精密度和准确度两层含义。

(1)精密度:测量中所测得数值重现性的程度,称为精密度。它反映偶然误差的影响程度,精密度高就表示偶然误差小。

(2)准确度:测量值与真值的偏移程度,称为准确度。它反映系统误差的影响精度,准确度高就表示系统误差小。即准确度越高,误差越小;准确度越低,误差越大。

(3)精确度(精度):反映测量中所有系统误差和偶然误差综合的影响程度。

在一组测量中,精密度高的准确度不一定高,准确度高的精密度也不一定高,但精确度高,则精密度和准确度都高。

为了说明精密度与准确度的区别,可用下述"打靶"例子来说明,如图 1-2 所示。

图 1-2(a)中表示精密度和准确度都很好,则精确度高;图 1-2(b)表示精密度很好,但准确度却不高;图 1-2(c)表示精密度与准确度都不好。在实际测量中没有像靶心那样明确的真值,而是设法去测定这个未知的真值。

在实验过程中,实验人员往往只满足于实验数据的重现性,而忽略了数据测量值的准确程度。绝对真值是不可知的,人们只能制订出一些标准作为测量仪表准确性的参考标准。

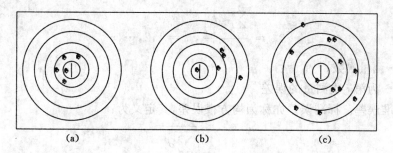

图 1-2　精密度和准确度的关系

随着人类认识运动的推移和发展,可以逐步逼近绝对真值。

4) 误差的表示方法

利用任何量具或仪器进行测量时总存在误差,测量结果总不可能准确地等于被测量的真值,而只是它的近似值。测量的质量高低以测量精确度作为指标,根据测量误差的大小来估计测量的精确度。测量结果的误差越小,则认为测量就越精确。

(1) 绝对误差。测量值 X 和真值 A_0 之差为绝对误差,通常称为误差,记为:

$$D = X - A_0 \tag{1-5}$$

由于真值 A_0 一般无法求得,因而上式只有理论意义。常用高一级标准仪器的示值作为实际值 A 以代替真值 A_0。由于高一级标准仪器存在较小的误差,因而 A 不等于 A_0,但总比 X 更接近于 A_0。X 与 A 之差称为仪器的示值绝对误差,记为:

$$d = X - A \tag{1-6}$$

与 d 相反的数称为修正值,记为:

$$C = -d = A - X \tag{1-7}$$

通过检定,可以由高一级标准仪器给出被检仪器的修正值 C。利用修正值便可以求出该仪器的实际值 A,即:

$$A = X + C \tag{1-8}$$

(2) 相对误差。衡量某一测量值的准确程度,一般用相对误差来表示。示值绝对误差 d 与被测量的实际值 A 的百分比称为实际相对误差,记为:

$$\delta_A = \frac{d}{A} \times 100\% \tag{1-9}$$

以仪器的示值 X 代替实际值 A 的相对误差称为示值相对误差,记为:

$$\delta_X = \frac{d}{X} \times 100\% \tag{1-10}$$

一般来说,除了某些理论分析外,用示值相对误差较为适宜。

(3) 引用误差。为了计算和划分仪表精确度等级,提出引用误差概念。其定义为仪表示值的绝对误差与量程范围之比,即

$$\delta_A = \frac{示值绝对误差}{量程范围} \times 100\% = \frac{d}{X_n} \times 100\% \tag{1-11}$$

式中　d——示值绝对误差;

　　　X_n——标尺上限值-标尺下限值。

(4) 算术平均误差。算术平均误差是各个测量点的误差的平均值。

— 11 —

$$\delta_{\Psi} = \frac{\sum_{i=1}^{n} |d_i|}{n}, \quad i = 1, 2, \cdots, n \tag{1-12}$$

式中　n——测量次数；

　　　d_i——为第 i 次测量的误差。

（5）标准误差。标准误差亦称为均方根误差，其定义为：

$$\sigma = \sqrt{\frac{\sum_{i=1}^{n} d_i^2}{n}} \tag{1-13}$$

上式使用于无限测量的场合。实际测量工作中，测量次数是有限的，则改用下式：

$$\sigma = \sqrt{\frac{\sum_{i=1}^{n} d_i^2}{n-1}} \tag{1-14}$$

标准误差不是一个具体的误差，σ 的大小只说明在一定条件下等精度测量集合所属的每一个观测值对其算术平均值的分散程度。如果 σ 的值小，则说明每一次测量值对其算术平均值分散度就小，测量的精度就高；反之精度就低。

在实验中最常用的 U 形压差计、转子流量计、秒表、量筒、电压表等仪表原则上均取其最小刻度值为最大误差，而取其最小刻度值的 1/2 作为绝对误差计算值。

5）精确度

测量仪表的精确等级是用最大引用误差（又称允许误差）来标明的。它等于仪表示值中的最大绝对误差与仪表的量程范围之比的百分数，即：

$$\delta_{\max} = \frac{\text{最大示值绝对误差}}{\text{量程范围}} \times 100\% = \frac{d_{\max}}{X_n} \times 100\% \tag{1-15}$$

式中　$\delta_{\max}$——仪表的最大测量引用误差；

　　　$d_{\max}$——仪表示值的最大绝对误差；

　　　X_n——标尺上限值－标尺下限值。

通常情况下，人们用标准仪表校验较低级的仪表。所以，最大示值绝对误差就是被校验表与标准表之间的最大绝对误差。

测量仪表的精度等级是国家统一规定的，把允许误差中的百分号去掉，剩下的数字就称为仪表的精度等级。仪表的精度等级常以圆圈内的数字标明在仪表的面板上。例如，某台压力计的允许误差为 1.5%，这台压力计电工仪表的精度等级就是 1.5，通常简称 1.5 级仪表。

仪表的精度等级为 a，它表明仪表在正常工作条件下，其最大引用误差的绝对值 $\delta_{\max}$ 不能超过的界限，即：

$$\delta_{n,\max} = \frac{d_{\max}}{X_n} \times 100\% \leqslant a\% \tag{1-16}$$

由式(1-16)可知，在应用仪表进行测量时所能产生的最大绝对误差（简称误差限）为：

$$d_{\max} \leqslant a\% \cdot X_n \tag{1-17}$$

而用仪表测量的最大值相对误差为：

$$\delta_{n,\max} = \frac{d_{\max}}{X_n} \leqslant a\% \frac{X_n}{X} \tag{1-18}$$

可以看出,用只是仪表测量某一被测量所能产生的最大示值相对误差,不会超过仪表允许误差 a 乘以仪表测量上限 X_n 与测量值 X 比值的百分数。在实际测量中为可靠起见,可用下式对仪表的测量误差进行估计,即:

$$\delta_m = a\% \frac{X_n}{X} \qquad\qquad (1\text{-}19)$$

【例 1-1】 用量限为 5 A,精度为 0.5 级的电流表,分别测量两个电流,$I_1 = 5$ A,$I_2 = 2.5$ A,试求测量 I_1 和 I_2 的相对误差为多少。

解 $\delta_{m1} = a\% \cdot \dfrac{I_n}{I_1} = 0.5\% \times \dfrac{5}{5} = 0.5\%$

$\delta_{m2} = a\% \cdot \dfrac{I_n}{I_2} = 0.5\% \times \dfrac{5}{2.5} = 1.0\%$

由此可见,当仪表的精度等级选定时,所选仪表的测量上限越接近被测量的值,则测量的误差的绝对值越小。

【例 1-2】 欲测量约 90 V 的电压,实验室现有 0.5 级 0～300 V 和 1.0 级 0～100 V 的电压表。请问选用哪一种电压表进行测量为好。

解 用 0.5 级 0～300 V 的电压表测量 90 V 的相对误差为:

$$\delta_{m0.5} = a_1\% \cdot \frac{U_n}{U} = 0.5\% \times \frac{300}{90} = 1.7\%$$

用 1.0 级 0～100 V 的电压表测量 90 V 的相对误差为:

$$\delta_{m1.0} = a_2\% \frac{U_n}{U} = 1.0\% \times \frac{100}{90} = 1.1\%$$

上例说明,如果选择得当,用量程范围适当的 1.0 级仪表进行测量,能得到比用量程范围大的 0.5 级仪表更准确的结果。因此,在选用仪表时,应根据被测量值的大小,在满足被测量数值范围的前提下,尽可能选择量程小的仪表,并使测量值大于所选仪表满刻度的2/3,即 $X > 2X_n/3$。这样既可以达到满足测量误差要求,又可以选择精度等级较低的测量仪表,从而降低仪表的成本。

1.4.2 有效数字及其运算规则

在科学与工程中,总是以一定位数的有效数字来表示测量或计算结果,而不是一个数值中小数点后面位数越多就越准确。实验中从测量仪表上所读数值的位数是有限的,它取决于测量仪表的精度,其最后一位数字往往是仪表精度所决定的估计数字,一般应读到测量仪表最小刻度的十分之一位。数值准确度大小由有效数字位数来决定。

1) 有效数字

一个数据,其中除了起定位作用的"0"外,其他数都是有效数字。例如,0.003 7 只有两位有效数字,而 370.0 则有四位有效数字。一般要求测试数据有效数字为四位,但有效数字不一定都是可靠数字。例如,测流体阻力所用的 U 形管压差计,最小刻度是 1 mm,但我们可以读到 0.1 mm。又如,二等标准温度计最小刻度为 0.1 ℃,我们可以读到 0.01 ℃。此时有效数字可能为四位,而可靠数字只有三位,最后一位是不可靠的,称为可疑数字。记录测量数值时只保留一位可疑数字。

为了清楚地表示数值的精度,明确读出有效数字位数,常用指数的形式表示,即写成一个小数与相应 10 的整数幂的乘积。这种以 10 的整数幂来记数的方法称为科学记数法。

例如:75 200,有效数字为 4 位时,记为 7.520×10^5;有效数字为 3 位时,记为 7.52×10^5;有效数字为 2 位时,记为 7.5×10^5。

再如:0.004 78,有效数字为 4 位时,记为 4.780×10^{-3};有效数字为 3 位时,记为 4.78×10^{-3};有效数字为 2 位时,记为 4.7×10^{-3}。

2)有效数字运算规则

(1)记录测量数值时,只保留一位可疑数字。

(2)当有效数字位数确定后,其余数字一律舍弃。舍弃办法是"四舍六入",即末位有效数字后边第一位小于 5,则舍弃不计;大于 5 则在前一位数上增 1;等于 5 时,前一位为奇数,则进 1 为偶数,前一位为偶数,则舍弃不计。这种舍入原则可简述为:"小则舍,大则入,正好等于奇变偶"。例如,保留 4 位有效数字:3.717 29→3.717,5.142 85→5.143,7.623 56→7.624,9.376 56→9.376。

(3)在加减计算中,各数所保留的位数,应与各数中小数点后位数最少的相同。例如,将 24.65、0.008 2、1.632 三个数字相加时,应写为 24.65+0.01 +1.63=26.29。

(4)在乘除运算中,各数所保留的位数,以各数中有效数字位数最少的那个数为准;其结果的有效数字位数亦应与原来各数中有效数字最少的那个数相同。例如,0.012 1×25.64×1.057 82 应写成 0.012 1×25.6×1.06=0.328。上例说明,虽然这 3 个数的乘积为 0.328 182 308,但只应取其积为 0.328。

(5)在对数计算中,所取对数位数应与真数有效数字位数相同。

1.5 实验数据处理

实验数据是实验结果的最终表现,对实验数据进行记录、整理、计算、分析、拟合等,从中获得实验结果。常见的实验数据处理方法有列表法、作图法、图解法、逐差法和最小二乘法等。

1.5.1 列表法

列表法就是将一组实验数据和计算的中间数据依据一定的形式和顺序列成表格。列表法可以明确地表示出各种量之间的对应关系,便于分析和发现资料的规律性,也有助于检查和发现实验中的问题,这就是列表法的优点。设计记录表格时要做到:

(1)表格设计要合理,以利于记录、检查、运算和分析。

(2)表格中涉及的各物理量,其符号、单位及量值的数量级均要表示清楚,不要把单位写在数字后。

(3)表中数据要正确反映测量结果的有效数字和不确定度。列入表中的除原始数据外,计算过程中的一些中间结果和最后结果也可以列入表中。

(4)表格要加上必要的说明。实验室所给的数据或查得的单项数据应列在表格的上部,说明写在表格的下部。

煤层瓦斯含量自然解吸数据见表 1-1。

表 1-1   煤层瓦斯含量自然解吸数据

煤矿名称			测试地点		
测试日期			测试人员		
取煤深度/m			钻孔倾角/(°)		
损失时间/s			钻孔直径/mm		
解吸时长/min	解吸量/mL	解吸时长/min	解吸量/mL	解吸时长/min	解吸量/mL
0		6		13	
1		7		15	
2		8		17	
3		9		20	
4		10		25	
5		11		30	

1.5.2 作图法

作图法是在坐标纸上用图线表示物理量之间的关系,揭示物理量之间的联系。作图法具有简明、形象、直观、便于比较研究实验结果等优点,又是一种常用的数据处理方法。

作图法的基本步骤如下:

(1) 选用合适的坐标纸与坐标分度值。选择合适的坐标纸,包括选择类型和大小。坐标分度值的选取要符合测量值的准确度,即应能反映出测量值的有效数字位数。

(2) 标明坐标轴。以横轴代表自变量(一般为实验中可以准确控制的量,如温度、时间等),以纵轴代表因变量(如压力、解吸量等),用粗实线在坐标纸上描出坐标轴,在轴端注明物理量名称、符号、单位,并按顺序标出轴线整分格上的量值。

(3) 描点和连线。根据测量数据,用直尺和笔尖使其函数对应的实验点准确地落在相应的位置。一张图纸上画上几条实验曲线时,每条图线应用不同的标记如"+"、"×"、"⊙"、"△"等符号标出,以免混淆。尽量不要仅用"·"标实验点,以免连线时看不清楚。

(4) 连成图线。使用直尺、曲线板等工具,按实验点的总趋势连成光滑的曲线。由于存在测量误差,且各点误差不同,不可强求曲线通过每一个实验点。但应尽量使曲线两侧的实验点靠近图线,并使数据点均匀分布在曲线(直线)的两侧,且尽量贴近曲线。个别偏离过大的点要重新审核,属于过失误差的应剔去。

(5) 标明图名,在图纸下方或空白位置写出图线的名称,必要时还可写出某些说明。

1.5.3 图解法

在实验中,当实验图线作出以后,可以根据已有图线,采用解析方法找出物理量之间的函数关系,这种由图线求经验公式的方法称为图解法。实验中经常遇到的图线是直线、抛物线、双曲线、指数曲线、对数曲线。特别是当图线是直线时,采用此方法更为方便。

1) 由实验图线建立经验公式的一般步骤

(1) 根据解析几何知识判断图线的类型。

(2) 由图线的类型判断公式的可能特点。

(3) 利用半对数、对数或倒数坐标纸,把原曲线改为直线。

(4) 确定常数,建立起经验公式的形式,并用实验数据来检验所得公式的准确程度。

2) 用直线图解法求直线的方程

如果作出的实验图线是一条直线,则经验公式应为直线方程,即:

$$y = kx + b \tag{1-20}$$

要建立此方程,必须由实验直接求出 k 和 b,一般有两种方法。

(1) 斜率截距法。在图线上选取两点 $P_1(x_1, y_1)$ 和 $P_2(x_2, y_2)$,注意不得用原始数据点,而应从图线上直接读取,其坐标值最好是整数值。所取的两点在实验范围内应尽量彼此分开一些,以减小误差。由解析几何知,上述直线方程中,k 为直线的斜率,b 为直线的截距。k 可以根据两点的坐标求出,即:

$$k = \frac{y_2 - y_1}{x_2 - x_1} \tag{1-21}$$

其截距 b 为 $x = 0$ 时的 y 值;若原实验中所绘制的图形并未给出 $x = 0$ 段直线,可将直线用虚线延长交 y 轴,则可量出截距。如果起点不为零,也可以由式

$$b = \frac{x_2 y_1 - x_1 y_2}{x_2 - x_1} \tag{1-22}$$

求出截距,然后将斜率和截距的数值代入方程中就可以得到经验公式。

3) 曲线改直,曲线方程的建立

多数情况下,函数关系是非线性的,但可通过适当的坐标变换化成线性关系,在作图法中用直线表示,这种方法叫作曲线改直。这样的变换不仅是由于直线容易描绘,更重要的是直线的斜率和截距所包含的物理内涵是我们所需要的。例如:

(1) $y = ax^b$,式中 a, b 为常量,可变换成 $\lg y = b \lg x + \lg a$,$\lg y$ 为 $\lg x$ 的线性函数,斜率为 b,截距为 $\lg a$。

(2) $y = ab^x$,式中 a, b 为常量,可变换成 $\lg y = (\lg b)x + \lg a$,$\lg y$ 为 x 的线性函数,斜率为 $\lg b$,截距为 $\lg a$。

(3) $pV = C$,式中 C 为常量,要变换成 $p = C(1/V)$,p 是 $1/V$ 的线性函数,斜率为 C。

(4) $y^2 = 2Px$,式中 P 为常量,$y = \pm\sqrt{2Px}$,y 是 $\sqrt{x}$ 的线性函数,斜率为 $\pm\sqrt{2P}$。

(5) $y = x/(a + bx)$,式中 a, b 为常量,可变换成 $1/y = a(1/x) + b$,$1/y$ 为 $1/x$ 的线性函数,斜率为 a,截距为 b。

(6) $s = v_0 t + at^2/2$,式中 v_0、a 为常量,可变换成 $s/t = (a/2)t + v_0$,s/t 为 t 的线性函数,斜率为 $a/2$,截距为 v_0。

在恒定温度下,一定质量的气体的压强 p 随容积 V 而变,画 p—V 图为一双曲线,如图1-3所示。

用坐标轴 $1/V$ 置换坐标轴 V,则 p—$1/V$ 图为一直线,如图1-4所示。直线的斜率为 $pV = C$,即玻-马定律。

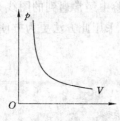

图1-3 P—V 曲线

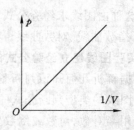

图1-4 P—$1/V$ 曲线

1.5.4 逐差法

对随等间距变化的物理量 x 进行测量和函数可以写成 x 的多项式时,可用逐差法进行数据处理。

例如,一空载长为 x_0 的弹簧,逐次在其下端加挂质量为 m 的砝码,测出对应的长度依次为 $x_1,x_2,\cdots,x_5$。为求每增加一质量为 m 的砝码的伸长量,可将数据按顺序对半分成两组,使两组对应项相减有:

$$\frac{1}{3}\left[\frac{(x_3-x_0)}{3m}+\frac{(x_4-x_1)}{3m}+\frac{(x_5-x_2)}{3m}\right]=\frac{1}{9m}[(x_3+x_4+x_5)-(x_0+x_1+x_2)]$$

这种对应项相减,即逐项求差法简称逐差法。它的优点是尽量利用各测量的结果,而又不减少结果的有效数字位数,是实验中常用的数据处理方法之一。

注意:逐差法与作图法一样,都是一种粗略处理数据的方法,在普通物理实验中,经常要用到这两种基本的方法。

在使用逐差法时要注意以下几个问题:

(1) 在验证函数的表达式的形式时,要用逐项逐差,不用隔项逐差。这样可以检验每个数据点之间的变化是否符合规律。

(2) 在求某一物理量的平均值时,不可用逐项逐差,而要用隔项逐差;否则中间项数据会相互消去,而只到用首尾项,白白浪费许多数据。

如前所述,若采用逐项逐差法(相邻两项相减的方法)求伸长量,则:

$$\frac{1}{5}\left[\frac{(x_1-x_0)}{m}+\frac{(x_2-x_1)}{m}+\cdots+\frac{(x_5-x_4)}{m}\right]=\frac{1}{5m}(x_5-x_0)$$

可见,只有 x_0,x_5 两个数据起作用,没有充分利用整个数据组,失去了在大量数据中求平均以减小误差的作用,是不合理的。

1.5.5 最小二乘法

作图法虽然在数据处理中是一个很便利的方法,但在图线的绘制上往往会引入附加误差,尤其在根据图线确定常数时,这种误差有时很明显。为了克服这一缺点,在数理统计中研究了直线拟合问题(或称一元线性回归问题),常用一种以最小二乘法为基础的实验数据处理方法。由于某些曲线的函数可以通过数学变换改写为直线。例如,对函数 $y=ae^{-bx}$ 取对数得 $\ln y=\ln a-bx$,$\ln y$ 与 x 的函数关系就变成直线型了。因此,这一方法也适用于某些曲线型的规律。

下面就数据处理问题中的最小二乘法原则做一简单介绍。

设某一实验中,可控制的物理量取 $x_1,x_2,\cdots,x_n$ 值时,对应的物理量依次取 $y_1,y_2,\cdots,y_n$ 值。假定对 x_i 值的观测误差很小,而主要误差都出现在 y_i 的观测上。显然,如果从 (x_i,y_i) 中任取两组实验数据就可得出一条直线,只不过这条直线的误差有可能很大。直线拟合的任务就是用数学分析的方法从这些观测到的数据中求出一个误差最小的最佳经验式 $y=a+bx$。按这一最佳经验公式作出的图线虽不一定能通过每一个实验点,但是它以最接近这些实验点的方式平滑地穿过它们。对应于每一个 x_i 值,观测值 y_i 和最佳经验式的 y 值之间存在一偏差 δ_{y_i},称为观测值 y_i 的偏差,即:

$$\delta_{y_i}=y_i-y=y_i-(a+bx_i),(i=1,2,3,\cdots,n) \tag{1-23}$$

最小二乘法的原理就是:如各观测值 y_i 的误差互相独立且服从同一正态分布,当 y_i 的偏差的平方和为最小时,得到最佳经验式。根据这一原则可求出常数 a 和 b。

设以 S 表示 δ_{y_i} 的平方和,它应满足:

$$S_{min} = \sum (\delta_{y_i})^2 = \sum [y_i - (a + bx_i)]^2 \tag{1-24}$$

上式中的 y_i 和 x_i 是测量值,都是已知量,而 a 和 b 是待求的,因此 S 实际是 a 和 b 的函数。令 S 对 a 和 b 的偏导数为零,即可解出满足上式的 a,b 值。

$$\frac{\partial S}{\partial a} = -2 \sum (y_i - a - bx_i) = 0, \frac{\partial S}{\partial b} = -2 \sum (y_i - a - bx_i)x_i = 0$$

$$\sum y_i - na - b \sum x_i = 0, \sum x_i y_i - a \sum x_i - b \sum x_i^2 = 0$$

其解为:

$$a = \frac{\sum x_i y_i \sum x_i - \sum y_i \sum x_i^2}{\left(\sum x_i\right)^2 - n \sum x_i^2}, b = \frac{\sum x_i \sum y_i - n \sum x_i y_i}{\left(\sum x_i\right)^2 - n \sum x_i^2} \tag{1-25}$$

将得出的 a 和 b 代入直线方程,即得到最佳的经验公式 $y = a + bx$。

上面介绍了用最小二乘法求经验公式中的常数 a 和 b 的方法,是一种直线拟合法。它在科学实验中的运用很广泛,特别是有了计算器后,计算工作量大大减小,计算精度也能保证。用这种方法计算的常数值 a 和 b 是"最优的",但并不是没有误差,它们的误差估算比较复杂。一般地,一列测量值的 δ_{y_i} 大(即实验点对直线的偏离大),那么由这列数据求出的 a、b 值的误差也大,由此定出的经验公式可靠程度就低;如果一列测量值 δ_{y_i} 小(即实验点对直线的偏离小),那么由这列数据求出的 a、b 值的误差就小,由此定出的经验公式可靠程度就高。直线拟合中的误差估计问题比较复杂,可参阅其他资料,本教材不再介绍。

为了检查实验数据的函数关系与得到的拟合直线符合的程度,数学上引进了线性相关系数 r 来进行判断。r 定义为:

$$r = \frac{\sum \Delta x_i \Delta y_i}{\sqrt{\sum (\Delta x_i)^2 \cdot \sum (\Delta y_i)^2}} \tag{1-26}$$

式中:$\Delta x_i = x_i - \overline{x}$,$\Delta y_i = y_i - \overline{y}$。

r 的取值范围为 $-1 \leqslant r \leqslant 1$。从相关系数的这一特性可以判断实验数据是否符合线性,如果 r 很接近于 1,则各实验点均在一条直线上。实验中,r 如果达到 0.999,就表示实验数据的线性关系良好,各实验点聚集在一条直线附近;相反,相关系数 $r = 0$ 或趋近于零,说明实验数据很分散,无线性关系。因此,用直线拟合法处理数据时要算相关系数。

第 2 章

矿 井 通 风

2.1 风流状态参数的测定

实验类型:综合性　　　　　　　　实验学时:2

一、实验目的

(1) 学习使用测定风流状态参数的各类仪器仪表,熟悉它们的原理、结构。

(2) 加深在对不同通风方式下全压、静压和动压及其相互关系的理解。

(3) 掌握某断面的平均风速的测定方法,并会计算风量。

二、实验内容

本次实验主要测定的风流状态参数有:干、湿球温度,大气压力,大气密度计算,点压力及平均风速。

三、仪器设备

1) 空盒气压表

空盒气压表由一个波纹形金属真空盒和一套杠杆传动机构组成(真空盒内实际还有$50 \sim 60$ mmHg 的压力,1 mmHg$=133.322$ Pa,下同)。大气压变化时,盒面变形值随之发生变化。变形值经杠杆机构传动并放大,带动盒面指针转动指出大气压值。其外形及结构示意图如图 2-1 所示。

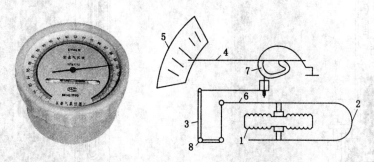

图 2-1　空盒气压表外形及结构示意图

1—金属盒;2—弹簧;3—传递机构;4—指针;

5—刻度盘;6—链条;7—弹簧丝;8—固定支点

空盒气压表使用前应当用水银气压计校正。校正时,用小螺丝刀拧转盒背面(或侧面)的调节螺丝,使指针所示气压值与水银气压计一致。测定时,将气压计水平放置,否则会产生误差,仪器完全垂直放置误差可达 0.3 mmHg。读数前,还应用手指轻轻敲击盒面数下,以消除因摩擦引起的滞后现象,一般应等待数分钟之后再读数,读数应根据仪器所附检定证进行刻度、温度和补充校正。例如,某空盒气压表读数为 $\Delta p_d = 770$ mmHg。当时温度为 15 ℃,查得其刻度校正值为 $\Delta p_k = -0.1$ mmHg,温度校正为 $\Delta p_w = -0.03$ mmHg/℃ × 15 ℃ $= -0.45$ mmHg,补充校正为 $\Delta p_b = +0.6$ mmHg,则实际大气压 p 为:

$$p = p_d + \Delta p_k + \Delta p_w + \Delta p_b = 770 - 0.1 - 0.45 + 0.6 = 770.05 (\text{mmHg})$$

2) 水银气压计

水银气压计有动槽式和定槽式两种。动槽式水银气压计(图 2-2)的主要部件是一根倒置于可动水银槽内的玻璃管,管的上端水银面上是真空,槽内液面则通向大气,根据托里拆利实验原理,玻璃管内水银柱高度就表示了大气压力(mmHg 或 mbar)。测定时,转动底部调节螺钉 4,使槽内水银液面正好与象牙指针 2 触及,然后转动游标旋钮 5,使游标的下切口与水银顶面 1 相切,由刻度尺和游标读出大气压的读值(p_d)。因为刻度尺是金属的,热胀冷缩,所以要进行读值的温度校正,由温度计读出测定的温度。从表 2-1 查出温度校正值 Δp_w,实际大气压:$p_0 = p_d + \Delta p_w$。定槽式水银气压计(图 2-3)是一根一端封闭并且装满水银的玻璃管,玻璃管开口的一端垂直插入水银槽中,水银在重力作用下平衡时,水银柱高度测表示大气压力。其下部水银槽是固定不动的,除不必调节槽内液面高低外,其余使用方法与动槽式基本相同。

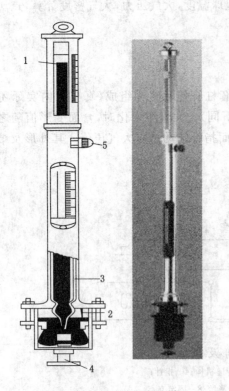

图 2-2 动槽式水银气压计

1—水银表面;2—指针;3—玻璃罐;

4—螺钉;5—游标旋钮

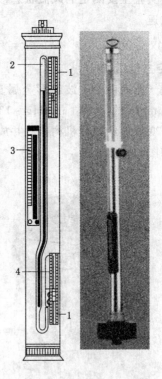

图 2-3 定槽式水银气压计

1—气压计标尺;2—玻璃罐封闭端;

3—温度计;4—玻璃罐开口端

表 2-1　　　　　　　　　　　　　黄铜刻度尺换算到 0 ℃时温度校正值

t/℃	p_d/mmHg				
	740	750	760	770	780
10	−1.21	−1.22	−1.24	−1.26	−1.27
15	−1.81	−1.83	−1.86	−1.89	−1.91
20	−2.41	−2.44	−2.48	−2.51	−2.54
25	−3.01	−3.05	−3.09	−3.13	−3.17
30	−3.61	−3.26	−3.71	−3.75	−3.80

当实测温度值与表中温度不符时,可用插值法求得温度校正值。

3) 干湿球温度计

空气的湿度一般用相对湿度来表示,测定相对湿度常用手摇式干湿球温度计(图 2-4)和风扇式干湿球温度计(图 2-5 和图 2-6),它们的测定原理一样。

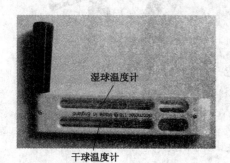

图 2-4　手摇式干湿球温度计

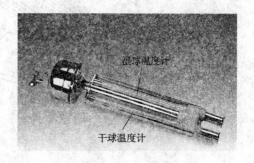

图 2-5　风扇式干湿球温度计

测定前将湿球上的纱布用清水润湿,测定时用小风扇罩上的锁匙将发条上紧,风扇转动,使空气以一定速度(1.7~3.0 m/s)流经干、湿温度计的水银球周围 1~2 min,两支温度计指示值稳定即可读取 g_1 值。

4) U 形水柱计

如图 2-7 所示,U 形水柱计是由一根内径相同的玻璃管弯成 U 形水柱,并在其中装入蒸馏水或酒精,在 U 形管中间有一刻度尺和支撑板所组成。其测压原理是:在测压前 U 形管两端的水面处于水平位置,当一端加入较大的压力时,此端液面下降,另一端液面上升,此时两端液面的距离若为 L(mm),就表明水柱计的两端压力差为 $\rho_{Hg}Lg$(mmHg)。结构示意图如图 2-8 所示。倾斜式 U 形水柱计结构及外观如图 2-9 所示。

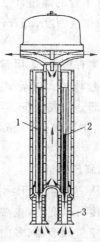

图 2-6　风扇式干湿温度计示意图
1—干球温度计;2—湿球温度计;3—纱布

— 21 —

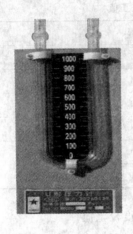

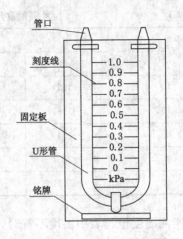

图 2-7 U形水柱计外观   图 2-8 U形水柱计结构示意图

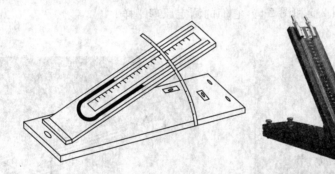

图 2-9 倾斜式 U形水柱计示意图及外观

若为倾斜式 U形压差计,其压差为:

$$\Delta h = \rho g L \sin \alpha \qquad (2\text{-}1)$$

式中 L——U形管内的液面高差,Pa;

       α——U形管的倾角,(°);

       ρ——工作液密度,kg/m³。

5) 风表

    风表的种类有很多,矿用常见的采用机械叶片式风表(图 2-10)测量风速。叶轮式风表由叶轮、传动机构、表盘及外壳 4 部分组成。按其测风范围,又可分为微速(0.3~5 m/s)、中速(1~10 m/s)、高速(1~30 m/s)风表 3 种。

6) 单管倾斜压差计

    单管倾斜压差计可用于测量不溶于乙醇的气体差压。其倾斜角度可以变更,主要由底座、介质容器、测量管、弧形支架、零位调节器、多向阀、水准器等组成。底座下装有 3 个调水准螺钉;测量管由无色透明的玻璃管制作,在其长度方向上,均匀刻有 250 mm 以上的分度格;测量管可以在弧形支架的槽中来回调节其倾斜角度。弧形支架上标有 5 挡倾斜常数 k(0.2,0.3,0.4,

图 2-10 机械叶片式风表外观
1—叶轮;2—蜗杆轴;3—表盘;
4—开关杆;5—回零杆;6—表壳

0.6,0.8),用于测量 5 挡压力范围的压差。多向阀上部可做 60°的旋转运动,顶面黑色标牌上标有"+","-"符号,下部侧壁上装有标号为 1、2、3 的 3 个接嘴,根据其特定组合就可进行压差测量。其工作原理如图 2-11 所示。

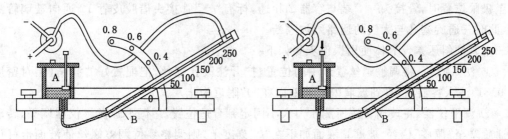

图 2-11 单管倾斜压差计工作原理

它是由一个具有大断面的容器 A(面积为 F_1)与一个小断面的倾斜管 B(面积为 F_2)互相连通,并在其中装有适量酒精的仪器。在 P_1 与 P_2 压差作用下,具有倾斜度为 α 的管子 B 内的液体在垂直方向升高了一个高度 Z_1,而 A 容器内的液面下降了 Z_2,这时仪器内液面的高差为:$\Delta Z = Z_1 + Z_2$。A 容器液体下降的体积与 B 管液体上升的体积相等,即 $Z_2 F_1 = L F_2$,则 $Z_2 = L F_2 / F_1$,并且 $Z_1 = L \sin \alpha$,则:$\Delta Z = Z_1 + Z_2 = L(\sin \alpha + F_2/F_1)$。

故用此压差计测得 P_1 与 P_2 的压差 Δh 为:

$$\Delta h = \rho g \Delta Z = \rho g L(\sin \alpha + F_2/F_1) \qquad (2\text{-}2)$$

式中 ρ——酒精的密度。

令 $k = \rho(\sin \alpha + F_2/F_1)$,则

$$\Delta h = gkL$$

式中 k——仪器的校正系数;

L——倾斜管上的读数,mm。

有些仪器生产商在玻璃管刻度上直接将重力加速度 g 设置为 $10\ \text{m/s}^2$。

如图 2-12 所示,在三角形的底座上装设容器与带刻度的玻璃管,并用胶皮管将其连通。

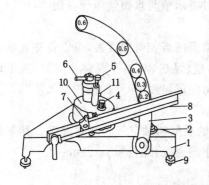

图 2-12 单管倾斜压差计整体结构图和外观

1—底座;2—水准指示器;3—弧形支架;4—加液盖;5—零位调整旋钮;

6—三通阀门柄;7—活动游标;8—倾斜测量管;9—可调水准螺钉;10—乙醇容器;11—多向阀门

容器的顶盖上有注液孔螺丝、三通旋塞和调零螺丝,仪器的底座上有水准泡和调平螺丝。玻璃管的倾角可借弧形板与销钉来调节。为了读数准确,玻璃管上装有活动游标。零

位调整螺丝下部是一个浸入液体的圆柱体,若转动螺丝就可改变圆柱体浸入液体的深度。当反时针方向转动其旋钮至极限位置时,玻璃管借胶皮管与容器连通,并经三通旋塞孔与大气相通,而标有"＋"、"－"两管接头则被隔断,此时为调整零位位置;当顺时针方向转动其旋钮至极限位置时,管接头"＋"端与容器 2 相通,标有"－"管接头借胶皮管 12 通向玻璃管液面,此时三通旋塞孔与大气的通路则被隔断。

单管倾斜压差计具体使用操作步骤如下:

① 注入酒精,将调整螺丝置于中间位置,拧开注液孔螺丝,把配置好的酒精(相对密度为 0.81)注入容器内,直到玻璃内酒精液面在"0"附近为止。

② 调平仪器,将玻璃管按所测压力大小固定到合适位置,用调平螺丝将仪器调平,转动三通旋塞至"调零"位置,玻璃管液面如不在"0"刻度上,则调整零位调整螺丝使液面恰好位于"0"刻度上。

③ 将高压接到"＋"接头上,将低压接到"－"接头上,然后转动三通旋塞到"测压"位置,管内液面上升,待液面稳定后,即可读数,记作 L,将其乘以玻璃管所在位置的校正系数 k,即为测得的压差。

7) 皮托管

皮托管是传递风流压力的仪器,由内、外两根细金属管组成,内管前端中心有孔与标有"＋"号的管脚相通。外管前端封闭,在其管壁开有 4～6 个小孔与标有"－"号的管脚相通,测定时使管嘴与风流平行,中心孔正对风流传递测点风流的绝对全压(绝对静压与动压之和),而管壁上的小孔则只传递测点的绝对静压。其结构如图 2-13 所示。

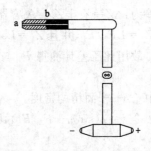

图 2-13 皮托管结构示意图

四、实验原理、方法和手段

1) 空盒气压表

当大气压变化时,真空盒面变形,变形值经杠杆传动机构放大,传动到盒面使指针发生偏转。使用前需要用固定水银气压计来校正。校正时,用小螺丝刀微微调节盒侧面调节孔内的螺钉,使其指针指示值与水银气压计一致。

2) 干湿球温度计

根据测出的干球温度和湿球温度,查湿空气焓湿图或相对湿度表,可以得知此状态下空气的温度、湿度、比热、比焓、比容、水蒸气分压、热量、显热、潜热等资料。例如:当干球温度 18 ℃和湿球温度 15 ℃时,其温度差 3 ℃的纵栏与湿球温度 15 ℃的横栏交叉值"68"就表示相对湿度为 68%。

(1) 绝对湿度。单位体积空气中所含水蒸气的质量叫做空气的绝对湿度。其单位与密度单位相同,其值等于水蒸气在其分压力与温度下的密度,用符号 ρ_v 表示:

$$\rho_v = \frac{M_v}{V} \tag{2-3}$$

式中 M_v——水蒸气的质量,kg;

V——空气的体积,m^3。

(2) 相对湿度。单位体积空气中实际含有的水蒸气密度(ρ_v)与其同温度下的饱和空气中水蒸气密度(ρ_s)的百分比称为空气的相对湿度,即相对湿度＝水汽分压力/饱和蒸汽压力×100%。其大小反映了空气接近饱和的程度,也称为饱和度,用符号 φ 表示:

$$\varphi = \frac{\rho_v}{\rho_s} \times 100\% \tag{2-4}$$

3）点压力测定

（1）绝对压力测定。就绝对压力而言，无论是抽出式还是压入式通风，其绝对全压均可用下式表示：

$$p_{ti} = p_i + h_{vi} \tag{2-5}$$

式中 p_{ti}——风流中 i 点的绝对全压，Pa；

        p_i——风流中 i 点的绝对静压，Pa；

        h_{vi}——风流中 i 点的动压，Pa。

（2）相对压力测定。就相对压力而言，则与通风方式有关，风流点压的相互关系如下：

抽出式通风：

$$h_{ti} = h_i + h_{vi} \tag{2-6}$$

压入式通风：

$$h_{ti} = h_i - h_{vi} \tag{2-7}$$

式中 h_{ti}——风流中 i 点的相对全压，Pa；

        h_i——风流中 i 点的相对静压，Pa；

        h_{vi}——风流中 i 点的动压，Pa。

不同通风方式下，风流中某点各种压力之间的相互关系如图 2-14 所示。

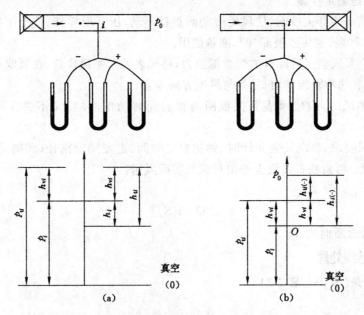

图 2-14　不同通风方式风流中某点各种压力间的相互关系

(a) 压入式通风；(b) 抽出式通风

4）平均风速测定

风流产生的压力作用在叶片上，使叶轮转动，叶轮通过一套齿轮传动机构带动指针转动。由于风速与叶轮转速成正比，因而也与指针的转速成正比，而且呈线性关系，即：

$$v_z = a + b v_b \tag{2-8}$$

式中　　v_z——真实风速，m/s 或 m/min；

　　　　v_b——风表读数或称为表速，m/s 或 m/min（或格/s、格/min）；

　　　　a,b——风表校正系数。

五、实验步骤

1）测定大气压力

测定时，采用空盒气压表，在测定地点将空盒气压表水平放置，并用手轻轻敲击盒面数次，消除指针的蠕动现象，待 20 min 左右可读数。所读数值还需根据仪器所附检定证进行刻度、温度和补充校正，同时可用水银气压计测定大气压力。

2）测定干湿温度

用风扇式湿度计测定时，用专用钥匙将小风扇的发条上紧，风扇转动，使空气以 1.7～3.0 m/s 的流速经过干湿球温度计的水银球面周围，待 1～2 min 两支温度计示数稳定后，即可读值计算；同时可用手摇式湿度计测定干湿球温度。

3）点压力测定步骤

（1）只将皮托管"－"接头与压差计连接，测定 i 点的相对静压。

（2）同时将皮托管的"＋"、"－"接头连至压差计上，测定 i 点的相对动压。

（3）只将皮托管"＋"与压差计连接，测定 i 点的相对全压。

具体接法如图 2-14 所示。

4）平均风速测定步骤

（1）测量前关闭开关板闸，使风轮转动而指针不动，压下回零杆，使大小指针均回归零位，准备好一块秒表，也使秒表回"0"，准备使用。

（2）为了克服风表运转部分的惯性抵抗力，将风表处于测风位置，在风吹动下空转 20～30 s，并调整风表的叶轮旋转面，尽量与风流方向垂直。

（3）开始测风时，应使风表开关板闸与秒表同时动作，并且又不要太用力导致风表抖动。

（4）按测风要求，移动风表并计时，到达规定时间、走完规定路径，即制动风表指针，从表盘上读取格数，再由校正曲线上查出对应的实际风速。

风量计算：

$$Q = v_j S \tag{2-9}$$

式中　　S——管道断面积，m^2。

六、实验结果处理

1）测算记录（表 2-1，表 2-2）

表 2-1　　　　　　　　　　　　　　干湿温度测定记录表

测定次数	干球温度/℃	湿球温度/℃	相对湿度/%	备注

表 2-2   **大气压力测定记录表**

空气盒气压计	大气压力/mmHg				
	读数	刻度订正值	温度订正值	补充订正值	实际气压

2) 计算空气密度

精确计算公式:

$$\rho = \frac{0.003\,484(p - 0.379\varphi p_b)}{273.15 + t} \tag{2-10}$$

式中 ρ——空气密度,kg/m³;

          p——测点空气的绝对静压,Pa;

          t——测点处空气的干温度,℃;

          φ——温度为 t,t_w(湿温度)时空气的相对湿度,%;

          p_b——空气在 t 温度下的饱和水蒸气压力,Pa。

3) 点压力测定结果

表 2-3   **点压力测定记录表**

通风方式	压入式	抽出式
h_j/Pa		
h_s/Pa		
h_q/Pa		

4) 平均风速测定结果(表 2-4)

表 2-4   **风速测定记录表**

表速/(m·min⁻¹)				风速/(m·s⁻¹)	
v_1	v_2	v_3	v_j	v_b	v_z

七、实验注意事项

(1) 井下用空盒气压表测大气压时,使用前应当用水银气压计校正。使用时应使盒面平行于风流方向以消除速压影响。

(2) 用湿度计测定空气的相对湿度时,读数时应首先读湿温度计的示值,然后再读干温度计的示值。

(3) 风表的测量范围要与所测风速相适应,避免风速过高、过低造成风表损坏或测量不准。

(4) 风表不能距离人体和巷道壁太近,否则会引起较大误差。

(5) 按线路法测风时,路线分布要合理,风表的移动速度要均匀,防止忽快忽慢,造成读数偏差。

(6) 有车辆或行人时,要等其通过后风流稳定时再测。

（7）同一断面测定 3 次，3 次测得的计数器读数之差不应超过 5％，然后取其平均值。

（8）单管倾斜压差计的使用：使用前要进行气密性检查、气泡检查、积水检查、调平、0刻度调节；为了增加测定的准确性，仪器内的酒精必须经常更换，否则使用前必须对仪器进行校正；实测时，应根据压差选择挡位，使读数值越大越好。

八、预习与思考题

（1）空盒气压表的读数为何要进行校正？

（2）简述评价矿井气候条件的主要指标有哪些。

（3）从 U 形垂直压差计上如何判断风机的工作方法？

（4）简述风速的测量方法。

2.2　摩擦阻力系数和局部阻力系数的测定

实验类型：设计性　　　　　　　　　　实验学时：2

一、实验目的

（1）掌握风筒摩擦阻力与摩擦阻力系数值的实测方法，进一步理解影响摩擦阻力的各个因素。

（2）掌握使用皮托管和倾斜压差计（或微压计）测定局部阻力系数的原理、步骤和方法。

（3）掌握通风阻力的测定方法，求算风阻、等积孔并绘制风阻特性曲线。

（4）通过测定加深理解能量方程在通风中的应用。

二、实验内容

摩擦阻力系数和局部阻力系数的测定。

三、仪器设备

包括通风机和管网系统（图 2-15）、皮托管、空盒气压表、温度计、胶皮管、三通、倾斜 U 形水柱计、垂直 U 形水柱计、钢卷尺、皮尺。

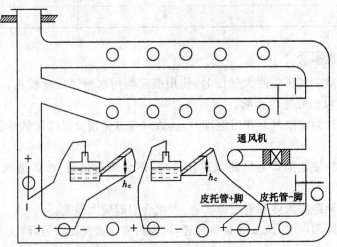

图 2-15　通风机和管网系统

四、实验原理、方法和手段

1）摩擦阻力系数的测定

对某一段风道（实验室为管道）的摩擦阻力可按下式计算：

$$h_m = \frac{\alpha LU}{S^3}Q^2 \tag{2-11}$$

式中 h_m——摩擦阻力，Pa；

         α——摩擦阻力系数，$N \cdot s^2/m^4$；

         L——风道长度，m；

         S——风道断面积，m^2；

         Q——通过风道的风量，m^3/s；

         U——风道的周边长，m。

由式（2-11）可知，若要测出某段风道的摩擦阻力系数（α），只要测出这段风道的摩擦阻力（h_m）和通过的风量（Q），同时把风道的长度（L）、周边长（U）和净断面积（S）量出来，就可以计算出风道的摩擦阻力系数。

欲测定风筒的摩擦阻力系数，可在图 2-15 所示的管网系统中先取一段直线风筒，在风道内选择 A、B 两个测点，如图 2-16 所示。将单管压差计调平，在 A、B 两测点放置皮托管，用胶皮管将测点的静压分别接到压差计，测 A、B 两断面风流的势能差（h_{cAB}），再用皮托管和压差计分别测出两端面的平均风速，用皮尺和小钢尺量出 A、B 间的距离和它们的周长。

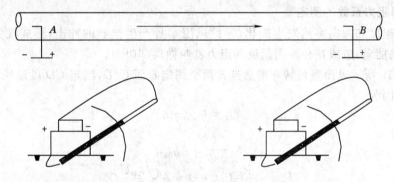

图 2-16   摩擦阻力系数测定

（1）h_c 的测定。当风筒水平放置、两测点之间风筒断面积相等、没有局部阻力且空气密度近似相等时，根据能量守恒方程可知，两测点之间的摩擦阻力就是通风阻力。

根据风流的能量方程，有：

$$h_{m1-2} = \left(p_1 + \frac{v_1^2}{2g}\rho_1\right) - \left(p_2 + \frac{v_2^2}{2g}\rho_2\right) = (p_1 - p_2) + \left(\frac{v_1^2}{2g}\rho_1 - \frac{v_2^2}{2g}\rho_2\right) \tag{2-12}$$

式中 h_{m1-2}——AB 段风道的通风阻力，Pa；

         p_1, p_2——AB 段风道的势能，Pa；

         v_1, v_2——A 和 B 断面的平均风速，m/s；

         ρ_1, ρ_2——A 和 B 断面的空气密度，kg/m^3。

空气密度由下式求出：

$$\rho = 0.461 \times \frac{p}{T} \tag{2-13}$$

式中　ρ——空气密度，kg/m^3；

　　　p——大气压力，Pa；

　　　T——绝对温度，$273+t$，K。

风量取 A 和 B 两点的平均风量：

$$Q_j = \frac{Q_1 + Q_2}{2} = \frac{1}{2}\left[S_1\sqrt{\frac{2gh_{v1}k_1}{\rho}} + S_2\sqrt{\frac{2gh_{v2}k_2}{\rho}} \right] \tag{2-14}$$

式中　S_1，S_2——两点的断面积，m^2；

　　　k_1，k_2——动压校正系数。

（2）风阻 R 的求算：

$$R = \frac{h_{m1-2}}{Q^2} \tag{2-15}$$

（3）等积孔 A 的计算：

$$A = \frac{1.19}{\sqrt{R}} \tag{2-16}$$

（4）摩擦阻力系数 α 的计算：

$$\alpha = \frac{h_{m1-2}S^3}{ULQ^2} \tag{2-17}$$

换算成矿井标准状态下的摩擦阻力系数为：

$$\sigma_标 = \frac{1.2}{\rho_测}\alpha_测 \tag{2-18}$$

2）局部阻力系数的测定

风流的速度和方向突然发生变化，导致风流本身产生剧烈的冲击，形成极为紊乱的涡流，从而损失能量，造成这种冲击涡流的阻力就叫做局部阻力。

在图 2-15 所示风筒直角转弯前后选择两个测定断面 C、D，测定 CD 段通风阻力 h_{zCD} 和平均风速。因为

$$h_{zCD} = h_{mCD} + h_w$$

所以

$$h_w = h_{zCD} - h_{mCD} \tag{2-19}$$

$$h_{mCD} = \frac{R_m}{L_{AB}}L_{CD} \cdot Q^2 = \frac{\alpha_测 L_{CD}U}{S^3}Q^2 \tag{2-20}$$

式中　R_m——测定的 AB 段风筒风阻，$N \cdot s^2/m^8$；

　　　L_{AB}——AB 段长度，m；

　　　L_{CD}——CD 段长度，m；

　　　$\alpha_测$——测定的铁风筒摩擦阻力系数，kg/m^3。

$$h_w = \xi_w \frac{v_j^2}{2}\rho$$

$$\xi_w = \frac{2h_w}{\rho v_j^2} \tag{2-21}$$

五、实验步骤

1）摩擦阻力系数的测定

按测量要求布置和连接好仪器后，测量 AB 的间距 L、风筒周边长 U 和风筒的两点断面积 S_1、S_2；启动通风机，待运转正常后，读出风流中心点的动压 h_{max} 及绝对静压差（p_1-p_2），并同时记录气温 t、湿球温度 t' 和大气压 p。

2）局部阻力系数的测定

选定局部阻力物，如直角转弯及圆弧转弯的风筒，布置仪器测出 h 及 h_d，计算空气密度 ρ，然后计算出局部阻力系数 ξ 的值。

六、实验结果处理

画出实验示意图，在图中标注皮托管及倾斜压差计（或微压计）的连接方式。具体记录在表 2-5～表 2-8 中。

表 2-5 　　　　　　　　　　　　　　　**空气密度计算表**

气压 /Pa	气温 /℃	湿球温度 /℃	干湿球温差 /℃	相对湿度 /%	饱和水蒸气压力 /Pa	空气密度 /(kg·m⁻³)

表 2-6 　　　　　　　　　　　　　　　**风速计算表**

测动压仪器倾斜读数 /mmH₂O	测动压仪器倾斜系数	动压 /mmH₂O	静压 /Pa	空气密度 /(kg·m⁻³)	风速 /(m·s⁻¹)	速度场系数 （已知）	平均风速 v /(m·s⁻¹)

表 2-7 　　　　　　　　**风筒摩擦阻力系数 α 的实测及计算**

项目	数据
测 A、B 两点倾斜压差计的读数 /mmH₂O	
仪器的倾斜系数	
A、B 两点的实际压差 h_{zAB} /mmH₂O	
A、B 两点的实际压差 h_{zAB} /Pa	
风筒断面 S_1，S_2 /m²	
A、B 两点的间距 L /m	
风筒周长 U /m	
平均风速 v /(m·s⁻¹)	
风量 Q /(m³·s⁻¹)	
实测的风筒摩擦阻力系数 α_c	
空气密度 ρ /(kg·m⁻³)	
换算为标准状态下摩擦阻力系数 α_b	

表 2-8 　　　　　　　　　　**局部阻力记录计算表**

项目	实测值	计算数据值	局部阻力的形式
两测点的压差倾斜读数 /mmH₂O			
测压差仪器的倾斜系数			
两侧点的压差 /mmH₂O			
两侧点的压差 /Pa			
两测点的间距 /m			
每延米风筒的摩擦阻力 /(Pa·m⁻¹)			

项目	实测值	计算数据值	局部阻力的形式
两测点间的摩擦阻力/Pa			
局部阻力/Pa			
动压倾斜读数/mmH$_2$O			
测动压仪器的倾斜系数			
动压/Pa			
空气密度/(kg·m^{-3})			
风筒中心点风速/(m·s^{-1})			
速度场系数			
局部阻力系数			
实测的示意图			

2.3 通风机性能测定

实验类型:设计性　　　　　　　　实验学时:2

一、实验目的

(1) 学会通风机主要工作参数风量 Q、风压 p、轴功率 N、转速 n(从而计算效率 η)的实验测定方法。

(2) 通过实验得出通风机的特性曲线(包括 p—Q 曲线,p_{st}—Q 曲线,N—Q 曲线,η—Q 曲线)。

(3) 掌握通风机特性测定方法,加深理解通风机风压、功率与效率同风量的关系。

二、实验内容

(1) 通风机风量 Q、风压 p、轴功率 N、转速 n(效率 η)等主要工作参数的测定。

(2) 通风机的特性曲线(包括 p—Q 曲线,p_{st}—Q 曲线,N—Q 曲线,η—Q 曲线)的绘制。

三、仪器设备

本实验采用进气管实验法,装置分别如图 2-17 和图 2-18 所示,外观分别如图 2-19 和图 2-20 所示,并符合《通风机空气动力性能实验方法》(GB/T 1236—2000)。

实验风管主要由测试管路、节流网、整流栅等组成。空气流过风管时,利用集流器和风管测出空气流量和进入风机的静压 p_{est_1},整流栅主要是使流入风机的气流均匀。节流网起流量调节作用,在此位置上加铜丝网或均匀地加一些小纸片,可以改变进入风机的流量。电动机用来测定输入风机的力矩,同时测出电动机转速,就可得出输入风机的轴功率。

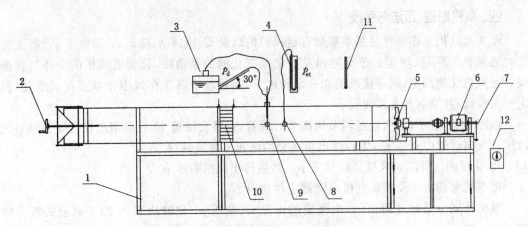

图 2-17 轴流式风机实验装置示意图

1—支架；2—风量调节手轮；3—微压计；4—U 形压力计；5—轴流式通风机；6—电动机；
7—平衡电机力臂；8—静压测压孔；9—皮托管及测压孔；10—整流栅板；11—温度计；12—转速表

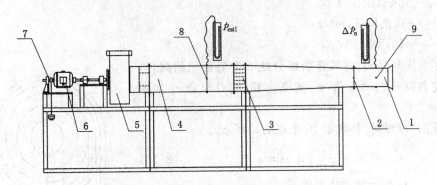

图 2-18 离心式风机实验装置示意图

1—进口集流器；2—节流网；3—整流栅；4—风管；5—被测风机；
6—电动机；7—测力矩力臂；8，9—测压管

图 2-19 轴流式风机外观

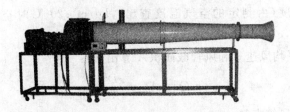

图 2-20 离心式风机外观

四、实验原理、方法与手段

反映通风机工作特性的基本参数有通风机的风量 Q、风压 p、功率 N 和效率 η。各工况点时通风机的风压、功率和效率随风量变化而变化的关系曲线,称为通风机的个体特性曲线。通风机性能测定,就是使风机在一定转速下,通过改变其工作风阻使其工况点变化,测定相关参数,并绘制其关系曲线。

如图 2-17 所示,空气经过调节风阀 2 入风管,在整流格栅 10 后部用皮托管 9 和倾斜式微压计 3 测试管内动压 p_d,然后得出断面平均流速 v 和风量 Q。

用 U 形测压计测定风机进口负压 p'_{st},然后得出风机静压 p_{st}。

用平衡电动机 6 及平衡电机力臂测定轴功率 N。

风机效率 η 是计算得出的,由测定的流量 Q,全压 p_q 和轴功率 N 用下列公式算出效率 η。

$$\eta = \frac{p_q \cdot Q}{1\,000N} \tag{2-22}$$

式中　p_q——风机全压,Pa;

　　　Q——风机风量,m^3/s;

　　　N——轴功率,kW。

为了测定风量 Q,将风管断面分成 5 个等面积的圆环,分别测定各圆环的动压值,p_{di} 测点位置、测点半径 r_1 如图 2-21 所示。

在横向(或纵向)共测定 10 个点的动压 p_{di}。

$$p_{di} = \frac{l_i}{1\,000} \rho_0 g \sin \alpha \tag{2-23}$$

式中　l_i——倾斜式微压计读值,mm;

　　　$\sin \alpha$——倾斜式微压计倾角正弦;

　　　ρ_0——倾斜式微压计内的酒精密度,kg/m^3,一般可取 $\rho_0 = 800\ kg/m^3$;

　　　g——重力加速度,m/s^2。

然后将测得的动压按下式进行平均,即:

$$p_d = \left(\frac{\sqrt{p_{d_1}} + \sqrt{p_{d_2}} + \cdots + \sqrt{p_{d_{10}}}}{10} \right)^2 \tag{2-24}$$

由平均动压 p_d 计算断面平均流速 v,即:

$$v = \sqrt{\frac{2p_d}{\rho}} \tag{2-25}$$

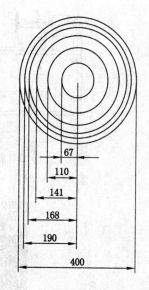

图 2-21　p_{di} 测点位置、测点半径

式中　ρ——空气密度(由测定的空气温度查出),kg/m^3;20 ℃时空气的密度 $\rho = 1.205\ kg/m^3$。

风量 Q 由断面平均风速 v 和风管截面积 A 算出,即:

$$Q = vA = v \frac{\pi D^2}{4} \tag{2-26}$$

式中　D——圆截面风管直径。

风机静压 p_{st} 由风机进口 U 形测压计测得的进口负压 p'_{st} 算出,即:

$$p_{st} = p'_{st} + \Delta \tag{2-24}$$

式中 p'_{st}——进口负压值，Pa；如果 U 形管内装水，则单位为 mmH_2O。

Δ——静压 p'_{st} 测点至风机入口处的损失值，按标准规定，取 $\Delta = 0.15p_d$。

风机全压 p 为静压 p_{st} 与动压 p_d 之和。

$$p = p_{st} + p_d = p'_{st} + 1.15p_d \tag{2-25}$$

风机轴功率 N 用平衡电动机测定。

$$N = \frac{2\pi nL(G - G_0)}{60 \times 1\,000} \tag{2-26}$$

式中 N——轴功率，kW；

n——风机转速，r/min；

L——平衡电机力臂长度，m；

G——风机运转时的平衡重量，N；

G_0——风机停机时的平衡重量，N。

最后由测得的轴功率 N、风量 Q 和全压 p 通过式(2-22)计算风机效率 η。

五、实验步骤

(1) 按实验数据记录表(表 2-9)的要求记录实验常数和仪器常数。

(2) 按实验装置图(图 2-17 或图 2-18)接好各个实验设备和测试仪器(电源、微压计和皮托管系统，U 形测压计，平衡电动机系统等)。

(3) 将调节阀门调至全开状态，启动电动机，记录各项实验数据。

(4) 逐渐关小阀门开度，每调节一次阀门称为一个工况，记录每个工况所有的实验数据，至少要做 7~8 个工况。

(5) 更换叶轮(每个叶轮的出口构造角 β_2 是不同的)，重复步骤(1)~(4)测得另一种叶轮出口构造角的风机特性曲线。

六、实验结果处理

(1) 在实验过程中按表 2-9 记录各项实验数据。

表 2-9 参数记录表

序号	风机风压 /Pa	风机风量		电动机电压 /V	电动机电流 /A	电动机功率因数	大气压力 /Pa	温度/℃		空气密度 /(kg·m⁻³)
		出风口面积 /m²	出风口风速 /(m·s⁻¹)					t_g	t_s	
1										
2										
3										
4										
5										
6										
7										

(2) 按表 2-9 对实验数据进行整理和计算。

(3) 将整理过的数据绘制成 $p—Q$、$p_{st}—Q$、$N—Q$ 和 $\eta—Q$ 曲线。

七、实验注意事项

轴流式风机的特点是风量越小,轴功率越大,所以本实验不做关闭阀门的工况点,更不要在关闭阀门时启动电动机,以防电动机过载而烧坏。

八、预习与思考题

(1) 试根据所计算出的实验结果指出该风机的额定工况和风机最佳工作区。

(2) 用风机相似率换算该型号 5$^\#$ 风机,1 450 r/min 时的特性曲线。

(3) 根据得出的特性曲线绘制该风机系列的无因次特性曲线(即 $P—Q$ 曲线,$N—Q$ 曲线和 $\eta—Q$ 曲线)。

九、实验报告要求

(1) 完整记录实验测定相关数据。

(2) 按要求绘制出风机性能曲线。

2.4 矿井通风阻力测定

实验类型:综合性   实验学时:2

一、实验目的

掌握用压差计法和气压计法测定矿井通风阻力的方法。

二、实验内容

(1) 测量测点间距和巷道断面尺寸。

(2) 测量大气物理条件。

(3) 测风阻。

(4) 测风压。

全矿通风系统阻力测定,应选择风量大、路线最长的干线作为主要测量路线,然后再选取一两个地段或分支路线测量,作为辅助性和校核测量结果用。测量注意事项如下:

(1) 测点间的压差不应小于 1~2 mmH$_2$O,不大于测压仪器的量程。

(2) 测点应尽可能避免靠近井筒和主要风门,以减小井筒提升和风门开启的影响。

(3) 井巷通风阻力系数测定时,在风流分支、汇合、转弯、扩大或缩小等局部阻力物前布置的测点,与局部阻力物的距离不得小于巷宽的 3 倍;在局部阻力物后时,不得小于巷宽的 8~12 倍。

(4) 在风流分支、汇合处或较大的集中漏风点前后布置测点,以计算井巷风阻。

(5) 用气压计测定时,测点应尽可能选在测量标高点附近。

(6) 测点沿风流方向依次编号。

三、仪器设备

补偿式微压计(U 形水柱计,压差计);胶皮管(内径 4~6 mm)40 m 及 100 m 各 1 根;皮托管 2 支;高、中、微速风表各 1 块;秒表 1 块;湿度计 1 台;空盒气压表 1 个;皮尺(20~30 m)1 根;工业酒精,直通管等。

四、所需耗材

酒精等。

五、实验原理、方法和手段

1) 压差计法

用压差计和皮托管测定井巷通风阻力的布置方式如图 2-22 所示;在测点 p_m 和 p_n 安设皮托管,用胶皮管分别将两个皮托管上的静压接在压差计上。此时,压差计的读数值应为两点的静压差和位压差之和。具体分析如下:

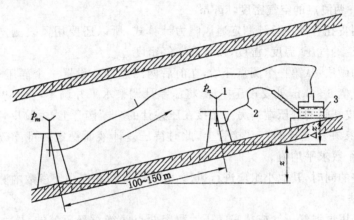

图 2-22 压差计法测定布置示意图
1—皮托管;2—传压胶皮管;3—压差计

从图 2-22 可知,皮托管将 m 点的绝对静压接受过来并经胶皮管传递到压差计右侧液面上,由于胶皮管内空气柱的压力作用,其压力要减少 $(z+\Delta z)\rho$ 的压力,所以右侧液面所受的压力为:

$$p_{右} = p_m - (z+\Delta z)\rho' \tag{2-27}$$

同理,压差计左侧液面所受的压力:

$$p_{左} = p_n - \Delta z\rho \tag{2-28}$$

压差计液面上升高度就是两液面上的压力差所造成的,故:

$$L_{读}K = (p_m - z\rho' - \Delta z\rho') - (p_n - \Delta z\rho') = (p_m - p_n) - z\rho' \tag{2-29}$$

式中 K——压差计校正系数,取值为 0.1,0.2,0.4 或 0.7;

p_m——测点 m 的空气绝对静压,mmH_2O;

p_n——测点 n 的空气绝对静压,mmH_2O;

z——两测点的高差,m;

ρ'——胶皮管中的空气密度,kg/m^3。

测定时,如果胶皮管中空气的温度和巷道中空气的温度一致,即 $\rho' = \rho$,那么 $z\rho' = z\rho$,由此可得:

$$L_{读}K = (p_m - p_n) - z\rho' = (p_m - p_n) - z\rho \tag{2-30}$$

根据伯努利方程式,测点 m 和 n 间的通风阻力应为:

$$h_{z,m-n} = (p_m - p_n) + (z_m\rho_m - z_n\rho_n) + \left(\frac{v_m^2}{2g}\rho_m - \frac{v_n^2}{2g}\rho_n\right)$$

$$= (p_m - p_n) - z\rho + \left(\frac{v_m^2}{2g}\rho_m - \frac{v_n^2}{2g}\rho_n\right) \tag{2-31}$$

对照上述两式可知,只要 $\rho' = \rho$,则:

$$h_{z,m-n} = L_{读} K + \left(\frac{v_m^2}{2g}\rho_m - \frac{v_n^2}{2g}\rho_n\right) \tag{2-32}$$

式中　$L_{读}$——压差计读数,mmH_2O;

　　　K——压差计校正系数;

　　　v_m, v_n——两测点上的平均风速,m/s;

　　　ρ_m, ρ_n——两测点的空气密度,kg/m^3。

上式就是用皮托管和压差计测定通风阻力计算式,所以还要用风表测定两点的平均风速,同时测量巷道的气压、温度、湿度,以计算空气密度。

具体测定的做法:从第一个测点开始,在前后两测点处各设置一个静压管(或皮托管),在后测点的下风侧 $6 \sim 8$ m 处安设压差计,将压差计调整水平并调零,长胶皮管的一端接 m 点的静压管(或皮托管的静压端),另一端接在压差计的"+"接管上;短胶皮管一端接 n 点的静压管,另一端接在压差计的"-"接管上,此时待压差计液面稳定后可读数。如果液面波动,可连续读几个数求平均值。

在测定压差的同时,其他小组应进行风速、大气条件和巷道几何参数的测量。

2)气压计法

气压计法是用恒温气压计或精密气压计测定两点间绝对静压差的,再加上两测点的位压差、速压差就可以计算通风阻力。

用精密气压计法测算通风阻力,是气压计法中的一种方法。绝对静压差由数值显示的精密气压计来测定,如图 2-23 所示。

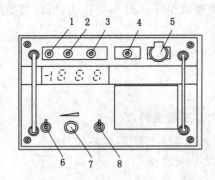

图 2-23　矿用气压计示意图及外观

—压差灵敏度调整电位计;2—气压零点调整电位计;3—气压灵敏度调整电位计;4—气压嘴;
5—充电器插座;6—电源开关;7—压差调零电位计;8—转换开关

该仪器的原理:利用真空膜盒由于气压变化产生的位移带动差动变压器铁芯移动及其输出电压随着变化的原理,实现对气压的测定。整机为矿用本质安全型。

(1)仪器的操作方法

① 气压差显示。将仪器电源开关 6 拨至"开",转换开关 8 拨至"压差"挡,并调零电位计至不动。当气压发生变化时,仪器即可以"毫米水柱"为单位显示出大气压力的瞬间变化值。

② 气压值显示。将仪器电源开关 6 拨至"开",转换开关 8 拨至"压差"挡,调节压差调零电位计 7,使仪器显示为"0",此时将转换开关 8 拨到"气压"挡,仪器显示的数值与基准气压值 950 mbar(1 mbar＝10^2 Pa,下同)相加,即可得到此刻当地的大气压力值。

（2）调试标定方法

① 压差灵敏度校正。将仪器电源开关 6 拨至"开",转换开关 8 拨至"压差"挡,调整仪器调零电位计 7,使仪器显示为负值,此时将一标准压力 200 mmH₂O 送至气压嘴 4,仪器应显示"200",如显示值与外加压力值有误差时,即调节压差灵敏度调整电位计 1,使仪器显示为"200"(显示值＝原负值＋200)。

② 气压零点校正。将仪器电源开关 6 拨至"开",转换开关 8 拨至"压差"挡,调整仪器调零电位计 7,使仪器显示为"0",此时将转换开关 8 拨至"气压"挡,仪器显示的读数与 950 mbar 基准气压值相加,即为此刻当地大气压力值。如与标准水银气压计读数差值超过仪器的精度指标[压差显示精确度:±(0.3 mmH₂O＋1‰×读数),气压显示精确度:100 mbar 范围内,平均误差＜0.5 mbar],此时即调整气压零点调整电位计 2 即可。

③ 气压灵敏度校正。将仪器电源开关 6 拨至"开",转换开关 8 拨至"压差"挡,调整仪器调零电位计 7,使仪器显示为"0",又将转换开关 8 拨至"气压"挡,此时仪器的气压显示值记为 p_1,再将转换开关 8 拨至"压差"挡,调整调零电位计 7,使仪器显示为"158 mmH₂O",再将转换开关 8 拨至"气压"挡,此时仪器气压显示值记为 p_2,计算 p_2-p_1 值应为 15 mbar,如有误差,则调整气压灵敏度调整电位计 3。

（3）阻力测定方法

使用矿用气压计测定通风系统阻力及分布,可分 3 个步骤进行:

① 按通风系统拟定测定路线,进行实地调查,布置测点,并从地测图上查出各测点标高。

② 通风系统实测。

③ 根据实际测量数据,进行数据整理,计算各测点间的各区段通风阻力值。

在井下用微气压计实际测定,大致可分为两种方法,即同时法与基点法。下面分别介绍:

a. 同时法。将两台气压计带入井下,在同一地点读取气压计的读数,确定读数系统差,然后两人分别进入 A 点与 B 点,在同一时刻测定两点气压,并且测定风速和温度、湿度,依次测完通风系统内选定的线路,将数据列入表内,出井后进行数据处理。

两点间的大气压力差为:

$$p_A-p_B=(p_{Ad}-p_{Bd})-(p_A'-p_B') \tag{2-33}$$

式中　p_{Ad},p_{Bd}——测点 A 与 B 在同一时刻的气压计读数差,mbar;

$p_{A'},p_{B'}$——两台气压计在同一地点同一时刻的读数,mbar;

$p_{A'}-p_{B'}$——在测点 A 与测点 B 两台气压计读数系统差校正,mbar。

$$p_A-p_B=10.2[(p_{Ad}-p_{Bd})-(p_A'-p_B')] \tag{2-34}$$

根据式(2-34),两点间的全压差(mmH₂O)为:

$$h_q=10.2[(p_{Ad}-p_{Bd})-(p_A'-p_B')]+\frac{\rho_A+\rho_B}{2}\Delta H+\frac{\rho_A v_A^2+\rho_B v_B^2}{2g} \tag{2-35}$$

式中　ρ_A,ρ_B——A、B 两测点的空气密度,kg/m³;

v_A,v_B——A、B 两测点的平均风速,m/s;

g——重力加速度,9.81 m/s²。

b. 基点法。这种方法只需带一台气压计到井下,测定者顺着测定路线在各测点读取气压计读数,并测取温度与风速。由于各测点不能同一时刻测定,而地表大气压力又是时刻变化的,因此需在地面进口或井底车场设一基点,放置另一台气压计,以监测大气压力的变化,并随时记录仪器的读数。

在井下巡回测定者,应准确记下读取气压计读数的时刻,最后到地面进行数据处理。

两点间的大气压力差为:

$$p_A - p_B = (p_{Ad} - p_{Bd}) - (p''_A - p''_B) \tag{2-36}$$

式中 p''_A,p''_B——测定 A、B 点大气压时刻的基点大气压力,mbar;

$p''_A - p''_B$——基点大气压力变动校正,mbar。

因此两点间的全压差(mmH₂O)为:

$$h_q = 10.2[(p_{Ad} - p_{Bd}) - (p''_A - p''_B)] + \frac{\rho_A + \rho_B}{2}\Delta H + \frac{\rho_A v_A^2 + \rho_B v_B^2}{2g} \tag{2-37}$$

从式(2-37)看出:用基点法测定全压差时,数据处理包括两测点的气压计读数差、基点大气压力变化校正、高程差校正与动压差等项。静压差及全压差为正值时,风向与巡回方向相同,为负值时,巡回方向相反。

同时法是在同一时刻测定某一区间两端的气压不需要校正大气压力的变动,通风系统的某些变动对其影响较小。基点法是在不同时刻测定某一区段两端的气压,通风系统的短暂风波动,可能引起较大误差。

空气密度的求算:按 $\rho = 0.416p/T$(kg/m³)计算,其中,p 为大气压力,mmHg;T 为绝对温度,273+t,K。

六、实验步骤

(1)在管网系统中,在风道内选择某一测段,将单管压差计调平,分别在该测段的进风侧和回风侧两个测点放置皮托管,用胶皮管将测点皮托管中的静压管分别接到压差计的"+"、"-"两端,测算出该测段两断面间风流的势能差。

(2)用皮托管和压差计分别测出各断面的平均动压并计算各断面的风量。

(3)用皮尺和小钢尺量出测段长度和各断面的断面积、周长。

(4)测算实验条件下的气压、温度、相对湿度,计算空气密度,进而计算各测段通风阻力、风阻、摩擦阻力系数。

(5)可根据实验装置选择多个测段。

七、实验注意事项

(1)压差计测定防止积水,污泥进入胶皮管或因胶皮管打折而堵塞。

(2)皮托管要正对风流,否则将影响测定精度。

(3)皮托管放置在风流的涡流区内。

(4)应尽可能增加两测点的长度,以减少分段测定的积累误差。

2.5 矿井反风演习实验

实验类型:验证性   实验学时:1

一、实验目的

(1)通过矿井通风系统模型运行的动态演示,认识通风系统的构成、功能和原理,了解各部分的工作方式。

(2)通过反风模型操作,了解全矿井反风的工作原理、操作和过程。

(3)通过反风演示,了解反风在矿井通风中的作用。

二、实验内容

通过矿井通风综合模拟实验装置演示矿井通风系统工作原理及全矿井反风方法。

三、仪器设备

实验在矿井通风综合模拟实验装置上进行,如图 2-24 所示。可实现巷道风门的自动控制,进行巷道中风速(风量)、温度、点压力及有毒有害气体浓度的实时监测,实现主要生产地点的工作状况在模拟地面控制调度室的动态图像显示。

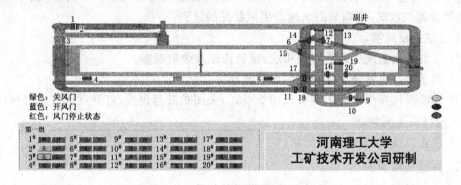

图 2-24　矿井通风综合模拟实验装置

四、实验原理

当矿井在进风井口附近、井筒或井底车场及附近的进风巷中发生火灾、瓦斯和煤尘爆炸时,为了防止事故蔓延,缩小灾情,以便进行灾害处理和救护工作,有时需要改变矿井的风流方向。

《煤矿安全规程》规定:生产矿井主要通风机必须装有反风设施,并能在 10 min 内改变巷道中的风流方向;当风流方向改变后,主要通风机的供给风量不应小于正常供风量的40%。每季度应当至少检查 1 次反风设施,每年应当进行 1 次反风演习;矿井通风系统有较大变化时,应进行 1 次反风演习。

1)矿井通风系统工作原理演示

通风系统主要由主要通风机、通风巷道和通风设施构成,主要通风机提供系统通风的动力;通风巷道构成井下风流流动的通道,并承担相应的采掘工作任务;通风设施完成对井下风流进行调节控制的作用,实现风流的按需分配。

该通风系统模型包含了通风系统的所有组成部分,且通过动态演示,模拟实际矿井通风机运行、井下风流流动、调节装置改变从而改变风流流量和通风供给路线。

2) 全矿井反风演示

全矿井反风是为了防止矿井主要进风区域火灾扩大而采取的必要通风控制措施。矿井反风主要有两种方法:一是通风机反转反风,即通过调整通风机叶片的角度或将电动机反转使得风流由扩散器反向流入矿井,实现矿井反风。二是不改变通风机的运转方式,通过事先修建好的反风巷道和快速调节装置,使风流通过反风道流入井下,从而改变井下风流的方向。

本实验演示反风道反风的过程和操作方法。

五、实验步骤

1) 矿井通风系统工作原理演示

(1) 讲解模型通风系统的构成和各部分的功能。

(2) 启动模型,演示正常通风路线风流的流动。

系统启动后,观察监测系统指示的主要通风性能数据,模型巷道内风向指示的变化、倾斜压差计内风压的变化。

(3) 演示调节装置的作用。

井下作业地点的变化和供风需求的改变都要求对矿井通风系统进行调节,调节的方法主要有两类,即主要通风机工况的调节和井下通风设施改变的调节。本实验演示通过改变井下通风设施的状况,来调节需风地点供风状况的过程。

2) 全矿井反风演示

(1) 讲解通风系统反风装置的构成、反风操作及效果观察。

(2) 演示矿井正常通风状况下的风流流动。

(3) 实施反风操作。关闭调节风门 2#、3#,关闭扩散器盖板,打开反风进风门与反风风门,即可进行反风实验。

(4) 停止风机,将系统恢复原状。

六、实验注意事项

本实验为演示实验,教师和实验室人员进行操作,学生以观察和记录为主。实验应按操作说明进行,未经许可,学生不得改变模型上的装置和仪器设置。

七、预习与思考题

(1) 通风系统由哪些部分构成?各部分的主要功能是什么?

(2) 如何改变系统中工作面的风量和风向?

(3) 矿井为何要进行全矿井反风?要求达到的反风风量是多少?

(4) 进行全矿井反风的方法有哪些?为何矿井反风风量会少于正常状况下的通风风量?

(5) 井下哪些地方发生火灾需要进行反风?

八、实验报告要求

(1) 根据实验模型,绘制通风系统示意图,标明系统内风流流动的路线;对系统的构成、各部分的功能和风流调节的方法进行阐述。

(2) 根据实验模型绘制通风系统反风装置的示意图,并说明正常通风状况下和反风时期风流流动的路线以及反风操作的具体内容。

第 3 章

瓦斯地质

3.1 瓦斯地质编图

实验类型:上机   实验学时:4

一、实验目的

矿井瓦斯地质图能够高度集中地反映煤层采、掘揭露和地质勘探等手段测试的瓦斯地质信息,还可以准确地反映矿井瓦斯涌出规律和赋存规律,用以预测瓦斯涌出量、瓦斯含量、煤与瓦斯突出危险性,评价瓦斯(煤层气)资源量及开发技术条件。通过实验,了解矿井瓦斯地质图的含义,深入领会瓦斯地质图对瓦斯预测和瓦斯治理工作、煤层气资源开发的意义。

二、实验内容

掌握矿井瓦斯地质图编制方法。

三、仪器设备

计算机(装有 AutoCAD 等相关软件)、打印机。

四、实验原理、方法和手段

矿井瓦斯地质图是以矿井煤层底板等高线图和采掘工程平面图作为地理底图,在系统收集、整理建矿以来采掘工程揭露和测试的全部瓦斯资料及地质资料,如采掘工作面每日的瓦斯浓度、风量和瓦斯抽采量,煤与瓦斯突出危险性预测指标以及煤与瓦斯突出点资料等,在厘清矿井瓦斯地质规律,进行瓦斯涌出量预测、煤与瓦斯突出危险性预测、瓦斯(煤层气)资源量评价和构造煤厚度分布等基础上绘制而成的。

瓦斯地质图的种类如下:

(1) 从形式上分

① 瓦斯地质柱状图。底图:煤系综合柱状图。内容:除一般地质内容外,还包括瓦斯特征和煤系地层透气性。

② 瓦斯地质剖面图。底图:地质剖面图。内容:反映某一剖面瓦斯地质特征及邻近瓦斯资料并附剖面上瓦斯参数变化曲线。

③ 瓦斯地质平面图。

Ⅰ.矿井瓦斯地质图。底图:可采煤层底板等高线图,多煤层要分层编制,比例尺1:2 000 或 1:5 000。瓦斯内容:各种瓦斯参数的材料点(瓦斯含量点、压力点、喷出点、突出点等),各种瓦斯等值线(瓦斯风化带、瓦斯带界限),各项瓦斯参数在井田范围分区分带线(瓦斯涌出量、瓦斯含量、突出危险块段等)。地质内容:井田范围与瓦斯赋存和突出有关的地质条件(煤岩岩性特征、岩层产状、井田地质构造、煤层厚度及其变化、煤质、煤体结构等,可用等值线表示),各项地质因素分区(煤厚、煤质、岩性、构造分区)、变形系数等。

Ⅱ. 矿区瓦斯地质图。底图:矿区主采煤层底板等高线图,比例尺 1：10 000～1：50 000;内容:与矿井瓦斯地质图基本相似。

Ⅲ. 全省瓦斯地质图。底图:分(全)省煤田预测图,比例尺 1：500 000。内容:各煤田、矿区、勘探区范围;各生产井位置、名称,矿井瓦斯等级;等值线根据比例尺适当勾绘;各煤田成煤时代、变质程度,控制煤田地质构造,与煤层有关的岩浆岩。

Ⅳ. 勘探阶段瓦斯地质图(瓦斯预测图)。底图:煤层底板等高线图,比例尺 1：2 000、1：5 000 或 1：10 000。内容:瓦斯带分布和煤层瓦斯含量等值线;影响瓦斯成分、含量变化的地质条件;甲烷沿煤层走向或倾向分布规律;瓦斯风化带范围。

(2) 从范围上分

① 采区瓦斯地质图。

② 矿井瓦斯地质图。

③ 矿区瓦斯地质图。

④ 全国瓦斯地质图。

(3) 从内容上分

① 反映单项瓦斯参数与地质因素关系图。

② 瓦斯和相关地质因素叠加图。

五、实验步骤

1) 编图内容和方法

(1) 地理底图

选用 1：5 000 矿井采掘工程平面图和煤层底板等高线图作为地理底图,要求地理底图的选取应能反应最新的瓦斯地质信息。

(2) 地质内容和方法

① 煤层底板等高线:一般是标高差 50 m 一条,但在褶皱和断层影响引起煤层倾角变化大的部位,等高线密度增加。

② 全部地质勘探钻孔:煤层露头,向斜,背斜,断层,煤层厚度,陷落柱,火成岩,煤层顶底板砂、泥岩分界线,构造煤的类型及厚度分布等。

(3) 瓦斯内容和方法

① 瓦斯涌出量点:掘进工作面绝对瓦斯涌出量点,采煤工作面绝对瓦斯涌出量和相对瓦斯涌出量点,每月筛选一个数据,用表 3-1、表 3-2 和表 3-11 中图例表示。

表 3-1　　　　　××煤矿××掘进工作面瓦斯涌出量统计表

日期	CH_4 浓度 /%	风量 /(m³·min⁻¹)	抽采量 /(m³·min⁻¹)	绝对瓦斯涌出量 /(m³·min⁻¹)

表 3-2　　　　　××煤矿××采煤工作面瓦斯涌出量统计表

日期	CH_4浓度 /%	风量 /(m³·min⁻¹)	抽采量 /(m³·min⁻¹)	日产量 /t	绝对瓦斯涌出量 /(m³·min⁻¹)	相对瓦斯涌出量 /(m³·t⁻¹)

② 瓦斯涌出量等值线:绘制绝对瓦斯涌出量实测等值线与预测等值线,按表 3-2 和表 3-11 中图例表示。

③ 瓦斯涌出量区划:根据矿井瓦斯涌出量等值线,一般是级差 5 m³/min,按图例填绘不同的面色,表示瓦斯涌出量区划级别。

④ 瓦斯含量点和瓦斯含量等值线,用表 3-3 和表 3-11 中图例表示。

表 3-3 　　　　　　　　　　　××煤矿××采煤(掘进)工作面瓦斯含量统计表

序号	位置或钻孔号	煤层底板		瓦斯成分/%			瓦斯含量/(m³·t⁻¹)	工业分析/%			评价	备注
		埋深/m	标高/m	CH_4	CO_2	N_2		水分	灰分	挥发分		

⑤ 为瓦斯突出危险性预测参数:瓦斯压力 p,瓦斯放散初速度 Δp,煤的坚固性系数 f 值,瓦斯突出危险性综合指标 K 值,钻屑瓦斯解吸指标 Δh_2,钻孔最大瓦斯涌出初速度 q_{max},钻孔最大钻屑量 S_{max} 等,用表 3-4、表 3-5、表 3-6 和表 3-11 中图例表示。

表 3-4 　　　　　　　　　　　　××煤矿××煤层瓦斯压力统计表

地点	煤层底板标高/m	埋深/m	表压力/MPa	备注

表 3-5 　　　　　　　　××煤矿××采煤(掘进)工作面瓦斯突出预测参数统计表(一)

地点	底板标高/m	埋深/m	f	Δp

表 3-6 　　　　　　　　××煤矿××采煤(掘进)工作面瓦斯突出预测参数统计表(二)

地点	底板标高/m	埋深/m	S_{max}	Δh_2	q_m

⑥ 煤与瓦斯突出危险性区划:根据预测结果,将井田范围划分为突出危险区、突出威胁区和无突出区,用表 3-11 图例表示。

⑦ 矿井瓦斯资源量:根据瓦斯含量、煤炭储量,分块段计算矿井瓦斯资源量,用表 3-11 图例填图。

2) 编图资料收集、整理要求

(1) 地质资料

① 矿井地质勘探精查或详查报告,矿井生产修编地质报告(地质说明书)。

② 矿井采掘工程平面图,煤层底板等高线图,构造纲要图,井上下对照图,地层综合柱状图。

③ 采掘工作面地质说明书和相关图件。

④ 煤巷编录的"构造煤"厚度，测井曲线解释，地球物理方法探测构造煤厚度。

⑤ 断层、褶皱、陷落柱、火成岩和顶底板砂泥岩分界线等，用表 3-9 和表 3-11 中图例表示。

⑥ 所有的钻孔柱状图和勘探线剖面图，用表 3-11 中图例表示。

⑦ 三维地震勘探资料。

（2）瓦斯资料

① 收集整理建矿以来掘进、采煤工作面瓦斯日报表、瓦斯抽采台账、风量报表、产量报表、采掘月进尺等资料。按照表 3-1、表 3-2 进行统计，由此计算出各个工作面的瓦斯绝对涌出量和相对涌出量。

② 瓦斯含量资料：地质勘探钻孔取样测定的瓦斯含量和生产阶段取样测定的瓦斯含量，按照表 3-3 进行统计。

③ 瓦斯抽采资料：详细收集煤层预抽瓦斯和采掘过程中抽采的瓦斯量、所有的瓦斯抽采设计方案和瓦斯抽采台账。

④ 瓦斯压力测试数据：用表 3-4 进行统计。

⑤ 煤巷掘进测试的瓦斯突出预测参数，钻屑瓦斯解吸指标 Δh_2，钻孔最大瓦斯涌出初速度 q_{max}，钻孔最大钻屑量 S_{max} 等。瓦斯放散初速度 Δp，煤的坚固性系数 f 值，瓦斯突出危险综合指标 K 值，按照表 3-5、表 3-6 进行统计。

⑥ 煤与瓦斯突出点资料。

统计建矿以来的所有煤与瓦斯突出点资料，并描述其发生过程和突出位置详细地质资料、作业工序等详细资料，按照表 3-6、表 3-7 和表 3-8 统计。

表 3-7　　　　　　　××煤矿××采煤（掘进）工作面煤与瓦斯突出点统计表

时间	地点	标高/m	埋深/m	突出类型	突出概况	当时工序	突出前兆	突出强度	
								煤/t	瓦斯/m³

表 3-8　　××煤矿××采煤（掘进）工作面煤与瓦斯突出位置断层、煤层结构、顶底板岩性记录表

时间	地点	断层描述				煤层结构		顶底板岩性
		倾向	倾角	落差/m	性质	原生结构煤厚度/m	构造煤厚度/m	

根据以上收集的瓦斯地质资料清单，按表 3-1～表 3-10 整理瓦斯涌出量、瓦斯含量、瓦斯突出危险性预测参数和煤与瓦斯突出点资料。要求统计数据真实、可靠。

表 3-9　　　　　　　××煤矿××采煤（掘进）工作面断层统计表

名称	位置	倾向	倾角	落差/m	断层性质	力学性质	延展长度/m

表 3-10　　　　　　　××煤矿××采煤（掘进）工作面瓦斯抽放量统计表

日期	位置	混合流量 /(m³·min⁻¹)	抽放浓度 /%	抽放纯量 /(m³·min⁻¹)	备注

表 3-11　　　　　　　　　　　　　　煤矿瓦斯地质图图例

名称	标记	说明	字体、颜色、线型等
小型突出点	突 $\dfrac{56.6\,t\mid 0.86\,万m^3}{-254\mid 1982.02.03}$	煤与瓦斯突出强度 <100 t/次；分子左侧为突出煤量（t），右侧为涌出瓦斯总量（万 m³）；分母左侧为标高（m），右侧为突出年月日	左侧"突"字为宋体，字高 2；右侧字体为新罗马字体，字高 1.5；圆直径 4 mm，线宽 0.1 mm，颜色值为 RGB(204,0,153)
中型突出点	突 $\dfrac{456\,t\mid 5.34\,万m^3}{-300\mid 1986.04.07}$	煤与瓦斯突出强度 100～499 t/次；分子左侧为突出煤量（t），右侧为涌出瓦斯总量（万 m³）；分母左侧为标高（m），右侧为突出年月日	左侧"突"字为宋体，字高 3；右侧字体为新罗马字体，字高 1.5；圆直径 6 mm，线宽 0.1 mm，颜色值为 RGB(204,0,153)
大型突出点	突 $\dfrac{856\,t\mid 9.87\,万m^3}{-294\mid 1990.05.03}$	煤与瓦斯突出强度 500～999 t/次；分子左侧为突出煤量（t），右侧为涌出瓦斯总量（万 m³）；分母左侧为标高（m），右侧为突出年月日	左侧"突"字为体宋体，字高 4；右侧字体为新罗马字体，字高 1.5；圆直径 8 mm，线宽 0.1 mm，颜色值为 RGB(204,0,153)
特大型突出点	突 $\dfrac{1\,566\,t\mid 18.3\,万m^3}{-276\mid 1996.05.08}$	煤与瓦斯突出强度 ≥1 000 t/次。分子左侧为突出煤量（t），右侧为涌出瓦斯总量（万 m³）；分母左侧为标高（m），右侧为突出年月日	左侧"突"字为宋体，字高 5；右侧字体为新罗马字体，字高 1.5；圆直径 10 mm，线宽 0.1 mm，颜色值为 RGB(204,0,153)
瓦斯含量点	Ⓦ $\dfrac{12.30\,m^3/t}{-610.24\mid 713.85}$	分子为瓦斯含量值（m³/t）；分母左侧为测点标高（m），右侧为埋深（m）	左侧"W"字为宋体，字高 2；右侧字体为新罗马字体，字高 1.5；圆直径 4 mm，线宽 0.1 mm，颜色值为 RGB(204,0,153)
瓦斯压力点	Ⓟ $\dfrac{2.3\,MPa}{-600\mid 620}$	分子为瓦斯压力值（MPa）；分母左侧为测点标高（m），右侧为埋深（m）	左侧"P"字为宋体，字高 2；右侧字体为新罗马字体，字高 1.5；圆直径 4 mm，线宽 0.1 mm，颜色值为 RGB(204,0,153)
动力现象点	动 $\dfrac{20\,t\mid 2\,000\,m^3}{-568\mid 02.02}$	分子左侧为突出煤岩量（t），右侧为涌出瓦斯量（m³）；分母左侧为标高（m），右侧为发生年月	左侧"动"字为宋体，字高 2；右侧字体为新罗马字体，字高 1.5；圆直径 4 mm，线宽 0.1 mm，颜色值为 RGB(204,0,153)
煤层区域突出危险性预测指标值	△① $50 = \dfrac{15}{0.3}$	等号左边为 K 值；右侧分子为 ΔP 值，分母为 f 值	左侧"1"为新罗马字体，字高 2；右侧字体为新罗马字体，字高 1.5；三角形宽、高为 4 mm，线宽 0.1 mm，颜色值为 RGB(255,0,0)
工作面突出危险性预测指标值 I	▽① $\dfrac{120}{2.3}$	分子为钻屑解吸指标 Δh_2（Pa），分母为钻孔最大钻屑量 S_{max}（L/m）	左侧"1"为新罗马字体，字高 2；右侧字体为新罗马字体，字高 1.5；三角形宽、高为 4 mm，线宽 0.1 mm，颜色值为 RGB(255,0,0)

名称	标记	说明	字体、颜色、线型等
工作面突出危险性预测指标值Ⅱ	$\nabla 2 \dfrac{5 \mid 2.3}{0.5}$	分子左侧为钻孔最大瓦斯涌出初速度 q_{max} [L/(m·min)]，分子右侧为钻孔最大钻屑量 S_{max} (L/m)；分母为 R 值指标	左侧"2"为新罗马字体，字高2；右侧字体为新罗马字体，字高1.5；三角形宽、高为4 mm，线宽0.1 mm，颜色值为 RGB(255,0,0)
采煤工作面瓦斯涌出量点	$\dfrac{8.4 \mid 3.06}{3\,956 \mid 03.03}$	分子左侧为绝对瓦斯涌出量 (m^3/min)，右侧为相对瓦斯涌出量 (m^3/t)；分母左侧为工作面日产量(t)，右侧为回采年月	字体为新罗马字体，字高1.5，线宽0.1 mm，颜色值为 RGB(255,0,0)
掘进工作面绝对瓦斯涌出量点	$\dfrac{1.8}{03.02}$	分子为掘进工作面绝对瓦斯涌出量 (m^3/min)，分母为掘进年月	字体为新罗马字体，字高1.5，线宽0.1 mm，颜色值为 RGB(255,0,0)
煤层气(瓦斯)资源量	$\boxed{\begin{array}{c\|c} 0.5 & \dfrac{8.0\sim12.5}{10} \\ \hline 5 & B \end{array}}$	左上角为煤层气(瓦斯)资源量 (Mm^3)，右上角为块段瓦斯含量大小(m^3/t)；左下角为块段编号，右下角为瓦斯储量级别	字体为新罗马字体，右上角字高1，其余字高1.5；边框矩形长16 mm，宽8 mm，线宽0.3 mm，其他线宽0.1 mm，颜色值为 RGB(240,200,240)
煤层气(瓦斯)资源块段划分界线		采用四边形划分块段，用三角形指向块段内部；块段划分考虑瓦斯储量级别、构造影响、含量值比较接近等因素	线宽0.1 mm，颜色值为 RGB(240,200,240)
实测瓦斯含量等值线	⌣2⌣	单位 m^3/t	字体为宋体，字高2.5，线型为实线，线宽0.4 mm，颜色值为 RGB(255,144,255)
预测瓦斯含量等值线	--2--	单位 m^3/t	字体为宋体，字高2.5，线型为虚线，线宽0.4 mm，颜色值为 RGB(255,144,255)
绝对瓦斯涌出量实测等值线	⌣5⌣	采煤工作面绝对瓦斯涌出量实测等值线，单位 m^3/min	字体为宋体，字高2.5，线型为实线，线宽0.3 mm，颜色值为 RGB(255,0,0)
绝对瓦斯涌出量预测等值线	--15--	采煤工作面绝对瓦斯涌出量预测等值线，单位 m^3/min	字体为宋体，字高2.5，线型为虚线，线宽0.3 mm，颜色值为 RGB(255,0,0)
煤层瓦斯压力实测等值线	⌣1.0⌣	单位 MPa	字体为宋体，字高2.5，线型为实线，线宽0.5 mm，颜色值为 RGB(204,0,153)
煤层瓦斯压力预测等值线	--1.3--	单位 MPa	字体为宋体，字高2.5，线型为虚线，线宽0.5 mm，颜色值为 RGB(204,0,153)
瓦斯突出危险区		三角指向煤与瓦斯突出危险区	线宽1 mm，颜色值为 RGB(153,0,153)
瓦斯涌出量 <5 m^3/min 区域			颜色值为 RGB(255,255,235)

名称	标记	说明	字体、颜色、线型等
瓦斯涌出量 5~10 m³/min 区域			颜色值为 RGB(246,255,219)
瓦斯涌出量 10~15 m³/min 区域			颜色值为 RGB(240,255,235)
瓦斯涌出量 >15 m³/min 区域			颜色值为 RGB(255,240,224)
井 筒	$\frac{152.0}{-225.0}$ ◉主井	符号左侧分子为井口高程(m),分母为井底高程(m);右侧注明用途,如通风、提升等	内圆直径 2.5 mm,外圆直径 4 mm;标注字体为宋体,井筒名称字高 2,其他字高 1.5,颜色值为 RGB(51,51,51)
见煤钻孔	$\frac{125.16}{-449.10}$ ●^{27_3} 1.46	符号上方为孔号;左侧分子为地面标高(m),分母为煤层底板标高(m);右侧为煤厚(m)	内圆直径 2.5 mm,外圆直径 4 mm;标注字体为宋体,字高 1.5,颜色值为 RGB(51,51,51)
煤层露头及瓦斯风氧化带	(1) (2)	(1)为煤层露头,(2)为瓦斯风氧化带	煤层露头及瓦斯风氧化带线为实线,煤层露头线宽 1 mm,瓦斯风氧化带线宽 0.1 mm,颜色值为 RGB(128,128,128)
井田边界	— + —		线宽 1 mm,颜色值为 RGB(173,173,173)
向斜轴	⊥	箭头表示岩层倾斜方向;实测褶皱每 100 mm 为一组,组间距 10 mm,推断褶皱每隔 5 节(1 节 20 mm)绘一组,组间距 10 mm	轴线线宽 0.6 mm,箭头线宽 0.1 mm,颜色值 RGB(0,127,0)
背斜轴	⊤	箭头表示岩层倾斜方向;实测褶皱每 100 mm 为一组,组间距 10 mm,推断褶皱每隔 5 节(1 节 20 mm)绘一组,组间距 10 mm	轴线线宽 0.6 mm,箭头线宽 0.1 mm,颜色值 RGB(0,127,0)
煤层上覆基岩厚度等值线	⌒ 260 ⌒	单位 m	字体为宋体,字高 2,线型为虚线,线宽 0.1 mm,颜色值为 RGB(90,255,200)
顶板泥岩厚度等值线	⌒ 8 ⌒	单位 m	字体为宋体,字高 2,线型为虚线,线宽 0.1 mm,颜色值为 RGB(236,186,163)
煤层底板等高线	⌒ -750 ⌒	单位 m	字体为宋体,字高 2,线型为实线,线宽 0.1 mm,颜色值为 RGB(45,45,45)
岩石巷道	——		线型为实线,线宽 0.3 mm,颜色值为 RGB(255,192,128)
煤巷	——		线型为实线,线宽 0.2 mm,颜色值为 RGB(91,91,91)

名称	标记	说明	字体、颜色、线型等
正断层、逆断层	(1) (2)	(1)为正断层,(2)为逆断层	线宽0.1 mm,颜色值为RGB(0,127,0)
断层上、下盘	(a) —·— (b) —×—	(a)为上盘,(b)为下盘	线宽0.1 mm,颜色值为RGB(0,127,0)
实测、推断陷落柱	(a) (b)	(a)为实测陷落柱,(b)为推断陷落柱	线宽0.1 mm,颜色值为RGB(0,127,0)
构造煤厚度点	(a) 0.8 (b) 0.8	(a)为实测构造煤厚度(m),(b)为测井曲线解译构造煤厚度(m)	构造煤小柱状图例高6 mm,宽2 mm,中间填充区长2 mm,宽2 mm;字体为新罗马字体,字高1.5,线宽0.1 mm,颜色值为RGB(51,51,51)

注:表中字高值为 AutoCAD 中取值,新罗马字体指 Times New Roman。

3)编制矿井瓦斯地质图

编制矿井瓦斯地质图的基本步骤为:整理资料→综合分析→展绘资料→勾绘等值线→瓦斯地质区划→瓦斯地质单元。

(1)比例尺:1∶5000。

(2)绘制要求:矿井瓦斯地质图,不同符号和颜色表示不同的内容和含义。瓦斯地质图内容的表示方法和绘图要求,用表3-11中图例表示。某矿瓦斯地质图如图3-1所示。

某矿工作面瓦斯地质图如图3-2所示。

4)编制矿井瓦斯地质规律和瓦斯预测研究报告

参考格式如下:

前言

　　课题来源

　　　　研究内容

　　完成情况

1　矿井概况

　1.1　交通位置及隶属关系

　1.2　井型、开拓方式及生产能力

　1.3　瓦斯

　1.4　煤层

　1.5　煤质特征

　1.6　岩浆岩

　1.7　水文地质特征

2　地质构造及控制特征研究

　2.1　矿区地质构造演化及分布特征

　2.2　井田地质构造及分布特征

　2.3　构造煤发育及分布特征

　2.4　地质构造对瓦斯赋存的控制

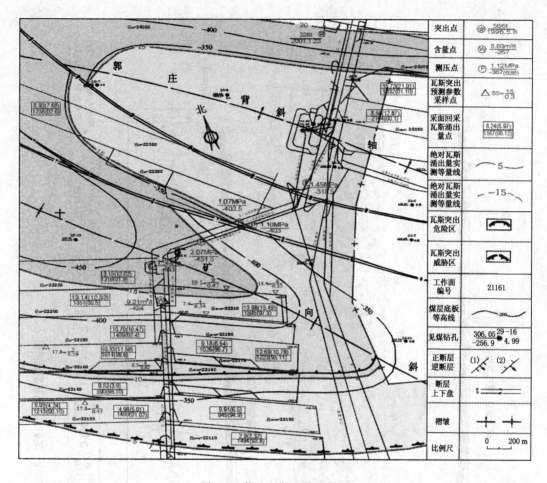

图 3-1 某矿瓦斯地质示意图

3 矿井瓦斯地质规律研究

  3.1 断层、褶皱构造对瓦斯赋存的影响

  3.2 顶、底板岩性对瓦斯赋存的影响

  3.3 岩浆岩分布对瓦斯赋存的影响

  3.4 煤层埋深及上覆基岩厚度对瓦斯赋存的影响

  3.5 岩溶陷落柱对瓦斯赋存的影响

  3.6 瓦斯含量分布及预测研究

4 矿井瓦斯涌出量预测

  4.1 矿井瓦斯涌出资料统计及分析

  4.2 矿井瓦斯抽采资料统计及分析

  4.3 矿井瓦斯涌出量预测

    4.3.1 分源预测法预测瓦斯涌出量

    4.3.2 瓦斯地质图法预测瓦斯涌出量

5 煤与瓦斯区域突出危险性预测

  5.1 煤与瓦斯突出危险性参数测定及统计

  5.2 煤与瓦斯突出危险性影响因素分析

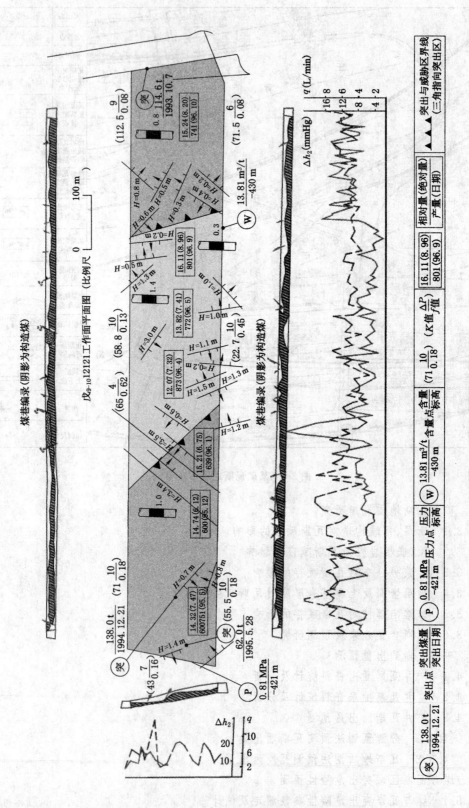

图 3-2 某矿工作面瓦斯地质图

六、实验注意事项

(1) 编制工作面瓦斯地质图是一项长期工作,应在生产过程中不断补充、修订、完善。

(2) 瓦斯地质图是一种综合图、系列图。

(3) 瓦斯地质图应有统一要求(图件种类、图例)。

(4) 瓦斯地质图要反映预测成果(瓦斯涌出量预测、瓦斯含量预测、突出危险性预测)。

(5) 瓦斯参量等值线在复杂地质条件下的外推要符合实际情况。

(6) 兼顾点、线、面统一。

3.2　煤的坚固性系数测定

实验类型:综合性　　　　　　　　实验学时:2

一、实验目的

(1) 通过实验使学生掌握煤的坚固性系数 f 的含义、作用及落锤破碎测定法(简称落锤法)的测定原理及测定方法。

(2) 计算煤的坚固性系数 f 值。测试符合《煤和岩石物理力学性质测定方法　第 12 部分:煤的坚固性系数测定方法》(GB/T 23561.12—2010)。

二、实验内容

煤的坚固性系数 f 测定。

三、仪器设备

主要仪器设备如图 3-3 所示。捣碎筒(图 3-4)、计量筒(图 3-5)、分样筛(孔径 20 mm、30 mm 和 0.5 mm 各 1 个,图 3-6)、天平(最大称量 1 000 g,最小分度值 0.01 g)、小锤、漏斗、容器。

图 3-3　煤的坚固性系数测定仪组图

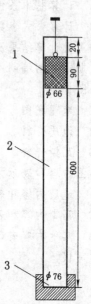

图 3-4　捣碎筒示意图
1—重锤;2—筒体;3—筒底

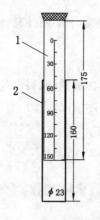

图 3-5　计量筒示意图
1—活塞尺;2—量筒

图 3-6　分样筛

四、采样与制样(实验耗材)

(1) 沿新暴露的煤层厚度的上、中、下部各采取块度为 100 mm 左右的煤样两块。在地面打钻取样时,应沿煤层厚度的上、中、下部各采取块度为 100 mm 的煤芯 2 块。煤样采出后应及时用纸包上并浸蜡封固(或用塑料袋包严),以防风化。

(2) 煤样要附有标签,注明采样地点、时间、层位及采样人等。

(3) 在煤样携带、运送过程中应注意不得摔碰。

（4）把煤样用小锤破制成 20～30 mm 的小块，用孔径为 20 mm 和 30 mm 的筛子筛选。

（5）称取制备好的试样 50 g 为 1 份，每 1 份为 1 组，共称取 3 组。

五、实验原理、方法和手段

煤的坚固性可用煤的坚固性系数的大小来表达。测定方法较多，国内较为常用的为落锤破碎法。这种测定方法是建立在脆性材料破碎遵循面积力能说基础上的，认为"破碎所消耗的功（A）与破碎物料所增加的表面积（ΔS）的 n 次方成正比"，即：

$$A \propto (\Delta S)^n \tag{3-1}$$

实验表明，n 值一般取 1。以单位质量物料所增加的表面积而论，表面积与粒子的直径 D 成反比：

$$S \propto \frac{D^2}{D^3} = \frac{1}{D} \tag{3-2}$$

设 D_q 和 D_h 分别表示物料破碎前后的平均尺寸，则表面积就可以用下式表示：

$$A = K \left(\frac{1}{D_h} - \frac{1}{D_q} \right) \tag{3-3}$$

式中：K 为比例常数，与物料的强度（坚固性）有关。

上式可以写为：

$$K = \frac{A D_q}{i - 1} \tag{3-4}$$

式中：$i = D_q / D_h$，i 称为破碎比，$i > 1$。

从上式可知，当破碎功与破碎前的物料平均直径为定值时，与物料坚固性有关的常数 K 与破碎比有关，即 i 值越大，K 值越小。所以，物体的坚固性可以用破碎比来表达。

因此，可以采用落锤破碎法测定煤的坚固性系数。

六、实验步骤

（1）煤样用小锤碎制成 20～30 mm 的小块，用孔径为 20 mm 和 30 mm 的筛子筛选；如果煤软，所取得煤样粒度得不到 10～15 mm 时，可采取粒度 1～3 mm 煤样进行测定，取制备好的试样 50 g 为 1 份，称取 5 份。

（2）将捣碎筒放置在水泥地板或 20 mm 厚的铁板上，放入试样 1 份，将 2.4 kg 重锤提高到 600 mm 的高度，使其自由落下冲击试样，每份冲击 1～5 次（根据试样的软硬程度来定），把 5 份捣碎后的试样装在 0.5 mm 的筛子内。

（3）把 5 份捣碎后的试样用 0.5 mm 的筛子进行筛选，筛至不再漏下煤粉为止。

（4）把筛下的粉末用漏斗装入计量筒内，轻轻敲打使之密实，然后在计量筒口相平处读取煤粉高度 L（mm）。

当 $L \geqslant 30$ mm 时，冲击次数 n 即可定为 3 次，按以上步骤继续进行其他各组的测定。

当 $L < 30$ mm 时，第一组试样作废，每份试样冲击次数 n 改为 5 次，按以上步骤进行冲击、筛分和测量，仍以每 5 份为一组，测定粉末高度 L。

七、实验结果处理

坚固性系数按下式计算：

$$f = 20n/L \tag{3-5}$$

式中　f——坚固性系数；

　　　n——每份试样冲击次数，次；

L——每组试样筛下煤粉的计量高度,mm。

测定平行样 3 组(每组 5 份),取其算术平均值,计算结果取一位小数。

如果取得的煤样粒度达不到测定 f 值所要求的粒度(20～30 mm),可采取粒度为 1～3 mm 的煤样按上述要求进行测定,并按下式进行计算:

当 $f_{1\sim3}>0.25$ 时,$f=1.57f_{1\sim3}-0.14$;

当 $f_{1\sim3}\leqslant0.25$ 时,$f=f_{1\sim3}$。

上式中,$f_{1\sim3}$ 为粒度为 1～3 mm 时煤样的坚固性系数。

将煤的坚固性系数测定的数据记录在表 3-12 中。

表 3-12　　　　　　　　　　　煤的坚固性系数测定结果

煤样编号		矿井名称		煤层	
测定日期		采样地点			
试样组号	冲击次数 n/次	量筒读数 L/mm	坚固性系数 f 值	$\bar{f}$	备注
1					
2					
3					

八、实验注意事项

(1)冲击试样前,捣碎筒应放在平整的水泥地板(即用手轻轻晃动捣碎筒至不动为止)。

(2)重锤必须做自由落体运动,在下落时不能与捣碎筒内壁发生碰撞。

(3)冲击试样时,重锤与筒壁撞击声过大,说明重锤并没有直接冲击到试样。

九、预习与思考题

影响煤的坚固性系数的因素有哪些?

3.3　构造煤微观观察

实验类型:综合性　　　　　　　　　　实验学时:2

一、实验目的

(1)观察构造煤微裂缝发育特征。

(2)观察强变形构造煤煤粒的定向排列和构造流动引起的微型揉皱发育特征。

二、实验内容

(1)显微镜的调整。

(2)构造煤裂隙的观察。

(3)强变形构造煤煤粒的定向排列和构造流动引起的微型揉皱发育特征的观察。

三、仪器设备

显微镜(图 3-7)、构造煤薄片(图 3-8)。

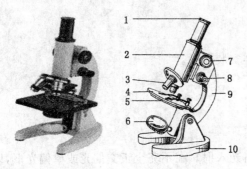

图 3-7 显微镜外观及示意图　　　　　　　图 3-8 构造煤薄片

1—目镜；2—镜筒；3—物镜；4—物镜台；5—通光孔；
6—反光镜；7—粗准焦螺旋；8—细准焦螺旋；9—镜臂；10—镜座

四、所需耗材

擦镜纸。

五、实验原理、方法和手段

煤层受构造应力作用，原生结构、构造受到强烈破坏而产生碎裂、揉皱、擦光面等构造变动特征的煤。由于煤抵抗变形的强度远低于其围岩，故在煤系构造变形过程中煤层发生强烈破碎或形成构造滑动面，并形成不协调褶曲，促使煤进一步破碎和流动。

六、实验步骤

（1）调整显微镜。
（2）观察构造煤裂隙发育特征。
（3）观察强变形构造煤煤粒的定向排列和构造流动引起的微型揉皱发育特征。

七、实验结果处理

对观察的构造煤裂隙发育特征、构造煤煤粒的定向排列和构造流动引起的微型揉皱发育特征进行描述。

八、实验注意事项

（1）注意构造煤裂隙特征观察。
（2）注意强变形构造煤煤粒的排列方式。
（3）注意构造流动引起的微型揉皱发育特征。

3.4　煤的显微组分鉴定与定量

实验类型：综合性　　　　　　　　实验学时：2

一、实验目的

（1）熟悉三大组分在反射光和透射光下的光学特性。
（2）在反射偏光显微镜下测定煤的显微组分。

二、实验内容

通过显微镜下观察，鉴定不同显微煤岩组分特征，主要包括镜质组、惰质组和壳质组各组分的识别标志。

三、仪器设备

偏光显微镜、载物台推动尺、计数器、试样安装器材。

四、所需耗材

载片、胶泥、油浸液。

五、实验原理、方法和手段

将粉煤光片置于反射偏光显微镜下,用白光入射。在不完全正交偏光或单偏光下,以准确识别显微组分和矿物为基础,用数点法统计各种显微组分组和矿物的体积分数。

1）镜质组

镜质组是煤中最常见最重要的显微组分组。它是由植物的根、茎、叶在复水的还原条件下,经过凝胶化作用而形成的。低中煤阶时,镜质组在透射光下具橙红、褐红色、反射光下呈灰至浅灰色。

（1）结构镜质体。保存有植物的细胞结构,在煤中往往呈透镜体状产出。把细胞壁称为结构镜质体;细胞腔往往被无结构镜质体、树脂体、微粒体或黏土矿物所充填,胞腔充填物不属于结构镜质体。根据细胞结构保存的完好程度,又可分为以下 2 种亚组分:

① 结构镜质体 1:细胞结构保存完好,胞腔排列整齐,胞壁不膨胀或稍有膨胀。

② 结构镜质体 2:胞壁膨胀,胞腔变小,胞腔大小不一,排列不整齐。

（2）无结构镜质体。显微镜下观察不到植物的细胞结构,电子显微镜下可见粒状结构。据形态、产状和成因的不同,又可分为以下 4 个亚组分:

① 均质镜质体:植物木质纤维组织经凝胶化作用变成均一状的凝胶。在煤中以透镜状或条带状产出,均质镜质体轮廓清楚,成分均一,不含任何其他杂质。

② 胶质镜质体:胶体腐殖溶液充填到植物胞腔或其他空腔中沉淀成凝胶而形成。

③ 基质镜质体:植物木质纤维组织经彻底的凝胶化作用,变成极细的分散腐殖凝胶或胶体溶液,以后再经凝聚而成。它呈基质状态,作为其他各种显微组分的胶结物出现。基质镜质体的反射率通常略低于其他镜质体。

④ 团块镜质体:呈圆形或椭圆形,常单独出现,由植物细胞壁分泌出的树皮鞣质体所形成,也可由腐殖凝胶形成。它的反射率通常比结构镜质体高。

（3）碎屑镜质体。粒度小于 30 μm 的镜质体。大多来源于泥炭化阶段就已被分解了的植物或腐殖泥炭的颗粒,它们很少是由于镜质组受压而成的碎片。当它和其他镜质组的组分在一起时不易区别开,只有被不同的显微组包围时才可观察到。

2）惰性组（丝质组）

这是煤中常见的显微组分组,由植物的根、茎、叶等组织在比较干燥的氧化条件下,经过丝炭化作用后在泥炭沼泽中沉积下来所形成;也可以由泥炭表面经炭化、氧化、腐化作用和真菌的腐蚀所造成。真菌菌类体在原来植物时就已是惰性组,惰性组还可以由镜质组和壳质组经煤化作用形成。惰性组在透射光下为黑色不透明,反射光下为亮白色至黄白色。

惰性组包括丝质体、半丝质体、粗粒体、菌类体、碎屑惰性体和微粒体。

（1）丝质体。丝质体分为 4 种:火焚丝质体、氧化丝质体、原生丝质体和煤化丝质体。

① 火焚丝质体:与森林火灾有关,具有特别薄的细胞壁,且保存非常好,甚至细胞间隙也清晰可见,有时可见年轮,胞腔通常是空的,也可充填黏土、黄铁矿等。火焚丝质体具有较

高的反射率,反射光下呈淡黄色,突起较高,易碎裂成极小的碎片。

②氧化丝质体:细胞结构保存差,细胞壁较厚或细胞排列不规则,反射色为白色,反射率低于火焚丝质体。

(2)半丝质体。丝质体和结构镜质体之间的中间阶段称为半丝质体。为半木炭化的植物组织,细胞结构保存较差;磨蚀硬度、显微硬度中等,突起中等;反射光下呈灰色至白色,透射光下褐色至黑色。

(3)菌类体。煤中的菌类体,有一部分起源于真正的真菌,又称为真菌体,包括菌丝、菌丝体、密丝组织(菌索、菌核、子座)、菌孢子等。

(4)碎屑惰性体。碎屑惰性体是丝质体、半丝质体、粗粒体和菌类体的碎片或者残体,通常小于粒径 30 μm,棱角状外形,也有圆形;反射光下呈浅灰色或白色,透射光下呈黑色至暗褐色。

3) 壳质组

壳质组又称稳定组、类脂组,包括孢子体、角质体、木栓质体、树脂体、渗出沥青体、蜡质体、荧光质体、藻类体、碎屑壳质体、沥青质体和叶绿素体等。

(1)孢子是孢子植物的繁殖器官。煤中的孢子体是孢子的外细胞壁,其内壁主要由纤维素组成,成煤过程中和胞腔内的原生质一起被破坏。外孢壁主要由孢粉质组成,致密坚硬,容易保存下来。异孢植物的孢子有雌雄之分:雌性孢子个体大,称大孢子;雄性孢子个体小,称为小孢子。

大孢子的直径一般为 0.1~3 mm。在垂直层理的切面上,大孢子呈现被压扁的扁平体,为封闭的长环状,折曲处呈钝圆形。大孢子的外缘多半光滑,有时表面有瘤状、棒状、刺状等各种纹饰。它的孢壁有时可显示粒状结构,有时可分出外层和内层。

小孢子一般小于 0.1 mm,多呈扁环状、细短的线条状或蠕虫状等,有时分散或聚集在一起成小孢子堆。小孢子形状与花粉很相似。

(2)角质体是覆盖在叶、种子、叶柄、细茎、丫枝上的一层透明的角质表皮层,不具细胞结构,抗化学反应的能力强,细菌和真菌很难破坏它,能防止水分蒸发,抵抗摩擦,起到保护植物的作用。角质体由表皮细胞分泌而形成,它紧密地镶在表皮的外层细胞上,留下了表皮细胞结构的印痕。角质体有薄壁和厚壁2种,旱生植物的角质层特别厚,而湿生植物的角质层较薄。在垂直层理的切面上,角质体呈细长条带状,外缘光滑,内缘是锯齿状结构(表皮细胞的印痕)。透射光下,角质体一般呈黄色,随煤化程度的增高,逐渐呈橙黄色;反射光下,角质体呈暗灰色,煤化程度升高,则呈灰色。角质体往往出现褶皱。角质体有好的韧性,具波状消光,显示多色性。低煤化阶段用紫外光照射时,角质体发出黄色、绿黄色荧光。

(3)树脂体为植物的细胞分泌物,它的主要作用是防止细菌的侵入和水分的蒸发。树脂体呈球形、卵形、纺锤形、小杆状,有时充填胞腔。透射光下,一般呈浅黄、黄、橙黄等色,反射光下呈深灰、灰色;磨蚀硬度和镜质体相近,故一般无突起或突起不高,表面比较均一。有的树脂体受一定程度的氧化,可看到外圈和内圈的颜色深浅不同。树脂体的荧光色随煤化程度增高从蓝绿色、绿黄色变为浅橙黄色。

(4)木栓体由植物树皮的木栓组织转变而来。木栓体由数层至十几层扁平的长方形木栓细胞所组成,排列紧密,纵切面呈叠瓦状结构,弦切面呈鳞片状结构。透光下呈橙黄色、红棕色等,色调不均匀,反射光下呈深灰色、灰色。木栓体往往呈不规则块状、条带状。有时由于凝胶化作用较强,木栓体的细胞结构不太清楚。木栓体的荧光呈现褐黄色或暗褐色,荧光色不均匀。

（5）藻类体只存在于腐泥煤及腐殖腐泥煤中。在古生代的藻煤中，主要有两种类型的藻类，即皮拉藻和轮奇藻。皮拉藻具放射状的扇形构造，轮奇藻在水平切面上呈空心球的形状。藻类体在透射光下呈绿黄、浅黄色，反射光下呈黑灰至暗灰色。在所有的显微组分中，藻类体的反射力最弱而荧光性最强。

（6）碎屑壳质体由孢子、角质层、树脂体、木栓层或藻类的碎片或分解残体组成。

（7）沥青体是藻类、浮游动物、细菌和一些类脂物质的分解产物。它没有固定的形状，而是作为其他显微组分的基质出现。透射光下呈绿黄、黄、褐黄等色调，反射光下呈深灰色；表面粗糙，不显突起；高倍显微镜下，显示出不均匀的团块状、细粒状、条纹状等结构。沥青体具浅褐、灰黄或黄色的荧光，随照射时间的加长，其荧光强度明显增大。

（8）渗出沥青体是煤化过程中新产生的组分，属于次生显微煤岩组分。它是由树脂体或其他壳质组分、腐殖凝胶化组分在煤化作用第一次跃变时期产生的，在亮褐煤和低煤化程度烟煤中最为常见。渗出沥青体产状特殊，它充填在煤的裂隙、层面、细胞空腔或其他孔隙中，呈脉状穿插，有时切割层理。

六、实验步骤

（1）在整平后的粉煤光片抛光面上滴上油浸液，并置于反射偏光显微镜载物台上，聚焦、校正物镜中心，调节光源、孔径光圈和视域光圈，应使视域亮度适中、光线均匀、成像清晰。

（2）确定推动尺步长，应保证不少于 500 个有效测点均匀布满全片，点距一般以 $0.5 \sim 0.6$ mm 为宜，行距应不小于点距。

（3）从试样的一端开始，按预定的步长沿固定方向移动，并鉴定位于十字丝交点下的显微组分组或矿物，记入相应的计数。若遇胶结物、显微组分中的细胞空腔、空洞、裂隙以及无法辨认的微小颗粒时，作为无效点，不予统计。当一行统计结束时，以预定的行距沿固定方向移动一步，继续进行另一行的统计，直至测点布满全片为止。

（4）当十字丝落在不同成分的边界上时，应从右上象限开始，按顺时针的顺序选取首先充满象限角的显微成分为统计对象。

七、实验结果处理

以各种显微组分组和矿物的统计点数占总有效点数的百分数（视为体积分数）为最终测定结果，数值保留到小数点后一位。测定结果以如下几种形式报出：

（1）去矿物基：镜质组＋半镜质组＋壳质组＋惰质组＝100%；

（2）含矿物（M）基：镜质组＋半镜质组＋壳质组＋惰质组＋矿物（M）＝100%；

（3）显微组分组总量＋黏土矿物＋硫化物矿物＋碳酸盐矿物＋氧化硅类矿物＋其他；

（4）计算矿物质（MM）：镜质组＋半镜质组＋壳质组＋惰质组＋矿物质（MM）＝100%。

八、实验注意事项

（1）严格按照仪器使用说明书进行操作。

（2）对于褐煤和低阶烟煤，可借助荧光特征加以区分壳质组和其他显微组分组。

九、预习与思考题

（1）煤的显微组分分类有哪些？

（2）简述煤的微观研究方法。

3.5 瓦斯放散初速度指标(Δp)测定

实验类型:综合性 　　　　　　　　实验学时:2

一、实验目的

通过实验使学生了解煤的瓦斯放散初速度指标的意义,掌握煤的瓦斯放散初速度指标(Δp)的测定方法。

二、实验内容

煤的瓦斯放散初速度指标(Δp)测定。

三、仪器设备

采用变容变压式方法进行测定,如图 3-9 所示;煤的瓦斯放散初速度测定仪如图 3-10 所示。

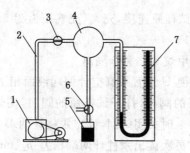

图 3-9　变容变压式原理放散初速度指标测定仪示意图
1—真空泵;2—玻璃管;3—二通阀;4—固定空间;
5—试样瓶;6—三通阀;7—真空汞柱计

图 3-10　煤的瓦斯放散初速度测定仪

变容变压式瓦斯放散初速度指标测定仪所需仪器及规格如下:

试样瓶容积(含管路):5 mL;

固定空间体积:28 mL(不含试样瓶),出厂时应标定;

真空汞柱计:量程范围 0~360 mmHg,误差<1 mmHg,内径 3 mm;

真空泵:抽气量大于 2 L/min,且小于 5 L/min,真空度小于 4 Pa;

气袋:内装甲烷气源,压力 0.1 MPa,纯度>99.9%;

分样筛:孔径 0.2 mm、0.25 mm 各 1 个;

天平:最大称量 100 g,感量 0.05 g;

秒表、小锤、漏斗。

四、所需耗材

实验煤样、标准甲烷气体(99.9%)、真空脂、脱脂棉。

五、实验原理、方法和手段

煤的瓦斯放散初速度指标是煤矿突出矿井鉴定的重要指标之一,也是突出预测单项和综合指标的重要组成部分。

我国一直用煤的瓦斯放散初速度指标来对煤的瓦斯放散能力进行评价,煤的瓦斯放散

初速度 Δp 是由煤的物理化学性质决定的,这一指标的大小不仅能够客观地反映煤体强度和破坏程度,还能很好地定量表征煤的瓦斯放散特性和发生瓦斯突出的气体介质条件。

实验采用 3.5 g 规定粒度的煤样在 0.1 MPa 压力下吸附瓦斯后向固定真空空间释放时,用压差 Δp(mmHg)表示的 10~60 s 内释放出瓦斯量指标。测试应符合 AQ 1018—2009 标准。

六、实验步骤

1) 采样与制样

(1) 采样。在新暴露的煤层面上采取煤样 250 g,采用地面打钻取样时,应取新鲜煤芯 250 g。煤样要附有标签,注明采样地点、采样时间、煤层层位及采样人等信息。

(2) 制样。将所采煤样进行粉碎,按照 GB 474—2008、GB/T 477—2008 的规定制作。筛分出粒度为 0.2~0.25 mm 的煤样。每种煤的试样取 2 个,同时每个试样为 3.5 g。

2) 测定步骤

(1) 把 2 个试样用漏斗分别装入瓦斯放散初速度指标测定仪的 2 个试样瓶中。

(2) 启动真空泵对试样脱气 1.5 h。

(3) 脱气 1.5 h 后关闭真空泵,将甲烷气袋与试样瓶连接,充气(充气压力为 0.1 MPa)使煤样吸附瓦斯 1.5 h。

(4) 关闭试样瓶和甲烷气袋阀门,使试样瓶与甲烷气袋完全隔离。

(5) 开动真空泵对仪器管道死空间进行脱气,使 U 形管汞真空计两端液面相平。

(6) 停止真空泵,关闭仪器死空间通往真空泵的阀门,打开试样瓶的阀门,使煤样瓶与仪器被抽空的死空间相连并同时启动秒表计时,10 s 时关闭阀门,读出汞柱计两端汞柱压差 p_1(mmHg),45 s 时再打开阀门,60 s 时关闭阀门,再次读出汞柱计两端压差 p_2(mmHg)。

七、实验结果处理

(1) 瓦斯放散初速度指标按下式计算:

$$\Delta p = p_1 - p_2 \tag{3-6}$$

(2) 同一煤样的两个试样测出 Δp 值误差应不大于 1 mmHg,否则需要重新进行测定。将煤的瓦斯放散初速度测定数据记录到表 3-13 中。

表 3-13   煤的瓦斯放散初速度测定结果

煤样编号	矿井名称						煤层	
测定日期	采样地点							
试样组号	10 s 末读数		p_1 /mmHg	60 s 末读数		p_2 /mmHg	Δp /mmHg	$\overline{\Delta p}$ /mmHg	备注
	上	下		上	下				
1									
2									

八、实验注意事项

(1) 对于变容变压式测定仪,在不装试样时,对放散空间脱气使汞柱计液面相平,停泵并放置 5 min 后,汞柱计液面相差应小于 1 mm。气密性检查 1 个月至少进行 1 次。

(2) 使用玻璃管仪器时要小心用力,避免损坏仪器。

（3）旋动相关实验阀门时应对其进行适当加热，确保真空脂密封良好。

（4）测量误差应小于 1 mmHg。

（5）Δp 单位为 mmHg，保留到个位。

九、预习与思考题

（1）影响煤的瓦斯放散初速度的因素有哪些？

（2）测定瓦斯放散初速度指标时，煤样粒度对其有什么影响？

（3）测定瓦斯放散初速度指标时，煤样含水分、灰分对其有什么影响。

第4章
煤矿瓦斯灾害防治

4.1 煤层瓦斯含量井下自然解吸模拟测定

实验类型:综合性　　　　　　　实验学时:2

一、实验目的

了解地勘时期煤层瓦斯含量的意义;掌握煤层瓦斯含量井下自然解吸测定方法。

二、实验内容

煤层瓦斯含量井下自然解吸测定方法。

三、仪器设备

瓦斯解吸速度测定仪(图4-1及图4-2)、煤样罐(图4-3)、机械秒表、扳手、螺丝刀和高压气瓶等。

(1)瓦斯解吸速度测定仪(简称解吸仪):量管有效体积不小于 800 cm³,最小刻度2 cm³。

(2)煤样罐:罐内径大于 60 mm,容积足够装煤样 400 g 以上,在 1.5 MPa 气压下能保持气密性。

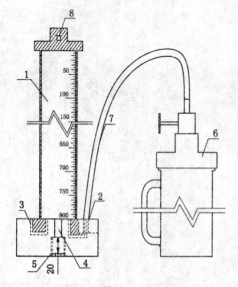

图 4-1　瓦斯解吸速度测定仪与煤样罐连接示意图　　　　图 4-2　瓦斯解吸速度测定仪

1—管体;2—进气口;3—排水口;4—灌水通道;

5—底塞;6—煤样罐;7—连接胶管;8—吊耳

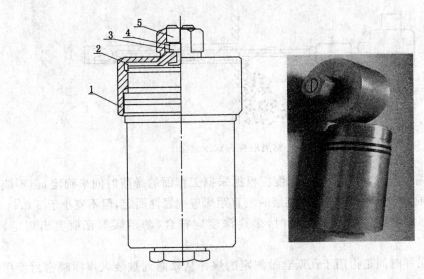

图 4-3 煤样罐结构示意图及外观

1—煤样罐盖；2—密封皮垫圈；3—密封垫；4—压垫；5—压紧螺丝

四、所需耗材

煤样、高纯度甲烷。

五、实验原理、方法和手段

将含瓦斯煤样瞬间暴露于大气中或类似于大气环境条件的仪器中，根据等容、等压、变容变压解吸原理测量煤层瓦斯含量。

向煤层施工取芯钻孔，将煤芯从煤层深部取出，及时放入煤样筒中密封；测量煤样筒中煤芯的瓦斯解吸速度及解吸量 Q_{21}，并以此来计算瓦斯损失量 Q_1；把煤样罐带到地面，使用解吸仪测量从煤样罐中释放出的瓦斯量 Q_{22}，与井下测量的瓦斯解吸量 Q_{21}，便可一起计算地勘时期煤层瓦斯井下自然解吸量 Q_2，即 $Q_2 = Q_{21} + Q_{22}$。

六、实验步骤

1）煤样采样

（1）采样前准备。所有用于取样的煤样罐在使用前必须进行气密性检测。气密性检测可通过向煤样罐内注空气至表压 1.5 MPa 以上，关闭后搁置 12 h，压力不降方可使用。不应在丝扣和胶垫上涂润滑油。

解吸仪在使用之前，将量管内灌满水，关闭底塞并倒置过来，放置 10 min 后量管内水面不下降，视为合格。

（2）煤样采集。采样钻孔布置：同一地点至少布置两个取样钻孔，取样点间距不小于 5 m。

采样方式：在石门或岩石巷道可打穿层钻孔采取煤样，在新暴露的煤巷中应首选煤芯采取器（简称煤芯管）或其他地点取样装置定点取芯。根据需要也可在卸压区域采取煤样，如图 4-4 所示。

采样深度：采样深度应按以下两种情况确定：

① 测定煤层原始瓦斯含量时，采样深度应超过钻孔施工地点巷道的影响范围，并满足

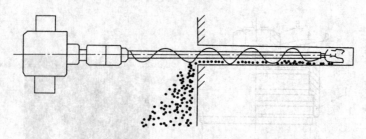

图 4-4 钻屑取样方式示意图

以下要求：在采掘工作面取样时，采样深度应根据采掘工作面的暴露时间来确定，但不应小于12 m；在石门或岩石巷道采样时，距煤层的垂直距离应视岩性而定，但不应小于 5 m。

② 抽采后测定煤层残余瓦斯含量时，采样深度应符合《防治煤与瓦斯突出规定》的要求。

采样时间：采样时间是指用于瓦斯含量测定的煤样从暴露到被装入煤样罐密封所用的实际时间，不应超过 5 min。

采样要求：采集煤样时应满足以下要求：对于柱状煤芯，采取中间不含矸石的完整的部分；对于粉状及块状煤芯，要剔除矸石及研磨烧焦部分；不应用水清洗煤样，保持自然状态装入密封罐中，不可压实，罐口保留约 10 mm 空隙。

采样记录：采样时，应同时收集以下有关参数记录在采样记录表中：采样地点：矿井名称、煤层名称、埋深（地面标高、煤层底板标高）、采样深度、钻孔方位、钻孔倾角；采样时间：取样开始时间、取样结束时间、煤样装罐结束时间；各种编号：罐号、样品编号。

2）模拟测定方法及步骤

（1）气密性检查。对瓦斯解吸速度测定仪和煤样罐进行气密性检查，选用合格的设备。

（2）煤样的预处理。将制备好的煤样（约 400 g）装入煤样罐中，装罐时应尽量将罐装满压实，以减少罐内死空间的体积；在煤样上加盖脱脂棉或 80 目铜网，密封密封罐。

（3）煤样瓦斯吸附平衡。把煤样罐与高压气瓶进行连接，拧开高压瓦斯钢瓶阀门，使高压瓦斯钢瓶与煤样罐连通，对煤样罐煤样进行充气 0.5 h。

（4）煤层瓦斯含量模拟测定。首先，准备好机械秒表和瓦斯解吸仪，测定并记录气温和气压，按照图 4-1 所示分别将煤样罐和瓦斯含量解吸仪连接好，然后打开煤样罐的阀门，同时按下秒表开始计时；按照 1 min 的时间间隔，读取并记录瓦斯解吸仪内的瓦斯气体量。每间隔一定时间记录量管读数及测定时间，连续观测 60～120 min 或解吸量小于 2 mL/min 为止。开始观测前 30 min 内，间隔 1 min 读一次数，以后每隔 2～5 min 读一次数。将观测结果填写到测定记录表中，同时记录气温、水温及大气压力。

测定结束后，密封煤样罐，并将煤样罐沉入清水中，仔细观察 10 min。如果发现有气泡冒出，则该试样作废应重新取样测试。

（5）地面解吸瓦斯含量的测定。井下取芯与解吸人员升井后立即把装有煤样的煤样筒带入实验室进行地面瓦斯解吸，并记录到达实验室和开始地面解吸的时间。

地面解吸装置包括地面瓦斯解吸测量管和煤样粉碎瓦斯解吸测量管，并配有化学试剂（指示剂）的液体；将煤样筒出气嘴连接到地面瓦斯解吸测量管上，开启地面解吸装置背光灯管，操作玻璃管操作手柄到吸水排气挡，按动真空泵启动按钮进行排气吸水，当液面到达适当位置（根据瓦斯解吸量确定）时停止，调节解吸管操作手柄到隔绝真空泵连通状态，使解吸管处于密封状态。

解吸管密封性检测：在打开煤样筒阀门解吸开始前观察液面下降情况，是否有漏气存在。若存在，应及时排除方可进行瓦斯解吸。

在确认调试完好后，注意记录解吸管的初始刻度，缓慢打开煤样筒阀门，每隔一定时间间隔读取一次瓦斯的解吸量，时间间隔的长短取决于解吸速度，解吸时间约 40 min，具体视解吸情况而定；注意观察解吸累计量的变化规律，发现异常及时处理或报废；若长时间无气体出现可停止解吸，记录终止读数。数据填写见表 4-1。

表 4-1　　　　　　　　　　　　含瓦斯煤解吸速率度测定数据

实验日期			煤样编号		
实验温度			实验气压		
时间/min	读数/mL	时间/min	读数/mL	时间/min	读数/mL
1		11		21	
2		12		22	
3		13		23	
4		14		24	
5		15		25	
6		16		26	
7		17		27	
8		18		28	
9		19		29	
10		20		30	
数据曲线拟合及分析					

当实测解吸瓦斯体积达到单根测量管最大量程 85% 时，打开转换手柄用第二根测量管测量；若解吸瓦斯体积超过两个测量管总量程 80%，关闭煤样筒阀门并进行换水，重复上述操作步骤。

记录周围环境的温度、大气压力及测试人员等。

测量结束后，记录释放出的瓦斯量 Q_{22}，Q_{22} 与井下瓦斯解吸量 Q_{21} 之和换算为标准状态下单位质量瓦斯体积，即为可解吸瓦斯含量 Q_2。

3) 计算采样过程中的损失瓦斯量

(1) 解吸时间的确定。在地面钻孔取样，煤芯提升过程中当瓦斯压力超过孔内泥浆静水压力时，瓦斯便开始向外释放。因为煤层瓦斯压力未知，所以不能精确判定瓦斯开始释放的时间。美国的方法是假定煤芯提到钻孔 1/2 处开始释放瓦斯，根据这个假定得出的测定结果经过与间接方法对比,其结果是接近的,证明这样的假定是可以在工业上应用的。我国在地勘过程中取样目前仍沿用这个假定。

煤样装罐前解吸瓦斯时间是煤样在钻孔内解吸时间 t_1 与其在地面空气中解吸时间 t_2 之和,即:

$$t_0 = t_1 + t_2 \tag{4-1}$$

式中　t_1——通过地面钻孔采样时,取整个提钻时间的 $1/2$,通过井下岩巷采样时,取煤样从揭露至提升到孔口时间,min;

　　　t_2——煤样提到孔口至装罐密封时间,min。

煤样总的解吸瓦斯时间 T_0 是装罐前的解吸时间 t_0 与装罐后解吸瓦斯时间 t 之和,即:

$$T_0 = t_0 + t \tag{4-2}$$

(2) 瓦斯损失量计算。计算之前要首先将瓦斯解吸观测中得出的每次量管读数按式(4-3)式换算为标准条件下的体积,瓦斯损失量可用图解法或数学解析法求得。

$$Q'_t = \frac{273.2}{101\,325 \times (273.2 + t_w)}(p_{atm} - 9.81 h_w - p_S) \cdot Q''_t \tag{4-3}$$

式中　Q'_t——标准状态下的瓦斯解吸总量,cm³;

　　　Q''_t——实验环境下实测瓦斯解吸总量,cm³;

　　　t_w——量管内水温,℃;

　　　p_{atm}——大气压力,Pa;

　　　h_w——读取数据时量管内水柱高度,mm;

　　　p_s——温度为 t_w 时饱和水蒸气分压,Pa。

图解法是以煤总解吸时间的平方根 $(\sqrt{t_0 + t})$ 为横坐标,以瓦斯解吸量 (V_0) 为纵坐标,将全部测点 $[V_0, \sqrt{t_0 + t}]$ 绘制在坐标纸上,将测点的直线关系延长与纵坐标轴相交,直线在纵坐标上的截距即为所求的瓦斯损失量,如图 4-5 所示。

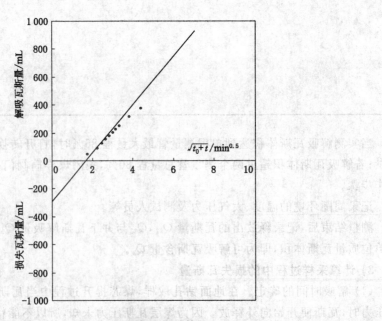

图 4-5　瓦斯损失量计算

解吸法是根据煤样在解吸瓦斯初期,解吸瓦斯量 V_0 与 $T=\sqrt{t_0+t}$ 呈现直线关系而求出瓦斯损失量的,即:

$$V_0=a+b\sqrt{t_0+t}=a+bT \tag{4-4}$$

式中:a,b 为特定常数。当 $T=0$ 时,$V_0=a$,a 为直线与纵坐标的截距,也就是所要求算的损失瓦斯量 Q_1。

求算 a,b 时,可采用平均值法,即将大致呈直线关系的各测点。对应值 (V_0,T) 代入式(4-4)中,这样可以得出几个方程,然后把这些方程分成两组,每组对应项相加,合并后得到两个方程,联立求解可得出 a,b 值。

a,b 值也可以采用最小二乘法进行求得。

七、实验注意事项

(1) 在进行解吸实验时必须在煤样暴露(煤样卸压)时开始准确计时。

(2) 读取实验数据时必须保证视线与刻度线持平。

八、预习与思考题

影响煤的瓦斯解吸速度的因素有哪些?

4.2 煤的瓦斯残存含量测定

实验类型:综合性　　　　　　　实验学时:6

一、实验目的

了解瓦斯残存量的测定原理及实验设备;掌握煤层瓦斯残存量测定方法和数据处理手段。

二、实验内容

煤的瓦斯残存量测定。

三、仪器设备

(1) 真空脱气装置:如图 4-6 所示,除此之外,还需要粉碎系统、气体分析系统等与之配套。

(2) 煤样罐:罐内径大于 60 mm,容积足够装煤样 400 g 以上,在 1.5 MPa 气压下保持气密性。

(3) 真空脱气系统(图 4-7)。

(4) 球磨机,含球磨罐。

(5) 气相色谱仪:符合 GB/T 13610 要求。

(6) 天平:称量不小于 1 000 g,感量不大于 1 g。

(7) 超级恒温器(图 4-8),最高工作温度 95~100 ℃。

(8) 水分快速测定仪。

四、所需耗材

煤样、穿刺针头、标准气体、O 形圈、一次性手套、口罩、变色硅胶。

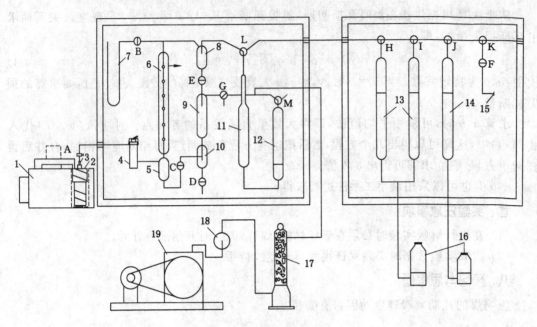

图 4-6　真空脱气装置

1—超级恒温器；2—密封罐；3—穿刺针头；4—滤尘管；5—集水瓶；6—冷却管；

7—水银真空计；8—隔水瓶；9—吸水管；10—排水瓶；11—吸气瓶；12—真空瓶；13—大量管；

14—小量管；15—取气支管；16—水准瓶；17—干燥管；18—分隔球；19—真空泵；

A—螺旋夹；B～F—单向活塞；G～K—三通活塞；L，M—120°三通活塞

图 4-7　真空脱气系统

图 4-8　恒温水浴图

五、实验原理、方法和手段

实验原理：在负压状态下，由于压力梯度的存在，煤体中瓦斯气体由高压向低压渗流，渗流速度受温度和破碎程度的影响。

实验方法和手段：按《煤层瓦斯含量井下直接测定方法》（GB/T 23250—2009）进行。

六、实验步骤

（1）煤样送到实验室后，对煤样进行试漏，把煤样罐浸入水中进行检测，观察是否漏气，不漏气的视为合格。

（2）对真空脱气装置（图 4-6）进行气密性检查，要求真空系统在最大真空度下放置 240 min，真空计水银液面上升不超过 5 mm，各含量管在水准瓶放低情况下不上升。

（3）煤样与脱气仪连接前，对仪器左侧真空系统抽气，达到最大真空度时停泵，观察真

空水银液面,在 10 min 内保持不下降的视为合格。

（4）关闭脱气仪的真空计,通过穿刺针头及真空胶管将煤样罐与脱气仪连接。

（5）粉碎前常温脱气:煤样首先在 30 ℃恒温下脱气,直至真空计水银液面不动为止。每隔 30 min 重新抽气,一直进行到每 30 min 内泄出瓦斯量小于 10 cm³。

（6）粉碎前加热脱气:常温脱气后,再将煤样加热至 95～100 ℃恒温,重复步骤（1）进行脱气。脱气终了后,关闭真空计,取下煤样罐,迅速地取出煤样立即装入球磨罐中密封。

图 4-9　真空泵

（7）脱气过程中,如果集水瓶积水过多且妨碍气流通过时,应及时将积水排出。排水时要防止将真空系统中瓦斯抽出。

（8）煤样粉碎:球磨罐使用前进行气密性检查;煤样装罐时,如果块度较大,应事先将煤样在罐内捣碎至粒度 25 mm 以下,然后拧紧罐盖密封;煤样粉碎到粒度小于 0.25 mm 的质量超过 80％为合格。

（9）脱气和称重:煤样粉碎后脱气按上述方法进行,本阶段脱气要一直进行到真空计水银柱稳定为止。然后关闭真空泵,取下球磨罐,待罐体冷却至常温后,打开罐体,称量煤样（称准到 1 g）按《煤样的制备方法》（GB 474—2008）缩制成分析煤样,另可按《煤的工业分析方法》（GB/T 212—2008）分析煤的 M_{ad}、A_{ad} 及 V_{daf}。

（10）气体体积的计量。读取量管读数时,提高水准瓶,使量管内外液面齐平;同时记录大气压力、气压表温度及室温,将观察结果写到脱气记录表中。

（11）气体组分分析可按《天然气的组成分析　气相色谱法》（GB/T 13610—2014）进行组分分析。

七、实验结果处理

（1）通过气体组分分析,得出氧气浓度,根据空气中氧气的含量换算出煤层自然瓦斯成分,并将两次脱气的气体体积换算到标准状态下的体积,即:

$$V_0 = \frac{273.2}{101.3 \times (273.2 + t_1)} \left(p_1 - \frac{t_2}{8} p_2 \right) V' \tag{4-5}$$

式中　V_0——换算到标准状态下的气体体积,cm³;

t_1——实验室温度,℃;

p_1——大气压力,kPa;

t_2——气压计温度,℃;

p_2——在室温 t_2 下饱和食盐水的饱和蒸汽压,kPa;

V'——在实验室温度 t_1、饱和水蒸气压或饱和食盐水压 p_2 条件下储气瓶内气体的体积,mL。

设第一个阶段脱气得到各种气体组分的浓度分别为 C_{O_2}、C_{N_2}、C_{CH_4}、C_{CO_2}。按下列公式计算各种气体组分无空气基的浓度:

$$A_{N_2} = \frac{C_{N_2} - 3.57 C_{O_2}}{100 - 4.57 C_{O_2}} \times 100 \tag{4-6}$$

$$A_{CH_4} = \frac{C_{CH_4}}{100 - 4.57 C_{O_2}} \times 100 \tag{4-7}$$

$$A_{CO_2} = \frac{C_{CO_4}}{100 - 4.57C_{O_2}} \times 100 \qquad (4-8)$$

式中：A_{N_2}、A_{CH_4}、A_{CO_2} 分别为扣除空气后各种气体组分的浓度，%，即作为煤层自然瓦斯成分。

（2）各阶段瓦斯体积按式（4-9）换算：各阶段含空气瓦斯体积按式（4-9）换算成无空气瓦斯的体积，即：

$$V_i'' = \frac{V_i' \times (100 - 4.57C_{O_2})}{100} \qquad (4-9)$$

式中　V_i''——扣除空气后标准状态下各阶段瓦斯体积，cm^3；

　　　V_i'——扣除空气前标准状态下各阶段瓦斯体积，cm^3。

（3）各阶段气体体积按式（4-10）计算，即：

$$V_i^j = \frac{V_i'' A_x}{100} \qquad (4-10)$$

式中　V_i^j——换算到标准状态下的混合瓦斯中某种气体体积，cm^3；

　　　A_x——瓦斯成分中某气体的浓度，$(x = N_2, CH_4, CO_2)$%。

（4）煤层瓦斯含量计算。采用脱气法测定时，煤层瓦斯含量包括井下解吸瓦斯量、损失瓦斯量、粉碎前瓦斯量、粉碎后瓦斯量。本次只测定粉碎前瓦斯量和粉碎后瓦斯量，即：

$$X_i = \frac{\sum_{j=1}^{3} V_i^j}{m} \qquad (4-11)$$

式中　X_i——各阶段煤样瓦斯含量，cm^3/g；

　　　m——煤样质量（分为空气干燥基和干燥无灰基），g；

　　　V_i^j——各阶段某种气体体积，cm^3。

（5）计算精度要求。上述的计算数值按数字修约规则处理后，只保留两位小数。当计算值小于两位小数时，在测定结果中只写明"微量"。残存瓦斯含量测定及计算表见表 4-2。

表 4-2　　　　　　　　　　　　　残存瓦斯含量测定及计算表

样品编号	实验日期			采样地点						
测试项目	测定结果									
	原煤瓦斯含量 /(m³·t⁻¹)			可燃基瓦斯含量 /(m³·t⁻¹)			自然瓦斯成分 /%			执行标准	备注
	CH_4	CO_2	$CO_2 \sim CO_8$	CH_4	CO_2	$CO_2 \sim CO_8$	CH_4	CO_2	N_2		
瓦斯损失量											
瓦斯解吸量						煤样重量					
残存瓦斯量						原煤/g	可燃质/g		AQ 1046—2007		
总计（瓦斯含量）											
工业分析	水分(M_{ad})	灰分(A_{ad})	挥发分(V_{daf})					GB/T 212—2008			

八、实验注意事项

（1）超级恒温水浴和球磨机使用完要及时关闭，实验结束时关闭真空泵，一定要使真空泵通大气。

（2）使用注射器前，一定要记得清洗 3 次，每次吸气不得小于 20 mL。

（3）实验过程中，当量管容纳不下解吸出来的气体时，可将气体混合均匀后，把气体排出，采集部分气体进行组分分析。

九、预习与思考题

（1）煤层瓦斯含量和瓦斯残存量的关系是什么？

（2）测定瓦斯残存量的目的是什么？

4.3　煤层瓦斯压力测定

实验类型：设计性　　　　　　　　　实验学时：2

一、实验目的

煤层瓦斯压力是研究煤层瓦斯赋存、预测瓦斯含量和涌出形式的必要技术参数，也是预测煤与瓦斯突出的发生和发展过程的重要指标。

通过实验使学生了解煤层瓦斯压力（p）的意义，掌握直接测定煤层瓦斯压力的原理、方法、步骤；能够独立设计完成井下的瓦斯压力的测定工作。

二、实验内容

煤层瓦斯压力测定。

三、仪器设备

煤层瓦斯压力测定模拟装置、胶囊—黏液封孔测压仪、机械秒表等。

四、所需耗材

99.9% 的高纯度甲烷或氮气。

五、实验原理、方法和手段

1）煤层瓦斯压力测定原理

通过地面钻孔或井下钻孔揭露煤层，安设瓦斯压力测定装置及仪表；封孔后，利用煤层瓦斯的自然渗透作用，使钻孔揭露煤层处或测压室的瓦斯压力与未受钻孔扰动煤层的瓦斯压力达到相对平衡，并通过测定钻孔揭露煤层处或测压室的瓦斯压力来表征被测煤层的瓦斯压力。按照封孔方式，可分为主动式和被动式。主动式封孔的基本原理是"固封液，液封气"，即在封闭段两端的固体物质间注入压力密封液，在高于预计瓦斯压力的密封黏液的作用下，密封液渗入孔壁与固体物的裂缝和孔隙周围的裂隙中以阻止煤层瓦斯泄漏（胶囊—黏液封孔）；被动式封孔的基本原理是用固体物充填测压管与钻孔壁之间的空隙（如黄泥、水泥砂浆、聚氨酯等）

2）煤矿井下现场试验地点选择原则

（1）测定地点应优先选择在石门或岩巷中，选择岩性致密，且无断层、裂隙等地质构造处布置测点，其瓦斯赋存状况要具有代表性。

（2）测压钻孔应避开含水层、溶洞，并保证测压钻孔与其距离不小于 50 m。

（3）对于测定煤层原始瓦斯压力的测压钻孔应避开采动、瓦斯抽采及其他人为卸压影响范围，并保证测压钻孔与其距离不小于 50 m。

（4）对于需要测定煤层残存瓦斯压力的测压钻孔则根据测压目的的要求进行测压地点选择。

（5）选择测压地点应保证测压钻孔有足够的封孔深度（穿层测压钻孔的见煤点或顺层测压钻孔的测压气室应位于巷道的卸压圈之外），采用注浆封孔的上向测压钻孔倾角应不小于 5°。

（6）同一地点应设置两个测压钻孔，其终孔见煤点或测压气室应在相互影响范围外，其距离除石门测压外应不小于 20 m。石门揭煤瓦斯压力测定钻孔的布置按《防治煤与瓦斯突出规定》的有关规定进行。

（7）瓦斯压力测定地点宜选择在进风系统，行人少且便于安设保护栅栏的地方。

3）瓦斯压力测定钻孔施工

（1）钻孔直径宜为 $\phi 65 \sim \phi 95$。钻孔长度应保证测压所需的封孔深度。

（2）钻孔的开孔位置应选在岩石（煤壁）完整的地点。

（3）钻孔施工应保证钻孔平直、孔形完整，穿层测压钻孔除特厚煤层外应穿透煤层全厚，对于特厚煤层测压钻孔应进入煤层 1.5～3 m。

（4）钻孔施工好后，应立即用压风或清水清洗钻孔，清除钻屑，保证钻孔畅通。

（5）在钻孔施工中应准确记录钻孔方位、倾角、长度、钻孔开始见煤长度及钻孔在煤层中长度，钻孔开钻时间、见煤时间及钻孔完毕时间。

（6）钻孔施工前应制定详细的技术及安全措施（包括测压观测期间所应采取的技术及安全措施）。

4）瓦斯压力测定封孔

（1）钻孔施工完后应在 24 h 内完成封孔工作。

（2）检查测压管是否通畅及其与压力表连接的气密性。

（3）钻孔为下向孔时应将钻孔水排除。

（4）封孔深度应超过测压钻孔施工地点巷道的影响范围，并满足以下要求：

① 胶囊（胶圈）—密封黏液封孔测定本煤层瓦斯压力的封孔深度应不小于 10 m。

② 注浆封孔测压法的测压钻孔封孔深度应满足以下公式：

$$L_{封} \geqslant L_1 + D \cot \theta \tag{4-12}$$

式中　$L_{封}$——钻孔封孔深度，m。

L_1——钻孔所需最小封孔深度（有效封孔段长度），m。L_1 应保证穿层测压钻孔的见煤点、顺煤层测压钻孔的测压气室位于巷道的卸压圈之外，且 $L_1 \geqslant 12.0$ m；穿层测压钻孔的 L_1 不应进入被测煤层，顺煤层测压钻孔封孔后应保证其测压气室长度不小于 1.5 m。

D——钻孔的直径，m。

θ——钻孔的倾角，（°）；$5° \leqslant |\theta| \leqslant 90°$。

（5）应尽可能加长测压钻孔的封孔深度。

5）测定

（1）采用主动测压时，只在第一次测定时向测压钻孔充入补偿气体，补偿气体的充气压力宜为预计的煤层瓦斯压力的 0.5 倍。

(2) 采用被动测压法时,不进行气体补偿。

6) 观测

(1) 采用主动测压法时应每天观测一次测定压力表,采用被动测压法应至少 3 d 观测一次测定压力表。

(2) 观测时间。观测时间的确定应遵循以下原则:

① 采用主动测压法,当煤层瓦斯压力小于 4 MPa 时,需观测 5~10 d;当煤层瓦斯压力大于 4 MPa 时,则需观测 10~20 d。

② 采用被动测压法,则视煤层瓦斯压力及透气性大小的不同,其观测时间一般需 20~30 d。

③ 在观测中,发现瓦斯压力值在开始测定的一周内变化较大时,则应适当缩短观测时间间隔。

7) 测定结果的确定

(1) 将观测结果绘制在以时间(d)为横坐标、瓦斯压力(MPa)为纵坐标的坐标图上,当观测时间达到上述的规定,如压力变化在 3 d 内小于 0.015 MPa,测压工作即可结束;否则,应延长测压时间。

(2) 在结束测压工作、拆卸表头时(应制定相应的安全措施),应测量从钻孔中放出的水量,如果钻孔与含水层、溶洞导通(根据矿井防治水的有关方法判定),则此测压钻孔作废并按有关规定进行封堵;如果测压钻孔没有与含水层、溶洞导通,则需对钻孔水对测定结果的影响进行修正。可根据测量从钻孔中放出的水量、钻孔参数、封孔参数等进行修正。修正方法如下:

① 其中水平及下向测压钻孔不修正,即:

$$p' = p_1 \tag{4-13}$$

式中　p'——修正后的测定压力表读数值,MPa;

　　　p_1——测定压力表读数值,MPa。

② 对于上向钻孔,如果无水按式(4-13)进行,否则修正方法如下:

Ⅰ. 当 $V > V_1$,并且 $V - V_1 < V_2$ 时:

$$p' = p_1 - 0.01L\sin\theta - 0.01\frac{4(V - V_1)}{\pi D^2}\sin\theta \tag{4-14}$$

式中　V——测压钻孔内流出的水量,m³;

　　　V_1——测压管管内空间的体积,m³;

　　　V_2——钻孔预留气室的体积,m³;

　　　L——测压管的长度,m;

　　　D——钻孔的直径,m。

Ⅱ. 当 $V > V_1$,并且 $V - V_1 \geqslant V_2$ 时:

$$p' = p_1 - 0.01L_1\sin\theta \tag{4-15}$$

式中　L_1——测压钻孔的长度,m。

Ⅲ. 当 $0 < V \leqslant V_1$ 时:

$$p' = p_1 - 0.01\frac{4V}{\pi d^2}\sin\theta \tag{4-16}$$

式中 d——测压管的直径，m。

（3）测定结果的确定：

$$p = p' + p_0 \tag{4-17}$$

式中 p——测定的煤层瓦斯压力值，MPa。

p_0——测定地点的大气压力值，MPa；大气压力的测定应采用空盒气压表进行测定，空盒气压表应遵循 QX/T 26 标准的相关规定。

（4）同一测压地点以最高瓦斯压力测定值作为测定结果。

六、实验步骤

煤层瓦斯压力的测定按测压方式分为主动测压法和被动测压法。

在钻孔预设测定装置和仪表并完成密封后，通过预设装置向钻孔揭露煤层处或测压气室充入一定压力的气体，从而缩短瓦斯压力平衡所需时间，进而缩短测压时间的一种测压方法。补偿气体用于补偿钻孔密封前通过钻孔释放的瓦斯，可选用氮气（N_2）、二氧化碳（CO_2）气体或其他惰性气体。

被动测压法是指测压钻孔被密封后，利用被测煤层瓦斯向钻孔揭露煤层处或测压气室的自然渗透作用，达到瓦斯压力平衡，进而测定煤层瓦斯压力的方法。

1）煤矿井下煤层瓦斯压力的直接测定

（1）煤矿井下胶囊—密封黏液封孔测压法封孔步骤

① 如图 4-10 所示，在测压地点先将封孔器组装好，将其放入预计的封孔深度，在孔口安装好阻退楔，连接好封孔器与密封黏液罐、压力水罐，装上各种控制阀，安装好压力表。

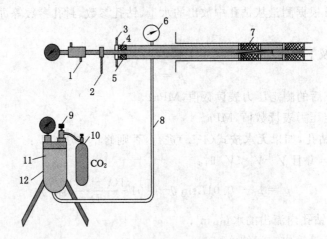

图 4-10　胶囊（胶圈）—密封黏液封孔测压示意图

1—注气口；2—手把；3—加压手轮；4—推力轴承；5—胶圈；6—压力表；

7—封孔胶圈；8—高压软管；9—阀门；10—高压 CO_2 或 N_2 瓶；11—黏液；12—黏液缸

② 启动压力水罐开关向胶囊（胶圈）充压力水，待胶囊（胶圈）膨胀封住钻孔后开启密封黏液罐往钻孔的密封段注入密封黏液，密封黏液的压力应略高于预计的煤层瓦斯压力。

③ 胶囊（胶圈）—密封黏液封孔测压法设备、材料、仪表及工具如下：

Ⅰ．密封黏液。密封黏液由骨料、填料和黏液混合而成。密封黏液（封堵间隙为不大于 4 mm）的配方为：化学糨糊粉（淀粉＋防腐剂）与水按比例（质量比）1：16 制成黏液，骨料与黏液的比例（体积比）为 1：8，填料与黏液的比例（体积比）为 1：16。其中，骨料由粒度为

$0.5\sim1.0$ mm，$1.0\sim2.5$ mm，$2.5\sim5.0$ mm 的炉渣按体积比 $1:2:3$ 混合而成；填料由 $0.25\sim0.5$mm，$0.5\sim1$mm，$1.0\sim2.5$mm 的锯末按体积比 $1:1:1$ 均匀混合而成。

Ⅱ．密封黏液罐和压力水罐用于预计的煤层瓦斯压力小于 5 MPa 时的封孔，液压和水压由液态 CO_2 提供。

Ⅲ．封孔器组件进液管、进水管、测压管、胶囊(胶圈)及测定仪表。

④ 注浆封孔测压法设备、材料、仪表及工具如下：

Ⅰ．注浆泵宜用柱塞注浆泵，其流量为 $20\sim50$ L/min，压力为 $3\sim4$ MPa。

Ⅱ．膨胀不收缩水泥浆由膨胀剂(膨胀率不小于 0.02%)、水泥(硅酸盐水泥、标号不低于 425 号)，与水(井下清洁水)按一定比例制成，也可参照水灰比为 $2:1$ 的比例进行配制，膨胀剂的掺量为水泥的 12%。

Ⅲ．测压管宜选用 GB/T 1527—2006，$\phi6\times2$ mm 拉制铜管(承受内压>12 MPa，1 根的长度>测压钻孔长度)或 GB/T 8163—2008，$\phi16\times2$ mm 输送流体用无缝钢管(牌号 10，承受内压>12 MPa)。

Ⅳ．注浆管宜选用 GB/T 8163—2008，$\phi16\times2$ mm 输送流体用无缝钢管(牌号 10，承受内压>12 MPa)。

Ⅴ．附件泥浆泵与注浆管的连接装置，承受压力>6 MPa。

Ⅵ．夹持器采用 $\phi6\times2$ mm 拉制铜管作为测压管时选用。

(2)煤矿井下注浆封孔测压法封孔步骤

测压管材为拉制铜管的测压封孔步骤为：

① 如图 4-11 所示，通过辅助管将安装有夹持器的测压管(1 根管的长度大于测定钻孔的长度)安装至预定的(测压)深度，在孔口用木楔封住，并安装好注浆管。

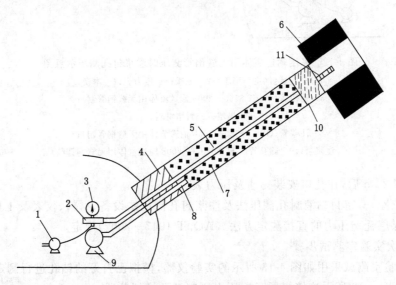

图 4-11　采用拉制铜管测压时注浆封孔测压示意图
1—充气装置(主动测压)；2—三通；3—压力表；4—木楔；
5—测压管(GB/T 1527—2006 拉制铜管制)；
6—煤层；7—封堵材料；8—注浆管；9—注浆泵；10—夹持器；
11—筛孔管(GB/T 1527—2006 拉制铜管制)

② 根据封孔深度确定膨胀不收缩水泥的使用量。按一定比例(参考值为:水灰比为2∶1,膨胀剂的掺量为水泥的12%)配好封孔水泥浆,用泥浆泵一次连续将封孔水泥浆注入钻孔内。

③ 注浆24 h后,在孔口安装三通及压力表。

测压管材为输送流体用无缝钢管的测压封孔步骤为:

① 如图4-12所示,将测压管(测压管长度以井下巷道及运输条件而定)安装至预定的深度,在孔口用木楔封住,并安装好注浆管。

② 根据封孔深度确定膨胀不收缩材料、清水以及水泥的使用量,按一定比例(参考值为:水灰比2∶1,膨胀剂的掺量为水泥的12%)配好封孔水泥浆,用泥浆泵一次连续将封孔水泥浆注入钻孔内。

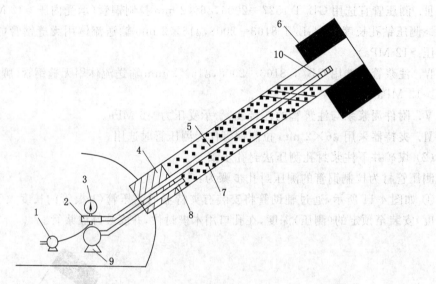

图4-12 采用输送流体用无缝钢管测压时注浆封孔测压示意图
1—充气装置(主动测压);2—三通;3—压力表;4—木楔;
5—测压管(GB/T 8163—2008输送流体用无缝钢管制);
6—煤层;7—封堵材料;
8—注浆管(GB/T 8163—2008输送流体用无缝钢管制);
9—注浆泵;10—筛孔管(GB/T 8163—2008输送流体用无缝钢管制)

③ 注浆24 h后,在孔口安装三通及压力表。

胶囊(胶圈)—密封黏液封孔测压法及注浆封孔测压法设备、材料、仪表及工具应该符合《煤矿井下煤层瓦斯压力的直接测定方法》(AQ/T 1047—2007)规定。

(3) 本次实验室测试步骤

本次实验室测试采用如图4-13所示的实验仪器,模拟已打好的钻孔进行测定。

① 按照图4-13所示连接煤层瓦斯压力测定钻孔模拟装置。

② 按照胶囊—黏液封孔测压方法连接测压管(线)路。

③ 按照图4-10将测压仪的管(线)路送入模拟钻孔装置内,预留1 m的测压室。

④ 对两节胶囊加压,使胶囊膨胀,确定胶囊膨胀到位后,利用黏液罐将黏液压入两节胶囊的中间密封段内,密封黏液的压力应略高于煤层预计的瓦斯压力。

⑤ 此时,安装好测压模拟装置上的压力表,并打开测压室进气口与钢瓶间的阀门,使测

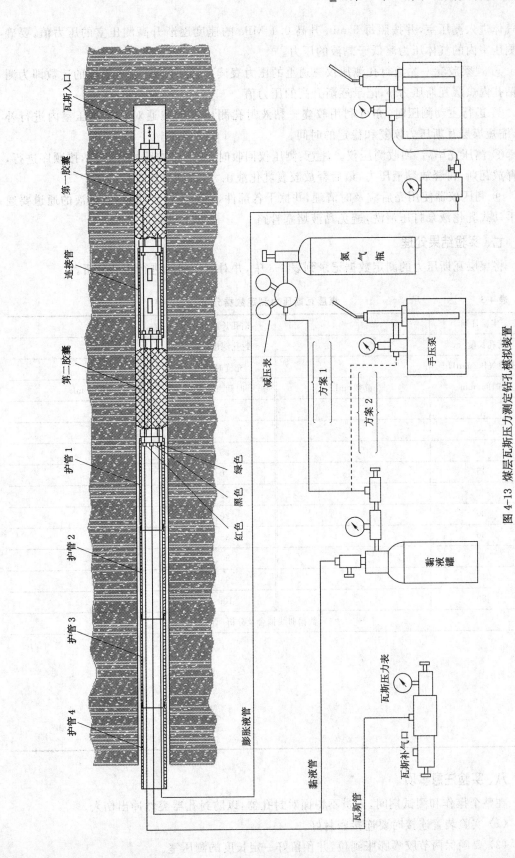

图 4-13　煤层瓦斯压力测定钻孔模拟装置

试气体进入测压室,并按照每 5 min 升高 0.1 MPa 的速度逐渐升高测压室的压力值,要确保测压室内的气体压力略低于黏液的压力。

⑥ 观察胶囊—黏液封孔测压仪三通上的压力表读数,此时该三通压力表的读数即为测压钻孔内煤层瓦斯压力 p,记录逐渐升高的压力值。

⑦ 进行主动测压时,亦可利用胶囊—黏液封孔测压仪的三通对钻孔测压室内进行补气,缩短煤层瓦斯压力恢复和稳定的时间。

⑧ 测压完毕后,回收测压仪。注意:测压仪回收时,要严格按照操作程序,按顺序进行,先释放瓦斯,再释放黏液压力,最后释放胶囊乳化液压力,否则会出现危险。

⑨ 测压仪器使用完后应及时清理,并擦干各部件,以防生锈。注意:通黏液的通道要通过手动式乳化液泵打压清洗,避免黏液堵塞管路。

七、实验结果处理

将煤层瓦斯压力的测定数据记录到表 4-3 中,并对测压曲线进行拟合分析。

表 4-3　　　　　　　　　　煤层瓦斯压力测定数据分析

实验日期		钻孔长度/m	
封孔长度/m		封孔深度/m	
实验气压/mmHg		充气时间	
时间/min	读数/mL	时间/min	读数/mL
0		55	
5		60	
10		65	
15		70	
20		75	
30		80	
35		85	
40		90	
45		95	
50		100	
数据曲线拟合及分析			

八、实验注意事项

在整个操作和测试期间,人员不得面对封孔器,以防封孔器突然冲出伤人。

(1) 实验装置连接时要连接密封好。

(2) 要确保两节胶囊膨胀到位,并预留好一定长度的测压室。

（3）要确保胶囊的压力略高于黏液的压力,密封黏液的压力应略高于煤层预计的瓦斯压力。

（4）拆除实验装置时,必须保证各部分处于卸压状态,卸压的先后顺序为:测压室、密封黏液、胶囊,确保实验装置拆除时的安全。

九、预习与思考题

（1）影响煤层瓦斯压力的因素有哪些?

（2）为什么要确保胶囊的压力略高于黏液的压力,密封黏液的压力略高于煤层预计的瓦斯压力?

4.4　煤的吸附常数测定

实验类型:综合性　　　　　　　实验学时:6

一、实验目的

了解煤的吸附常数的测定原理及实验设备,掌握煤的吸附常数测定方法和数据处理手段。

二、实验内容

煤的吸附常数的测定。

三、仪器设备

1）主要设备

（1）吸附常数测定仪,外观及主机结构如图 4-14 所示。

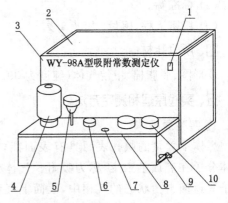

图 4-14　吸附常数测定仪外观及主机结构示意图
1—电源开关;2—上盖;3—壳体;4—搅拌电机;5—温度传感器;
6—加热器;7—注水口;8—恒温槽;9—放水阀;10—煤样罐

WY-98A 型吸附常数测定仪硬件主要由计算机、仪器主机、真空泵、真空计及附属电缆、管件等组成。仪器主机背板上装有电缆或管路接口,连接如下:

通信电缆:与计算机相连。

通大气口:接胶管排出室外。

脱气口:接真空泵的真空管。

进气口:接瓦斯钢瓶。

电源线:接电源插座(220 V)。

压缩空气入口:接气泵。

真空泵电源电缆(2 根):一根接真空泵,另一根接电源插座。

真空规管信号电缆:接真空计。

(2) 吸附罐:容积 50 cm³,工作压力 8 MPa,耐压 16 MPa。

(3) 高压截止阀:工作压力 16 MPa,耐压 25 MPa。密封处要求耐低压 4 MPa。

(4) 固态压力传感器:测量范围为 0~8 MPa,精度为 0.2%。

(5) 饱和食盐水量管:容积 500 cm³,分度 5 cm³,带水准瓶。

(6) 充气罐:容积为吸附罐的 1.4 倍,耐压 16 MPa。

(7) 水浴。

(8) 真空系统:$\phi 20 \sim \phi 40$ mm 玻璃管,带玻璃活塞及真空硅胶管。

(9) 高纯甲烷气:压力 15 MPa,甲烷浓度不低于 99%。

2) 辅助设备

(1) 复合真空计。

(2) 恒温器:恒温和控温 0~100 ℃±1 ℃。

(3) 多路信号调理器:压力传感器二次仪表。

(4) 动槽式气压计。

(5) 标准量管:容积 200 mL,分度 0.5 mL。

(6) 球磨机。

(7) 干燥箱。

(8) 标准筛。

(9) 精密天秤,感量 0.000 1 g。

四、所需耗材

O 形圈、脱脂棉、甲烷气体(纯度为 99.99%)、煤样、一次性口罩、一次性手套。

五、实验原理和测定方法

1) 实验原理

煤体中大量的微孔表面具有表面能,当气体与内表面接触时,分子的作用力使甲烷气体分子在表面上浓集,称为吸附。气体分子浓集的数量渐趋增多,即为吸附过程;气体分子复返回自由状态的气相中,表面上气体分子数量渐趋减少,即为脱附过程;表面上气体分子维持一定数量,吸附速率和脱附速率相等,即为吸附平衡。煤对甲烷的吸附为物理吸附。

当吸附剂和吸附质特定时,吸附量与压力和温度呈函数关系,即:

$$X = f(T, P) \tag{4-18}$$

当温度恒定时:

$$X = f(P)T \tag{4-19}$$

式(4-19)称为吸附等温线。

在高压状态下,煤对甲烷的吸附符合朗格缪尔(Langmuir)方程:

$$X=\frac{abp}{1+bp} \tag{4-20}$$

式中　T——温度,℃;

　　　p——压力,MPa;

　　　X——p 压力下吸附量,cm^3/g;

　　　a——吸附常数,当 $p\to\infty$ 时,即为饱和吸附量,cm^3/g;

　　　b——吸附常数,MPa^{-1}。

2) 测定方法

高压容量法:将处理好的干燥煤样,装入吸附罐,真空脱气,测定吸附罐的体积,向吸附罐中充入一定体积的甲烷,使吸附罐内的压力达到平衡,部分气体被吸附,部分气体仍以游离状态处于剩余体积之中,已知充入甲烷体积,扣除剩余体积内的游离体积,即为吸附体积,连接起来即为吸附等温线。

六、实验步骤

(1) 煤样处理。

① 采集煤层全厚样品(或分层),除去矸石,四分法缩分成 1 kg,标准采样要素,装袋,备用。

② 取煤样的 50% 全部粉碎,通过 0.17~0.25 mm 筛网,取 0.17~0.25 mm 间的颗粒,称出 100 g,放入称量皿。其余煤样分别按 GB/T 217、GB/T 211、GB/T 212 测定水分(M_{ad})、灰分(A_d,A_{ad})、挥发分(V_{daf})和真密度 TRD20 等。

③ 将盛煤样的称量皿放入干燥箱,恒温到 100 ℃,保持到 1 h 取出,放入干燥器内冷却。

④ 称量煤样和量皿的总质量 G_1,将煤样装满吸附罐,再称量剩余煤样和称量皿质量 G_2,则吸附罐中的煤样质量 G 为:$G=G_1-G_2$。

煤样可燃物质量 G_r 为:

$$G_r=\frac{G(100-A_d)}{100} \tag{4-21}$$

$$A_d=\frac{A_{ad}}{100-M_{ad}} \tag{4-22}$$

式中　A_d——干燥基灰分,%;

　　　A_{ad}——分析基灰分,%;

　　　M_{ad}——分析基水分,%。

(2) 将处理好的煤样(20~30 g)装入吸附罐内的煤样瓶内。此时要注意:

① 拧开煤样罐盖前检查煤样罐内部是否还存在未排完的瓦斯气体。

② 在煤样上面盖上一层脱脂棉,防止煤尘进入仪器内部造成设备损坏。

③ 检查密封圈是否有弹性,若损坏应及时更换。

④ 密封圈和煤样罐的结合面要保持洁净无异物(如棉花丝),否则容易漏气。

⑤ 装入煤样瓶前避免异物掉入煤样罐。

⑥ 煤样罐内要保持干燥,不允许有水进入。

⑦ 进行测定前一定要观察恒温水箱里的水是否加满,如未加满必须把水加满后再进行下一步测定,水位高度距盖板 1 cm 为宜。

⑧ 检察仪器背板上的通大气口是否连接上胶管并通向室外。

（3）打开计算机电源，待计算机完成启动程序后，再打开仪器电源；打开瓦斯钢瓶开关。左键双击桌面快捷方式中的图标💠，启动仪器测试程序后屏幕显示程序主界面如图 4-15 所示。

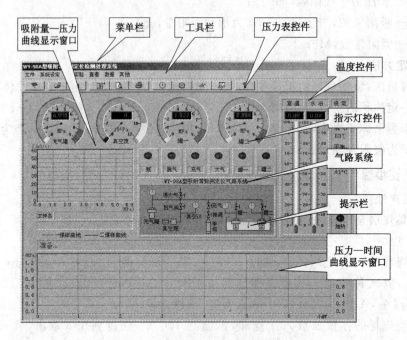

图 4-15　测定前程序主界面

（4）待气泵达到工作压力后，点击工具栏图标 ，弹出如图 4-16 所示对话框。

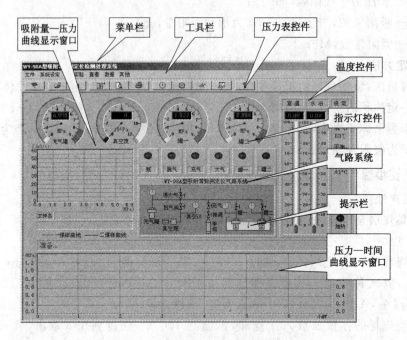

图 4-16　开始实验对话框

在此输入编号、质量、密度等数据,设定实验温度(一般情况下采用默认值,不需改动)。然后单击"煤样—文件名",弹出如图 4-17 的对话框,选择您想要保存的路径并输入文件名后单击"保存"。

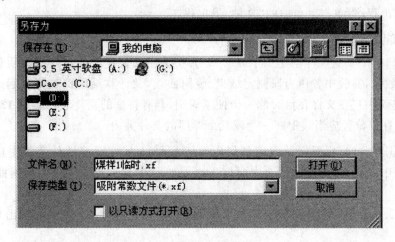

图 4-17　设定路径与文件名

同样设定煤样二的路径。将设定好两个煤样的路径与文件名。单击"开始实验",再进行充气压力设定(如图 4-18 所示,一般情况下采用默认值,无需改动),然后开始测定。

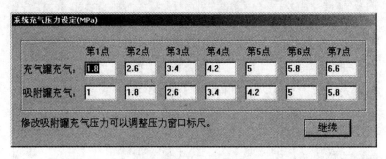

图 4-18　充气压力设定

(5) 仪器自动打开脱气阀、煤样罐 1、罐 2 的阀门,关闭充气阀、通大气阀,仪器启动真空泵开始脱气。

(6) 仪器关闭煤样罐 1、煤样罐 2 阀门,再关闭脱气阀,结束脱气。水浴温度由 60 ℃变为 30 ℃。为缩短实验进程,可打开放水阀放出热水,由注水口注入冷水,使水温下降,直至 30 ℃时仪器会进行下一步的操作(注意:换水时水位必须保持在加热管以上)。

(7) 仪器打开气源、充气阀,向充气罐内充气后关闭充气阀。此时可手动由小到大地调节仪器背面的微调阀,使充气的速度不至于太快或太慢,3 min 内充至设定压力,仪器自动结束充气。打开煤样罐 1 阀门,由充气罐向罐 1 放气。

(8) 向煤样罐 2 内充气,步骤与(7)相同。

(9) 煤样开始吸附平衡的过程。此时,压力—时间窗口显示出两个煤样罐内压力随时间的变化。平衡结束后即完成了两个煤样第 1 个点的测定。

(10) 重复(7)、(8)、(9)的操作步骤,完成共 7 个吸附平衡点的操作。至此,实验结束。

在实验结束时,计算机将两个煤样实验结果按照第 4 步设定的路径与文件名自动保存。同时将实验过程中的一系列数据自动保存在"d:\"根目录下的一个文件中,该文件以"煤样 1 编号_煤样 2 编号"命名,在结束实验后任何时候都可以查看其内容。

(11) 退出程序:单击菜单中的"文件/退出程序"。

七、实验数据处理

系统为每一个实验煤样创建一个以".xf"为扩展名的数据文件。煤样的质量、灰分、挥发分等原始数据,实验中各压力段测定结果、吸附曲线、及计算结果都被保存起来了。为了便于管理,建议用户在文件存盘时起一个便于识别、具有特征的文件名,如:戊 12-7、七台河-32 等。文件存放位置应当集中在一个或几个专门的文件夹内。

查看数据文件时,用鼠标单击工具栏中图标 ,或在系统软件菜单中选择"文件\打开",找到相应的目录后用鼠标选中要打开的文件,同时显示出该煤样的吸附曲线和 a、b、r 的值。

实验的原始数据、吸附曲线、计算结果等可用打印机通过报表的形式打印出来。打印过程如下:

(1) 打开数据文件。

(2) 点击工具栏上的图标 ,弹出如图 4-19 所示对话框。

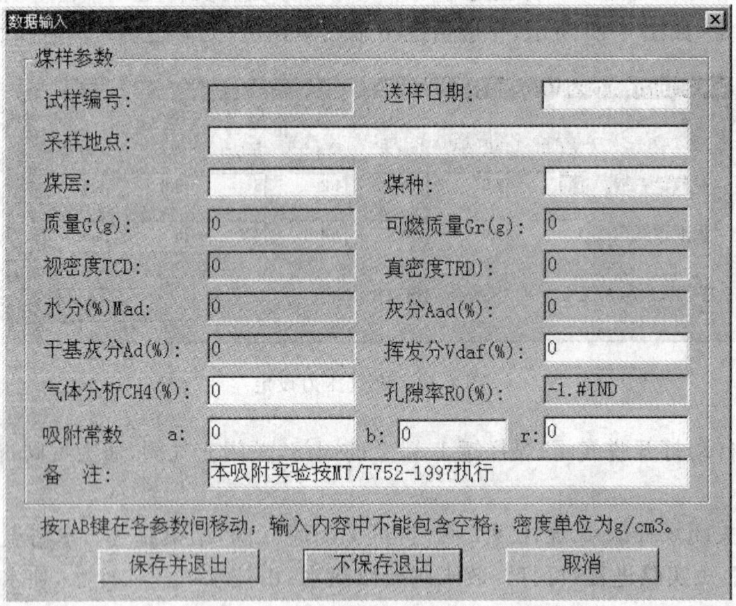

图 4-19 煤样报表数据填写

在此输入煤样的采样煤层、地点等信息。若想把这些数据永久保存在文件内,单击"保存并退出";若只供本次使用而不保存在文件内,单击"不保存退出"。

(3) 为了确保打印结果正确,用鼠标单击工具栏图标 (或选取菜单"文件\打印预览"),系统显示界面如图 4-20 所示。

用户可以随意放大、缩小来查看打印的页面。如正确无误,则单击"关闭",回到系统界面。

高压容量吸附试验报告

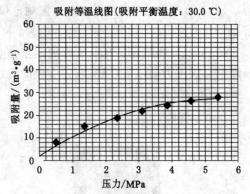

试样编号	1610075		送样日期	2016-10-12
采样地点				
煤层		煤种		
煤样质量		可燃基质量		
视密度	真密度			
煤质分析	M_{ad}=2.03%, A_{ad}=43.08%, A_d=44.71%, V_{adf}=18.79%			
气体分析	CH_4=　%	空隙率		R_0=　%

吸附常数：　　a=　　　　b=　　　　r=

图 4-20　打印预览

（4）单击具栏图标 ▣ （或选取菜单"文件\打印"），即可打印。

八、实验注意事项

（1）拧开煤样罐盖前检查煤样罐内部是否还存在未排完的瓦斯气体。

（2）在煤样上面盖上一层脱脂棉，防止煤尘进入仪器内部造成设备损坏。

（3）检查密封圈是否有弹性，若损坏应及时更换。

（4）密封圈和煤样罐的结合面要保持洁净无异物（如棉花丝），否则容易漏气。装入煤样瓶前，应避免异物掉入煤样罐。

（5）煤样罐内要保持干燥，不允许有水进入。

（6）进行测定前一定要观察恒温水箱里的水是否加满，如未加满必须把水加满后再进行下一步测定，水位高度距盖板 1 cm 为宜。

（7）检察仪器背板上的通大气口是否连接上胶管并通向室外。

九、预习与思考题

（1）什么是煤的瓦斯吸附常数？

（2）测定煤的瓦斯吸附常数目的是什么？

4.5　煤层瓦斯含量及瓦斯压力的快速测定

实验类型：验证性　　　　　　　　　　实验学时：2

一、实验目的

通过实验教学，使学生掌握煤层瓦斯含量及煤层瓦斯压力快速测定的测试手段、测试过程、测试结果。对煤层的瓦斯含量与瓦斯压力有一定的了解。

二、实验内容

煤层瓦斯含量及煤层瓦斯压力快速测定。

三、仪器设备

（1）CHP50M 煤层瓦斯含量快速测定仪：包括充电器、充电线/通信线、胶管，如图 4-21 所示。

（2）CPD8M 型煤层瓦斯压力测定仪：包括充电器、充电线/通信线、胶管。可以自动记录煤层瓦斯压力的恢复曲线，判定合理的煤层瓦斯压力，如图 4-22 所示。

（3）煤样罐。

（4）标准筛。

图 4-21　煤层瓦斯含量快速测定仪　　　　图 4-22　煤层瓦斯压力快速测定仪

四、所需耗材

煤样罐胶管、煤样。

五、实验原理、方法和手段

1）煤层瓦斯含量快速测定实验原理

研究表明，煤层瓦斯含量越高，煤的瓦斯解吸速度 v_1 也越大，在一定暴露时间内，煤的瓦斯解吸速度 v_1 与瓦斯含量 W 具有如下良好的线性关系：

$$W = Av_1 + B \tag{4-12}$$

式中　W——煤层瓦斯含量，cm^3/g；

　　　v_1——煤样脱离煤体后第 1 分钟的瓦斯解吸速度，$cm^3/(g \cdot min)$；

　　　A,B——仪器常数，此值因不同的煤层、不同的矿井而异，各矿井应根据自己所采煤层特点采取不同瓦斯含量的煤样经实验室真空脱气法测定后得出。

在已知 A,B 时，通过采集煤层煤样并测定煤样的瓦斯解吸速度 v_1，可以快测定煤层瓦斯含量。

CHP50M 煤层瓦斯含量快速测定仪的测定原理是：采用高精度组合式流量传感器测定煤样的瓦斯解吸速度，根据煤样瓦斯解吸速度与随时间的幂函数变化规律确定瓦斯解吸速度 v_1 值，然后根据已知的煤的瓦斯解吸速度 v_1 与瓦斯含量 W 的关系（$W = Av_1 + B$）确定煤层瓦斯含量。

2）煤层瓦斯压力快速测定实验原理

产品采用薄膜溅射式压力传感器，将压力信号转换成电信号，送单片机进行 A/D 转换和数字处理。处理后的数据由单片机驱动 LCD 显示器显示压力值、日期等；同时，电池的电压经采样后也送单片机进行 A/D 转换和数字处理。当电池电压低于 5 V 时，系统将自动关机。

六、实验步骤

1）煤层瓦斯含量快速测定实验步骤

（1）将专用煤样罐打开，检查各密封垫是否完好，将胶管接在罐盖出口嘴上，做好取样和解吸准备。

（2）设定完参数后，选"完成设置"，按"确定"。

（3）煤样罐内装满煤样后，迅速拧上盖，接上胶管，并将胶管的另一端与仪器进气口（有"◎ ←"标志），再按"停止采样"键，开始解吸。解吸完毕后按"确定"键显示结果。

仪器与煤样罐连接如图 4-23 所示。

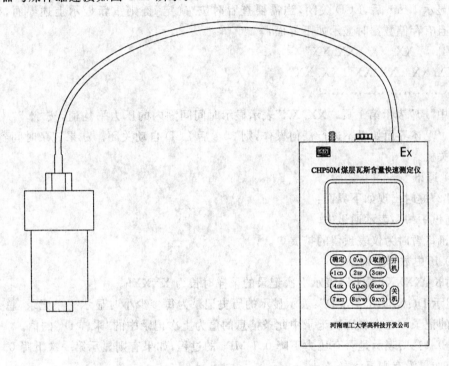

图 4-23 含量测定连接示意图

注意：不要将解吸管连接到出气口，以免烧坏传感器。

（4）现场解吸 5 min 后，按"确定"键。选择"否，继续"返回上一级菜单，选择"是，结束！"完成现场解吸，显示测定结果。

2）煤层瓦斯压力快速测定实验步骤

（1）测量

① 按"1"键时，进入下面界面：

"标号："：用来设定采样点地址，可以是数字和字母的组合，输入完毕后，按"确定"键进入下一参数的设定。

"采样 Dt：XXH—＃＃D"：用来设定采样间隔，XXH 表示 XX 小时采样一次，＃＃D 表示总共的采样时间是＃＃天。＃＃D 不能设定，它通过改变 XXH 来自动改变。XXH 的设定可以通过"↑↓"键来改变，设定完后按"确定"键进入下一参数设定。

"显示 Dt：XXH—＃＃D"：用来设定显示时间间隔。显示时间间隔是采样时间间隔的整数倍，可以通过"↑↓"键来改变，设定完后按"确定"键进入下一参数设定。

"确定 Y？"：整个过程参数设置完后，按"确定"键存储。在整个采样过程中按设定的参数进行采样和数据的查询，如果某项参数需要重新设定则按"取消"键进行重新设定。

② 参数设定完后，开始采样，有如下界面：

"时长：XXXXH "：说明从开始采样到现在的时长，单位为 h。

"压力：XX. XXMP "：当前压力。

"显示 Dt：XXH—＃＃D"：查看历史记录时，显示历史记录的时间间隔。

"—0.1?："：表示是否有压力下降 0.1 MPa 的过程，如果有，则显示第一次下降 0.1 MPa 的时长，如果没有则显示"N"，便于判断封孔是否漏气。

③显示 1 min 后，LCD 关闭，当需要查看时按"确定"键则重新显示上述界面，按"↑""↓"键且有存储数据时显示如下界面：

"P1   XX. XX   XX. XX"

"XX. XX   XX. XX   XX. XX"

"……………………………"

其中"P1"表示第 1 页，"XX. XX"表示显示时间间隔内的压力平均值，按"↑""↓"键可以翻页。上述界面如果不进行任何操作，则 30 s 后 LCD 自动关闭。如果记录时间到，则产品自动关机。

（2）通讯

按"2"键时出现如下界面：

"通讯中…"：表示通讯中。

通讯口暂时为仪表预留的扩展口。

（3）历史数据查询

"时长：XXXXXXH "：表示上次记录的采样时长为 XXXXh。

"显示 Dt：XXH—＃＃D"：表示显示的历史记录为每多少小时显示一条记录，总共显示＃＃天的记录。在查看历史记录中此条信息的值为上次记录中的"采样 Dt"的值。

"—0.1?："：表示是否有压力下降 0.1 MPa 的过程，如果有则显示第一次下降 0.1 MPa 的时长，如果没有则显示"N"。

如果有存储数据时，按"↑"、"↓"键显示如下界面：

"P1   XX. XX   XX. XX"

"XX. XX   XX. XX   XX. XX"

"……………………………"

其中，"P1"表示第 1 页，"XX. XX"表示显示时间间隔内的压力平均值；按"↑""↓"键可以翻页。

（4）系统参数设置

① 按"4"键显示如下界面：

"1. 修正时间"：用来修正实时时钟。

"2. 实时测量"：产品的附加功能，用来实时测量压力，每秒刷新一次测量值。

② 选择"修正时间"时，出现下列界面：

"请设定 24 h 制时钟"。

"yy/mm/dd"："yy"表示年，"mm"表示月份，"dd"表示日期。

"hh：mi"："hh"表示小时，"mi"表示分钟。

用键盘输入当前日期后,按"确定"键即可存储。

③ 选择"实时测量"时,出现下列界面:

"时长:XXXXH":表示开始采样到当前时刻的时长。

"压力:XX.XXMPa":表示当前压力,每秒刷新 1 次。

七、实验结果处理

实验结果数据填写于表 4-4。

表 4-4　　　　　　　　　　　瓦斯含量测定结果

测定地点	解吸瓦斯含量/(m³·t⁻¹)	瓦斯含量/(m³·t⁻¹)	备注

表 4-5　　　　　　　　　　　煤矿瓦斯压力测定结果

测定地点	瓦斯压力/MPa	备注

八、实验注意事项

1）煤层瓦斯含量快速测定注意事项

在任何情况下,长按"关机"键 2 s,系统关机。

产品充电应使用专用充电器,充电器适用于 100~240 V 交流电源,将产品充电口插入充电器的充电插座,红色充电指示灯亮,必须保证充电时间不小于 16 h。

产品充电必须在井上进行,充电时应处于关机状态。

(1) 每次解吸前,应先进入设置界面对 a, b, 时间等值进行设置,否则,本次解吸将无法根据已有的数学模型计算出煤样所含煤层气的体积。

(2) 本产品对水汽、粉尘等的污染比较敏感,请使用时注意。

(3) 严禁在使用过程中乱按产品上的按键。

(4) 产品长期不使用时,应定期进行充放电,一般每月进行 1 次。

(5) 根据使用情况,应对产品的对外接口进行定期清理。

(6) 航空插座上的防护帽,严禁井下拆卸。

(7) 在使用和维修中不能改变本安电路和与本安电路有关的电气元件的名称型号及其参数。

2）煤层瓦斯压力快速测定注意事项

(1) 不得更改本安及其关联电路中的元器件的型号、规格及参数。

(2) 电池组充电必须在井上安全场所进行,严禁使用说明书规定以外的电池。

(3) 更换电池时应注意更换已经浇封了保护电路的电池组件。

（4）使用前必须检查产品电源容量，容量不足时必须及时充电。

（5）产品长期不使用时，应放于通风干燥处储藏，定期进行充放电，一般每月进行一次。

（6）根据使用情况，应对产品的对外接口进行定期清理。

（7）正常测量时，当压力恢复曲线中压力值突然下降或压力显示为 0 MPa 时，请检查气路的密封性。

九、预习与思考题

（1）简述瓦斯含量快速测定仪的工作原理与测试方法。

（2）简述煤层瓦斯压力快速测定仪的工作原理与测试方法。

第5章

矿井粉尘防治

5.1 矿尘浓度及分散度测定

实验类型:综合性   实验学时:2

一、实验目的

学习并掌握矿尘浓度及分散度的测定方法。

二、实验内容

(1) 学习并了解用滤膜法测尘的原理、步骤。

(2) 掌握矿用测尘仪的使用方法。

(3) 了解矿尘分散度测定方法及仪器使用方法。

三、仪器设备

1) 矿尘浓度测定的实验仪器

滤膜、集尘器、采样器、分析天平、镊子、胶皮管、干燥箱或干燥剂(氯化钙或硅胶)及秒表等。

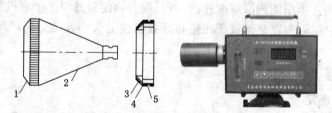

图 5-1　采样器结构示意图及外观

(a) 漏斗;(b) 滤膜夹

1—漏斗顶盖;2—漏斗;3—锥形杯;4—固定盖;5—底座

(1) 滤膜:由直径超细合成纤维制成的,表面呈细绒状,有明显的带负电性及疏水性和耐酸碱性,其阻尘率大于 99%,对空气的阻力比集尘管低得多,阻力(流量 20 L/min、面积 8 cm²;阻力小于 980 Pa),容易干燥,近年国内广泛采用这一方法测尘。

(2) 采样头:由采样漏斗和滤膜夹两部分组成,一般用塑料制成。初次使用时,应检查其气密性。

(3) 流量计:常用的是流量为 15~40 L/min 的转子流量计,精度应达到±2.5%。

(4) 抽气装置:主要用电动抽气机,也有用压气(水)引射器的。

(5) 天平:用感量为 0.000 1 g 的分析天平。

(6) 干燥器:干燥滤膜(夹)用,内装硅胶或氯化钙。

（7）采样器：由测尘系统各部件（采样头、流量计、抽气机、调节夹等）组装成采样器。

2）矿尘分散度测定的实验仪器

包括生物显微镜、目镜测微尺、物镜测微尺、载物玻片、显微镜、小烧杯或小试管、小玻璃棒、滴管、乙酸丁酯或乙酸乙酯。

四、所需耗材

包括矿尘、滤膜、化学纯等。

五、实验原理、方法和手段

1）矿尘浓度测定原理

目前对矿尘浓度的表示方法有两种：一种以单位体积空气中粉尘的颗粒数（个/cm^3），即计数表示法；另一种以单位体积空气中粉尘的质量（mg/m^3），即计重表示法。本实验采用计重法来测定矿尘浓度。

滤膜法测尘的原理：以抽气装置做动力，抽取一定量的含尘空气，使其通过装有滤膜的采样器，滤膜将矿尘截留下来，然后根据滤膜所增加的重量与通过的空气量计算出矿尘浓度。具体见下式：

$$G=\frac{W_2-W_1}{Qt}\times100 \tag{5-1}$$

式中　　G——矿尘浓度，mg/m^3；

　　　　W_2——采样后滤膜的质量，mg；

　　　　W_1——采样前滤膜的质量，mg；

　　　　Q——流量计读数，L/min；

　　　　t——采样时间，min。

2）矿尘分散度测定原理

矿尘分散度测定采用滤膜溶解涂片法：将采集有粉尘的滤膜溶于有机溶剂中，形成粉尘颗粒的混悬液，制成标本，在显微镜下测量和计数粉尘的大小及数量，计算不同大小粉尘颗粒的百分比。

六、实验步骤

1）矿尘浓度测定

（1）滤膜称重。用镊子取下滤膜两面的衬纸，将滤膜在分析天平上称重后装入滤膜夹。

（2）装滤膜。扭下滤膜夹的固定盖，将滤膜中心对准滤膜夹的中心，铺于锥形环上，套好固定盖，将滤膜夹紧，倒转过来将螺丝底座拧入固定盖，放入样品盒中备用。

（3）取样。将滤膜夹放入采样漏斗1内（图5-1），盖好顶盖2，并拧紧。如图5-2所示，将采样器连接于流量计和抽气装置，采样器应置于产尘箱采料口。

图 5-2　粉尘采样系统

取出滤膜夹,使受尘面向上装入样品盒内,准备称重。

注:在矿井内实测时,其采样地点应选择在工人经常工作地点的吸气带或根据测尘目的而选择采样地点。工作面采样时,地点应选在距工作面 4～5 m 处,这样工人生产和采样互不影响。集尘器的安设高度为 1.3～1.5 m 为宜。流量和采样时间确定:流量和采样时间一般根据井下矿尘浓度的估算值采确定,流量一般在 15～30 L/min 内选择,采样空气量不少于 1 m³。采样时间应根据工作面矿尘浓度估算和滤膜上矿尘增重最低值来确定:

$$采样时间(min) = \frac{矿尘增重最低值(mg) \times 1\,000}{工作面矿尘浓度估算值(mg/m^3) \times 流量(L/min)}$$

(4)称重,样品取回后从滤膜夹内取出,将含尘一面向里折 2～3 折,滤膜放入干燥箱内在 105 ℃范围内连续干燥 2 h 称重一次,如滤膜表面有小水珠,则置于干燥箱内。每隔 30 min 称重一次,直至最后两次的重量差不超过 0.2 mg。

(5)两个平行样品经过烘干处理后,其差值小于 20%属于合格。平行样品的差值按下式计算:

$$\Delta g = \frac{\Delta G}{\frac{G_1 + G_2}{2}} \times 100\% < 20\% \qquad (5-2)$$

式中　ΔG——平行样品计算的结果差,mg/m³。

　　G_1,G_2——两个平行样品的计算结果,mg/m³。

(6)计算粉尘浓度

$$G = \frac{G_1 + G_2}{2} \qquad (5-3)$$

2) 矿尘分散度测定

(1)将采有粉尘的过氯乙烯纤维滤膜放入小烧杯或试管中,用吸管或滴管加入乙酸丁酯 1～2 mL,用玻璃棒充分搅拌,制成均匀的粉尘悬浊液,立即用滴管吸取一滴置于玻璃片上,用另一载物玻片成 45°角推片,均匀涂抹,待自然挥发成透明膜,贴上标签,注明编号、采样地点及日期。

(2)镜检时,如果发现涂片上粉尘密集而影响测定,则再加适量乙酸丁酯稀释,重新制备标本。

(3)制好的标本应保存在玻璃培养皿中,避免外界粉尘的污染。

(4)目镜测微尺的标定。目镜测微尺是一标准尺度,其总长为 1 mm,分为 100 等分刻度,每一分度值为 0.01 mm,即 10 μm,如图 5-3 所示。将待定的目镜测微尺放入目镜镜筒内,物镜测微尺置于载物台上,先在低倍镜下找到物镜测微尺的刻度线,移至视野中央,然后换成 400～600 倍放大倍率,调至刻度线清晰,移动载物台,使物镜测微尺的任一刻度线与目镜测微尺的任一刻度线相重合。然后找出再次重合的刻度线,分别数出两种测微尺重合部分的刻度数,计算出目镜测微尺一个刻度在该放大倍数下代表的长度。计算目镜测微尺每刻度的间距(μm)如下式:

$$L = a/b \times 10 \qquad (5-4)$$

式中　a——物镜测微尺刻度数;

　　b——目镜测微尺刻度数。

如目镜测微尺的 45 个刻度相当于物镜测微尺 10 个刻度,已知物镜测微尺一个刻度为 10 μm,则目镜测微尺一个刻度为 10/45×10 =2.2(μm),如图 5-4 所示。

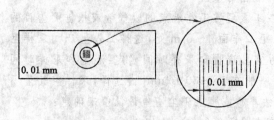

图 5-3　物镜测微尺　　　　　　　　　　　图 5-4　目镜测微尺的标定图

（5）标本的测定与计数。取下物镜测微尺,将粉尘标本片放在载物台上,先用低倍镜找到粉尘粒子,然后在标定目镜测微尺时所用的放大倍率下,用目镜测微尺测量每个粉尘粒子的大小,移动标本,使粉尘粒子依次进入目镜测微尺范围,遇长径量长径,遇短径量短径,测量每个尘粒。每个标本至少测量 200 个尘粒,算出百分数,如图 5-5 所示。

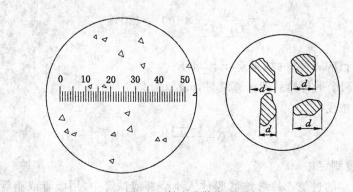

图 5-5　粉尘分散度的测定

七、实验结果处理

实验结果分别记录在表 5-1 和表 5-2 中。

表 5-1　　　　　　　　　　　　　　粉尘浓度测量记录表

测点	膜号	初重/mg	末重/mg	增重/mg	流量/(L·s^{-1})	时间/min	采样体积/m^3	含尘浓度/(mg·m^{-3})

表 5-2　　　　　　　　　　　　　　粉尘分散度测量记录表

粒径/μm	<2	2~5	5~10	≥10
尘粒数/个				
百分数/%				

八、实验注意事项

（1）所用器材在使用前必须擦洗干净,保持清洁,制做好的标本应放在玻璃培养皿中,避免外来粉尘的污染。

（2）当发现涂片标本尘粒过密且影响测量时，可再加入适量醋酸乙酯稀释，重新制作涂片标本。

（3）本法不能测定可溶于乙酸丁酯的粉尘和纤维状粉尘。

（4）已标定的目镜测微尺，只能在标定时所用的目镜和物镜放大倍率下应用。

（5）应选择涂片标本中粉尘分布较均匀的部位进行测量，以减少误差。

九、预习与思考题

（1）矿尘浓度测定方法还有哪些？

（2）矿尘分散度测定方法还有哪些？

5.2　粉尘中游离 SiO₂ 含量测定

实验类型：综合性　　　　　　　　实验学时：2

一、实验目的

学习并掌握粉尘中游离二氧化硅含量的测定方法，建立二氧化硅标准曲线。

二、实验内容

粉尘中游离二氧化硅含量的测定。

三、仪器设备

1）仪器及附件

游离二氧化硅分析仪（图 5-6）、压片模具、压片机、玛瑙研钵、红外烘烤箱、瓷坩埚和坩埚钳。

图 5-6　游离二氧化硅分析仪

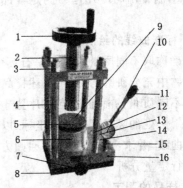

图 5-7　压片机

1—手轮；2—丝杠；3—螺母；4—立柱；
5—顶盖；6—大油缸；7—大板；8—油池；
9—工作空间；10—压力表；11—手动压把；12—柱塞泵；
13—注油孔螺钉；14—限位螺钉；15—吸油阀；16—出油阀

2）药品

标准 α-石英，纯度 99% 以上，粒度小于 5 μm；

溴化钾 KBr（优级纯或光谱纯），过 200 目筛后，用湿式法研磨，于 150 ℃ 干燥后，储存于干燥器中备用。

3）其他

分析天平（感量 0.01 mg）；粉尘筛：200 目；无水乙醇：分析纯。

四、所需耗材

标准 α-石英、溴化钾（KBr）等。

五、实验原理、方法和手段

参照《工作场所空气中粉尘测定　第 4 部分：游离二氧化硅含量》（GBZ/T 192.4—2007），标准 α-石英在红外光谱区（800 cm^{-1}、780 cm^{-1} 及 694 cm^{-1}）有特征吸收，在一定范围内，其吸光度与浓度满足朗伯—比尔定律。通过测量吸光度，进行定量测定。

六、实验步骤

1）采样

根据测定目的，样品的采集方法参见 GBZ 159 和 GBZ/T 192.2 或 GBZ/T 192.1，滤膜上采集的粉尘量大于 0.1 mg 时，可直接用于本法测定游离二氧化硅含量。

采集工人经常工作地点呼吸带附近的悬浮粉尘。按滤膜直径为 75 mm 的采样方法以最大流量采集 0.2 g 左右的粉尘，或用其他合适的采样方法进行采样。当受采样条件限制时，可在其呼吸带高度采集沉积粉尘。

2）样品处理

准确称量采有粉尘的滤膜上粉尘的质量（G）。然后将受尘面向内对折 3 次，放在瓷坩埚内，置于低温灰化炉或电阻炉（小于 600 ℃）内灰化，冷却后放入干燥器内待用。称取 250 mg 溴化钾和灰化后的粉尘样品一起放入玛瑙研钵中研磨混匀后，连同压片模具一起放入干燥箱（110 ℃±5 ℃）中 10 min。将干燥后的混合样品置于压片模具中，加压 25 MPa，持续 3 min，制备出的锭片作为测定样品。同时，取空白滤膜一张，同样处理，作为空白对照样品。

3）标准曲线的绘制

精确称取不同质量的标准 α-石英尘（0.01～1.00 mg），分别加入 250 mg 溴化钾，置于玛瑙研钵中充分研磨均匀，按上述样品制备方法做出透明的锭片。

将不同质量的标准石英锭片置于样品室光路中进行扫描，以 800 cm^{-1}、780 cm^{-1} 及 694 cm^{-1} 三处的吸光度值为纵坐标，以石英质量（mg）为横坐标，绘制三条不同波长的 α-石英标准曲线，并求出标准曲线的回归方程式。在无干扰的情况下，一般选用 800 cm^{-1} 标准曲线进行定量分析。

4）样品的测定

分别将样品锭片与空白对照样品锭片置于样品室光路中进行扫描，记录 800 cm^{-1}（或 694 cm^{-1}）处的吸光度值，重复扫描测定 3 次，测定样品的吸光度均值减去空白对照样品的吸光度均值后，由标准 α-石英曲线得样品中游离二氧化硅的质量（m）。

5）计算

按下式计算粉尘中游离二氧化硅的含量：

$$C_{SiO_2(F)} = \frac{m}{G} \times 100 \tag{5-4}$$

式中　$C_{SiO_2(F)}$——粉尘中游离二氧化硅（α-石英）的含量，%；

m——测得的粉尘样品中游离二氧化硅的质量,mg;

G——粉尘样品质量,mg。

七、实验注意事项

(1)由于粉尘粒度大小对测定结果有一定影响,因此样品和制作标准曲线的石英尘应充分研磨,使其粒度小于 5 μm 者占 95% 以上,方可进行分析测定。

(2)灰化温度对煤矿尘样品定量结果有一定影响,若煤尘样品中含有大量高岭土成分,在高于 600 ℃灰化时发生分解,于 800 cm^{-1}附近产生干扰,如灰化温度小于 600 ℃时,可消除此干扰带。

(3)在粉尘中若含有黏土、云母、闪石、长石等成分时,可在 800 cm^{-1}附近产生干扰,则可用 694 cm^{-1}的标准曲线进行定量分析。

(4)为降低测量的随机误差,实验室温度应控制在 18~24 ℃,相对湿度小于 50% 为宜。

(5)制备石英标准曲线样品的分析条件应与被测样品的条件完全一致,以减少误差。

5.3　煤尘爆炸性测定

实验类型:验证性　　　　　　　　实验学时:1

一、实验目的

加深对煤尘爆炸的认识,理解煤尘爆炸的条件及危害,掌握煤尘爆炸性测定方法。

二、实验内容

(1)加深对煤尘爆炸的认识,理解煤尘爆炸的条件及危害。

(2)掌握煤尘爆炸测定仪的结构、特点和工作原理。

(3)掌握煤尘爆炸性测定方法。测定煤尘在特定高温下是否产生火焰及观察火焰长度,判断煤尘危险性程度。

三、仪器设备

包括煤尘爆炸性测定仪(图 5-8)、电子天平、煤样。

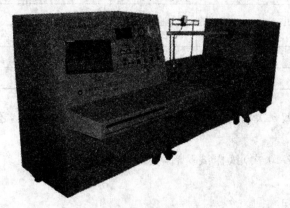

图 5-8　煤尘爆炸测定仪外观

煤尘爆炸性测定仪主要由 4 个部分组成:造尘云部分、燃烧部分,通风排烟除尘部分、箱体部分组成。

(1) 造尘云部分:由试样管、空气压缩机、电磁阀及导管组成。

(2) 燃烧部分:由大玻璃管,加热器及其温度控制系统组成。

(3) 通风排烟除尘部分:由弯管,滤尘箱及吸尘器组成。

(4) 箱体部分。

(5) 移动导轨式专用火焰拍摄系统。

四、所需耗材

具有爆炸危险的煤尘,试样量 1 g/次(精度 0.1 g),试样粒度:0.075 mm。

五、实验原理、方法和手段

当具有爆炸危险的煤尘飞扬到空气中,并达到一定浓度,遇见高温火源时就会发生爆炸。进行煤尘爆炸性测定实验,设备应符合《煤尘爆炸性鉴定规范》(AQ 1045—2007)标准的要求。其测定方法为:通过煤粉在高温时产生火焰的情况,判定是否有火焰;10 次实验中测定最长火焰长度;加入岩粉,测定达到一定重量时火焰长度的变化。通过上述 3 个指标对煤尘爆炸性进行判定。

六、实验步骤

(1) 打开装置电源开关,检查仪器工作是否正常。

(2) 打开装置加热器升温开关,使加热器温度逐渐升温至(1 100±1)℃。

(3) 用 0.1 g 感量的架盘天平称取(1±0.1)g 鉴定试样,装入试样管内,试样管的尾端插入弯管。

(4) 打开空气压缩机开关,将气室气压调节到 0.05 MPa。

(5) 按下启动按钮,将试样喷入玻璃管内,造成煤尘云。

(6) 观察并记录火焰长度,数据填写于表 5-3。

表 5-3   煤尘爆炸危险性测试数据表

实验次数	煤样粒度 /mm	空气包压力 /MPa	火源温度 /℃	煤样质量 /g	火焰长度 /mm	是否具有爆炸危险性
1						
2						
3						
4						
5						

(7) 同一个试样做 5 次相同的试验,如果 5 次试验均未产生火焰,还要再做 5 次相同的试验。

(8) 做完 5 次(或 10 次)试样试验后,要用长杆毛刷把沉淀在玻璃管内的煤尘清扫干净。

七、实验结果处理

(1) 在 5 次鉴定试样试验中,只要有 1 次出现火焰,则该鉴定试样为"有煤尘爆炸性"。

(2) 在 10 次鉴定试样试验中均未出现火焰,则该鉴定试样为"无煤尘爆炸性"。

(3) 凡是在加热器周围出现单边长度大于 3mm 的火焰(一小片火舌)均属于火焰;而仅出现火星,则不属于火焰。

(4) 以加热器为起点向管口方向所观测到的火焰长度作为本次试验的火焰长度;如果这一方向未出现火焰,而仅在相反方向出现火焰时,应以此方向确定为本次试验的火焰长度;选取 5 次试验中火焰最长的 1 次的火焰长度作为该鉴定试样的火焰长度。

八、实验注意事项

(1) 煤尘爆炸性鉴定装置必须安装在通风良好并且安装有排风装置的实验室内。

(2) 每试验完一个鉴定试样,要清扫一次玻璃管,并用毛刷顺着铂丝缠绕方向轻轻刷掉加热器表面上的浮尘;同时开启实验室的排风换气装置,进行通风,置换实验室内的空气。

九、预习与思考题

(1) 除煤尘外,还有什么粉尘具有爆炸性?

(2) 能否利用燃烧学理论解释煤尘爆炸?

(3) 影响煤尘爆炸的危险性因素有哪些?

(4) 煤矿安全技术中为什么要加强煤尘管理? 及相应措施有哪些?

5.4 布袋式、旋风式除尘器性能测定

实验类型:综合性　　　　　　　　实验学时:2

一、实验目的

(1) 熟悉布袋式、旋风式除尘器的结构、除尘机理及性能。

(2) 掌握布袋式、旋风式除尘器的性能测试方法。

(3) 了解过滤速度对袋式除尘器压力损失及除尘效率的影响。

二、实验内容

(1) 测定或调定除尘器的出风量。

(2) 测定除尘器阻力与负荷的关系(即不同入口风速时阻力变化规律或情况)。

(3) 测定除尘器效率与负荷的关系(即不同入口风速时除尘效率的变化规律情况)。

三、仪器设备

(1) 布袋式除尘器实验台,如图 5-9 所示。

(2) 旋风式实验台主要由测试系统、实验除尘器、发尘装置等三部分组成,如图 5-10 所示。

(3) 数字微压计、干湿球温度计、空盒气压计、分析天平(分度值 0.000 1 g)、托盘天平(分度值 1 g)、标准皮托管、钢卷尺、秒表、微电脑激光粉尘仪。

四、所需耗材

粉尘。

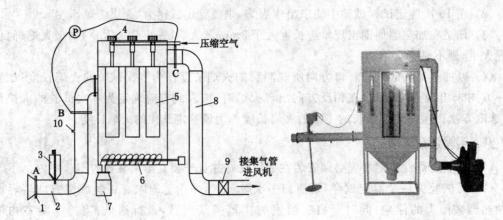

图 5-9　布袋式实验台测试系统示意图及外观

1—集流器流量计；2—进气管道；3—发尘装置；4—电磁阀；5—布袋；

6—螺旋出灰器；7—灰斗；8—排气软管；9—调风阀门；10—风速测定口

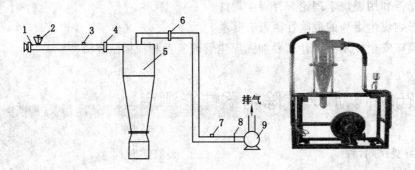

图 5-10　旋风式实验台测试系统示意图

1—进气管段；2—自动粉尘加料装置；3—入口管段采样口；4—除尘器入口测压环；

5—旋风除尘器；6—除尘器出口测压环；7—出口管段采样口；8—风量调节阀；9—高压离心风机

五、实验原理、方法和手段

1）袋式除尘器

袋式除尘器是利用滤布捕集尘粒的一种过滤式除尘装置。以布袋除尘器为代表的表面过滤式除尘器被广泛应用于锅炉烟气除尘及工业排放粉尘的捕集。

本实验装置如图 5-9 所示。含尘气体由集流器流量计进入系统，通过布袋除尘器将粉尘从气体中分离，净化后的气体通过集合排气管后由风机排气管排入大气。所需含尘气体浓度由旋转发尘装置配制。布袋除尘器中含有 3 条布袋，口径 100 mm，长度 450 mm，每条布袋过滤面积 0.14 m²，合计 0.42 m²。每条布袋除尘器顶部配设压缩空气电磁阀一组。脉冲清灰是利用压力为 (4～7)×10⁵ Pa 的压缩空气进行反吹，由一台小型空压机提供压缩空气，布袋除尘器底部设有调速螺杆出灰装置。

（1）处理气体量和过滤风速的测定

① 动压法测定。实际烟气测量过程中是通过皮托管测定得到管道内的动压，然后通过计算得到气体的流速，乘以管道面积后得到流量，即：

$$v = K_p \sqrt{\dfrac{2}{\rho_g} p_d} \tag{5-5}$$

式中　v——测定动压点处的气体流速，m/s；

　　　K_p——皮托管修正系数，标准型取 1，S 形一般为 0.83；

　　　ρ_g——管道内气体密度，kg/m³；

　　　p_d——测定得到的气体动压。

② 静压法测定。由于在含尘浓度较高和气流不太稳定时，用皮托管测定风速有一定困难，故本实验采用集流器流量计测定气体流量。该流量计利用空气动压能够转化成静压的原理，将流量计入口气体动压转换成静压（本装置中转化率约 98%），通过测定其静压换算成管内气体动压，从而确定管内气体流速和处理气体流量。

管道无泄漏情况下，集流器流量计的流量系数（校正系数），由实验方法标定得出，即：

$$\xi=\frac{\overline{p_d}}{|p_s|}=0.98 \tag{5-6}$$

式中　$\overline{p_d}$——用皮托管法测量得管道截面平均动压；

　　　$|p_s|$——双扭线集流器得静压值，用绝对值 $|p_s|$ 表示。

管内流速：

$$v=\sqrt{\frac{2}{\rho_g}|p_s|\xi} \tag{5-7}$$

除尘器处理风量：

$$Q=3\,600\times f_1\sqrt{\frac{2}{\rho_g}|p_s|\xi} \tag{5-8}$$

式中　f_1——风管面积，m²。

布袋除尘器进口流速：由于本装置中除尘器进风口与气体管道相同，因此进风口流速可取管道断面流速。

（2）过滤风速。若袋式除尘器总过滤面积为（F），则其过滤风速（v_f）按下式计算：

$$v_f=\frac{Q}{60F} \tag{5-9}$$

式中　Q——处理风量，m³/h；

　　　F——总过滤面积，m²。

（3）除尘器阻力测定。由于实验装置中除尘器进出口管径相同，故可用 B、C 两点静压差（扣除管道沿程阻力与局部阻力）求得：

$$\Delta p=\Delta H-\sum\Delta h=\Delta H-(R_m l+z) \tag{5-10}$$

式中　Δp——除尘器阻力，Pa；

　　　ΔH——前后测量断面上得静压差，Pa；

　　　$\sum\Delta h$——测点断面之间系统阻力，Pa；

　　　R_m——比摩阻，Pa/m；

　　　l——管道长度，m；

　　　z——异形接头的局部阻力，Pa。

将 Δp 换算成标准状态下的阻力 Δp_N（$p=101\,325$ Pa，$t=0$ ℃）：

$$\Delta p_N=\Delta p\,\frac{T}{T_N}\frac{p_N}{p} \tag{5-11}$$

式中　T_N,T——标准状态和实验状态下的空气温度，K；

p_N，p——标准状态和实验状态下的空气压力，Pa。

除尘器阻力系数按下式计算：

$$\zeta = \frac{\Delta p_N}{p_d} \qquad (5-12)$$

式中　ζ——除尘器阻力系数；

　　　Δp_N——除尘器阻力，Pa；

　　　p_d——除尘器进口截面处动压，Pa。

(4) 除尘器进口处浓度计算。可根据发尘量(S)、发尘时间(t)和进口气体流量(Q_1)，按下式估算除尘器进口气体含尘浓度(C_1)：

$$C_1 = S/(tQ_1) \qquad (5-13)$$

(5) 除尘效率计算。假设本实验装置的漏风率为0，通过测定进出口气体中颗粒物浓度可通过下式计算净化效率，即：

$$\eta = \frac{C_1 - C_2}{C_1} \qquad (5-14)$$

式中　C_2——除尘器出口气体含尘浓度，g/m³。

(6) 除尘器负荷适应系数计算。负荷适应系数分高负荷和低负荷两种：

$$\varepsilon_g = \frac{\eta_g}{\eta}, \varepsilon_d = \frac{\eta_d}{\eta} \qquad (5-15)$$

式中　ε_g，ε_d——高负荷和低负荷适应系数；

　　　η——额定风量下的除尘效率，%；

　　　η_g——风量为额定风量得1.1倍时的除尘效率，%；

　　　η_d——风量为额定风量得0.7倍时得除尘效率，%。

2) 旋风式除尘器

旋风式除尘装置如图5-10所示，其主要由自动粉尘加料装置、旋风除尘器、引风机及数据采集系统组成。

(1) 处理气体量的测定。采用动压法测定处理气体量，测得除尘器进、出口管道中气体动压后，气速可按下式计算：

$$v_1 = \sqrt{\frac{2p_{v1}}{\rho_g}}, v_2 = \sqrt{\frac{2p_{v_2}}{\rho_g}} \qquad (5-16)$$

式中　v_1，v_2——除尘器进、出口管道气速，m/s；

　　　p_{v_1}，p_{v_2}——除尘器进、出口管道断面平均动压，Pa；

　　　ρ_g——气体密度，kg/m³。

除尘器进、出口管道中的气体流量 Q_1，Q_2 分别为：

$$Q_1 = F_1 v_1, \ Q_2 = F_2 v_2 \qquad (5-17)$$

式中　F_1，F_2——除尘器进、出口管道断面面积，m²。

取除尘器进、出口管道中气体流量平均值作为除尘器的处理气体量 Q：

$$Q = (Q_1 + Q_2)/2 \qquad (5-18)$$

(2) 压力损失的测定和计算。除尘器压力损失(Δp)为其进、出口管道中气流的平均全压之差。当除尘器进、出口管道的断面面积相等时，则可采用其进、出口管道中气体的平均静压之差计算，即：

$$\Delta p = p_{s_1} - p_{s_2} \tag{5-19}$$

式中 p_{s_1}, p_{s_2} ——除尘器进、出口管道中气体的平均静压,Pa。

（3）除尘效率的测定和计算。除尘效率采用质量浓度法测定,即同时测出除尘器进、出口管道中气流的平均含尘浓度 C_1 和 C_2,按下式计算:

$$\eta = \frac{C_1 Q_1 - C_2 Q_2}{C_1 Q_1} \times 100\% \tag{5-20}$$

六、实验步骤

1）袋式除尘器

（1）除尘器处理风量的测定。在公共风机启动的情况下,在管道断面 A 处,利用集流器和数字微压计测定该段面的静压,并从微压计中读出静压值（p_s）,按式(5-8)计算管内的气体流量（即除尘器的处理风量）,并计算断面的平均动压值（$\bar{p}_d$）。同时,用皮托管和微压计通过动压法测定管道内气体流速并与静压法测定值比较、分析。

（2）除尘器阻力的测定。装置控制面板上的数字微压计测量给出的是 B、C 断面间的静压差（ΔH）。测量出 B、C 断面间的直管长度（l）和异形接头的尺寸,求出 B、C 断面间的沿程阻力和局部阻力,并按式(5-10)、式(5-11)计算除尘器的阻力。

实验过程中在未清灰的情况下,布袋除尘器的阻力呈逐渐加大的趋势。

（3）除尘器效率的测定。用电子天平称量发尘量（G_1）;通过转速可调的发尘装置均匀地加入发尘量（G_1）,记下发尘时间（t）,按式(5-13)计算出除尘器入口气体的含尘浓度（C_1）;通过激光测尘仪测定出口管道气体中的含尘浓度。通常烟气中烟尘浓度的测定是等动力通过滤膜或滤筒采集一定体积的烟气,称量滤膜或滤筒采样前后的质量,计算后得到烟气含尘浓度。按式(5-14)计算除尘器的全效率（η）。

改变调节阀开启程度,控制不同过滤风速（$1\sim3\mathrm{m/min}$ 中取 $3\sim4$ 点）,重复以上实验步骤,确定布袋除尘器在各种不同工况下的平均性能。

2）旋风式除尘器

（1）首先检查设备系统外况和全部电气连接线有无异常,一切正常后开始操作。

（2）打开电控箱总开关,合上触电保护开关。

（3）在风量调节阀关闭的状态下,启动电控箱面板上的主风机开关。

（4）调节风量调节开关至所需的实验风量。

（5）将一定量的粉尘加入到自动发尘装置灰斗,然后启动自动发尘装置电机,并可调节转速控制加灰速率。

（6）启动显示屏开关,读取实验系统自动采集到的风量、风速、风压、除尘效率、粉尘出、入口浓度、环境空气湿度和温度数据;也可启动打印开关,将数据输出。

（7）调节风量调节开关、发尘旋钮,进行不同处理气体量、不同发尘浓度下的实验。

（8）实验完毕后依次关闭发尘装置、主风机,并清理卸灰装置。

（9）关闭控制箱主电源,检查设备状况,实验结束。

七、实验结果处理

具体见表 5-4～表 5-7。

表 5-4 　　　　　　　　　　布袋除尘器处理风量测定结果记录表(静压法)

测定次数	p_s/p_a	流量系数	$v_1/(\text{m} \cdot \text{s}^{-1})$	F_1/m^2	$Q/(\text{m}^3 \cdot \text{h}^{-1})$
1					
2					
3					
4					

表 5-5 　　　　　　　　　　布袋除尘器处理风量测定结果记录(动压法)

测定次数	p_s/p_a	气体密度 $/(\text{kg} \cdot \text{m}^{-3})$	$v_1/(\text{m} \cdot \text{s}^{-1})$	F_1/m^2	$Q/(\text{m}^3 \cdot \text{h}^{-1})$	p_d/Pa
1						
2						
3						
4						

表 5-6 　　　　　　　　　　除尘器阻力测定结果记录表

测定次数	$\Delta H/p_a$	R_m	L/m	$\overline{p}d/p_a$	$\sum \zeta$	$\Delta p_m/p_a$	$\Delta p/p_a$	$\Delta p_N/p_a$	p_{v_1}/p_a	ζ
1										
2										
3										
4										

注:弯头 $\zeta=0.25$;直管 $\lambda/d=0.30$,$R_m=\lambda/d \cdot p_d$。

表 5-7 　　　　　　　　　　布袋除尘器效率测定结果记录表

测定次数	除尘器处理风量 $/(\text{m}^3 \cdot \text{h}^{-1})$	G_1/g	τ/s	C_1 $/(\text{g} \cdot \text{m}^{-3})$	C_2 $/(\text{g} \cdot \text{m}^{-3})$	v_f $/(\text{m} \cdot \text{min}^{-1})$	$\eta/\%$
1							
2							
3							
4							

八、预习与思考题

(1) 改变风机风量后,除尘器的阻力与除尘效率有什么关系?

(2) 灰尘粒径大小,对除尘器的除尘效率产生何种影响?

(3) 为什么本实验中采用集流器流量计测定气体流量,而不推荐采用皮托管测定气体流量?

第 6 章

矿井火灾防治

6.1 细水雾灭火性能实验

实验类型:设计性   实验学时:2

一、实验目的

通过实验,使学生了解细水雾的定义及分类,掌握细水雾灭火系统的灭火机理与灭火效果,熟知细水雾灭火系统的适用范围,了解细水雾灭火系统的类型以及细水雾不同喷嘴对灭火效果影响。

二、实验内容

(1) 不同水压下灭火时间的确定。

(2) 应用激光粒度仪测定不同喷头的粒径。

(3) 不同喷头灭火时间的确定。

该实验涉及的知识点有:① 细水雾的灭火机理;② 细水雾的灭火应用范围;③ 细水雾灭火实验中各种影响因素等。

三、仪器设备

主要仪器设备有:控制柜、水泵、水箱、激光粒度仪、密闭灭火空间等。实验系统如图 6-1 所示。

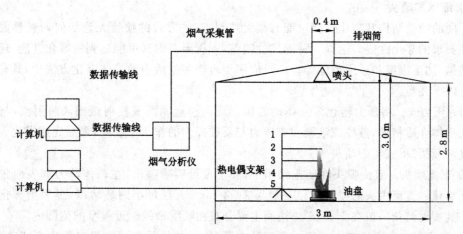

图 6-1　细水雾灭火实验系统

系统受限空间的框架属于钢结构,为了便于观察,受限空间的 4 个面装上玻璃,为了减少实验对受限空间的损害,玻璃采用钢化玻璃。烟道全部是由钢制成,直接与受限空间相连。它由集烟罩和烟囱两部分组成。集烟罩是锥形的,它用来收集在实验过程中生成的所有燃烧产物。在它的侧面打一个孔放置烟气传感器探头,用来采集烟气成分,顶部安装抽出式风机。

系统主要组成如下:

1) 管网

(1) 配水管:安装喷头的管道称为配水管管道。

(2) 干管:干管配水管可采用环状管道或树状。

(3) 供水管:供应干管用水的管道称为供水管,管道应采用防腐蚀的管材,如采用不锈钢管等。

(4) 控制阀:控制阀设在与供水管连接处的干管上,并且便于人员接近、易于检查、不冻结的地方。在水灭火系统中,能起控制供水、启动报警器的专用阀门装置,习惯上称为报警控制阀。每一喷水灭火系统至少应配备一套报警控制阀,一般由标准闸阀和专用报警阀并联而成。

2) 过滤器

为防止喷雾头被杂质堵塞,在水源进入水泵之前或水泵的出水口应设过滤,可根据水源的水质情况,选用过滤网合适的目数。在过滤器处,应设有检查、更换、排除杂质的设施。

3) 报警控制装置

报警控制装置在灭火系统中起着监测、控制、报警的作用,并能以光、电等信号显示,主要由监测器、报警器等组成。

(1) 监测器。包括水流指示器、阀门限位器、压力监测器和水位监视器等,能分别对管网内的水流、阀门的开启状态和消防水池、水箱的水位等进行监测,并能以电信号方式向报警控制器传送状态信息。

(2) 报警器。一种靠压力水驱动的撞击式警铃,当报警控制阀开启时压力水就进入水力警铃的涡轮腔,推动涡轮锤打响警铃,实现在报警控制阀开启时的报警指示。每个喷水灭火系统必须安装一套水力警铃。

4) 细水雾喷头

不同的喷嘴结构其雾化性能可能有很大差别,有些形式的喷嘴无论如何调整参数都无法达到要求的雾化性能。选择一种形式的喷嘴,不仅要考虑其可能达到的雾化性能,还要考察其结构、加工难度和适用范围等。广泛应用于生产和生活中的液体雾化方法中,具有代表性的有以下几类。

(1) 压力式。将压力转化为流体动能以形成高速运动的液柱射流或液膜射流,与周围低速的气体介质相遇,液柱或液膜在破碎力与反破碎力的作用下破碎,最后完成雾化。主要包括直流喷头、单式离心喷头等。

① 直流喷头。直流喷头在压差作用下,喷淋液经喷嘴喷出,在流体动力和表面张力的作用下雾化。直流喷头的喷嘴口径一般为 $2\sim4$ mm,直径过小则易堵塞,过大则雾化效果太差。其喷射锥角一般在 $5°\sim15°$。液滴主要分布在喷嘴轴线附近很窄的范围内。

② 单式离心喷头。离心式喷头典型的有两种:一种是具有切向进口的离心式喷头,液体经过喷头壳体上的切向孔进入离心室,然后由孔口喷出;另一种是具有涡旋器的离心喷头,液体进入螺旋槽,一边旋转一边向下做螺旋线运动,离开喷嘴后,液体微团不再受到内壁的约束,因而沿着轴线和切向运动,形成一个锥形薄膜,即所谓喷射锥。喷射锥角一般为

$60°\sim120°$。

（2）气动式。气动式又称为介质式，它是利用空气或蒸汽作为雾化介质，将喷出的液体雾化。一般为双流体喷雾型，有高压和低压两种类型。工作原理是借助于流动气体的动能将液柱或液膜吹散，破碎成液滴。

（3）旋转式。旋转式又称为转杯式，它是将液体注入一个高速旋转的杯或圆板表面上，借助于转杯高速旋转产生的离心力作用将液体均匀地甩出去，液膜破碎，从而完成雾化过程。它最主要的优点就是价格低廉并且结构简单。

（4）对冲式。利用两股高速液体射流互相冲击，或一股高速射流与金属板冲击进行雾化。

（5）振动式。借助于声波、超声波等作用，使液体振动而失稳，进行分裂雾化、破碎成小液滴的喷嘴形式统称为振动雾化喷嘴。有低频机械振动雾化喷嘴、超声振动雾化喷嘴等。由于装置比较复杂，所以一般只在实验室和地面工业中使用。

（6）气泡雾化式。气泡雾化喷头采用的方法是在喷头的出口前设置一气流管道，管的头部有一定数量的小孔。气体在很低的压力下以很低的速度进入液体场，气液压差仅使液体不回流入气管，液体流经喷口时被气泡挤压成薄膜或小碎片，小气泡从喷口出来后爆裂，这种爆裂相当于给液膜增加了扰动，促使液膜破碎成更小的液滴。

（7）静电雾化式。将液体加以高压静电，使液滴处于电场中带有电荷，电荷之间的斥力使得液膜表面积扩大，而液体的表面张力又趋于使表面积缩小，当电荷间斥力大于表面张力时，液膜破碎成小液滴。静电雾化喷头雾化效果非常好，但是流量特别小，只适合于喷涂、印刷。

（8）按照雾化方式分类。喷头按照雾化方式又可以分为撞击式水雾喷头和离心式水雾喷头。撞击式水雾喷头是通过喷嘴的直流水柱喷射到溅水盘上，靠机械力分解成很小的水珠而形成水雾。离心式水雾喷头以多股高速旋转的水流和直射水流在通过小口径喷射时，相互撞击、打碎。这些极不稳定的细水流不用溅水盘也能分解成小水珠，再从喷嘴喷射而出，形成喷雾。离心式水雾喷头还可以分为单级离心式和双级离心式。

5）配件及辅件

为了确保细水雾灭火系统的完整性及施工安装、使用维修的需要，必须配置一些部件和专用工具，它们包括电磁阀、手动启动器、管件、快开装置等。

（1）电磁阀一般用作为系统自动控制的执行元件。

（2）手动启动器凡采用自动开启的报警阀装置，必须加设手动启动器，以防自动控制失灵。手动启动器的安装处，应有醒目的标记和操作指示。

四、所需耗材

完成实验项目所用的主要耗材有煤油、水等。

五、实验原理、方法和手段

"细水雾"（water mist）是相对于"水喷雾"（water spray）的概念。所谓的细水雾，就是使用特殊喷嘴、通过高压喷水产生的水微粒。在 NFPA750 中，细水雾的定义是：在喷头最小设计工作压力下、距喷嘴 1 m 处的平面上，测得水雾最粗部分的水微粒直径 $D_{v0.99}$ 不大于 $1\,000\,\mu m$。它是用体积法表示雾滴直径的一种方法，$D_{v0.99}$ 表示直径小于 $1\,000\,\mu m$ 的体积含量为 99%。

按照喷射水雾中水微粒的大小分布,细水雾可分为 3 类,如图 6-2 所示。Ⅰ类细水雾:累积体积分数分布曲线全部位于连接 $D_{v0.1}=100\ \mu m$ 和 $D_{v0.9}=200\ \mu m$ 连线的左边,代表了最精细的水雾。Ⅱ类细水雾:累积体积分数分布曲线的一部分位于Ⅰ类喷雾界限以外,但全部在连接 $D_{v0.1}=200\ \mu m$ 和 $D_{v0.9}=400\ \mu m$ 连线的左边。这类细水雾可以通过压力喷射喷头,双相流喷头及许多冲击式喷头产生,由于有较大水滴出现,Ⅱ类细水雾更容易产生较大的流量。Ⅲ类细水雾:$D_{v0.9}$ 大于 400 μm,或者曲线任何部分超过Ⅱ类分界线的右边(但 $D_{v0.9}<1\ 000\ \mu m$),这种细水雾主要由中压、小孔口喷头、各种冲击式喷头产生的,并且它们可以得到较大流量。

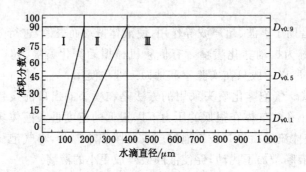

图 6-2　细水雾分类图

细水雾灭火实验主要是根据通过调节水压以及喷嘴的类型,得到不同粒径的水雾,以此来实现灭火效果。

1) 细水雾灭火原理

水由于它的高热容和高的蒸发潜热是一种重要的灭火介质。用水作为灭火剂的细水雾增加了单位体积水微粒的表面积。表面积的增大更容易进行热吸收以及冷却燃烧反应。吸收热量的水微粒容易气化,体积增大大约 1 700 倍。由于水蒸气的产生,既稀释了火焰附近氧气的浓度,窒息了燃烧反应,还起到有效地控制热辐射的作用。因此,细水雾灭火主要是通过高效率的冷却与窒息缺氧的双重作用。对于 B 类火灾,由于支持燃烧的是液体燃料蒸气,水蒸气还可以起到稀释燃油蒸气,减缓其燃烧反应的作用。

2) 细水雾灭火特点

(1) 相对于水喷淋灭火系统或常规水喷雾灭火系统

① 用水量大大降低。通常而言常规水喷雾用水量是水喷淋的 70%～90%,而细水雾灭火系统的用水量通常为常规水喷雾的 20% 以下。

② 降低了火灾损失和水渍损失。对于水喷淋系统,很多情况下由于使用大量水进行火灾扑救造成的水渍损失还要高于火灾损失。

③ 减少了火灾区域热量的传播。由于细水雾的阻隔热辐射作用,因此能有效地控制火灾蔓延。

④ 电气绝缘性能更好,可以有效扑救带电设备火灾。

⑤ 能够有效扑救低闪点的液体火灾。

(2) 相对于气体灭火系统

① 细水雾对人体无害,对环境无影响,适用于有人的场所。

② 细水雾具有很好的冷却作用,可以有效避免高温造成的结构变形,并且灭火后不会

复燃。

③ 细水雾系统的水源更容易获取,灭火的可持续能力强。

④ 可以有效降低火灾中的烟气含量及毒性。

⑤ 管道管径较小、节省管材。相对于传统的自动喷水灭火系统而言,其质量轻,可减少90％;同时,其安装费用也相应降低。

3) 影响细水雾灭火性能的主要参数

雾化锥角、雾滴动量、雾化颗粒细度、雾通量以及添加剂的添加质量分数等。

细水雾灭火系统的性能主要取决于两个能力:一个是其产生足够小的水滴的能力;另一个是将足够数量的水分布到整个空间的能力。这两种能力又受液滴大小、速度分布、冲量以及喷头几何特性等因素的影响,同时也受保护对象的几何形状和被保护空间大小等其他客观因素的影响。

细水雾不适合于用水不能扑救的物质(如过氧化钾、过氧化钠、过氧化钡、过氧化镁等过氧化物),因为这些物质遇水将发生剧烈分解反应,放出反应热,并生成氧气,这容易与某些有机物、易燃物、轻金属等因为反应速度过快而发生爆炸;细水雾也不适合于扑救遇水燃烧物质(如金属钾、钠,碳化钙、碳化铝、碳化钠、碳化钾)。

六、实验步骤

(1) 选择不同型号喷嘴。

(2) 关闭各个阀门,检查管道装置系统的密封性,使其处于密闭状态;检查热电偶连接及仪表工作是否正常。

(3) 应用激光粒度仪测定该喷嘴的粒径。

(4) 调节水泵压力。

(5) 启动水泵。

(6) 给油盘加定量的煤油将油盘放置在油盘支架上,调整并记录喷头与油盘距离。

(7) 点燃油盘火。

(8) 打开喷头控制阀,开始计时,记录灭火时间;观察火焰变化情况以及热电偶数值。

(9) 关闭喷头控制阀。

(10) 实验结束后,关闭阀门,打开放气阀门,放掉管道内有压气体。

七、实验结果处理

细水雾的释放能明显改变火羽流的流动,同时影响火焰结构。在大量的灭火实验后,通过观察和实验数据可以将细水雾的灭火过程分为 3 个阶段:初始不稳定阶段,突然的冷却阶段,逐渐冷却阶段。

(1) 找出不同水压与灭火时间的关系。

(2) 找出不同粒径喷嘴与灭火时间的关系。

八、实验注意事项

实验中,全部检查无误并明确管网系统的布置方式方可开动风机,待风机运转正常再读出所需的数据。

九、预习与思考题

(1) 细水雾的灭火机理是什么?

(2) 细水雾灭火的适用范围有哪些?

6.2 煤自燃倾向性测定

实验类型:综合性   实验学时:2

一、实验目的

(1) 了解 ZRJ-1 型煤自燃倾向性测定仪的工作原理和基本构造。

(2) 掌握利用 ZRJ-1 型煤自燃倾向性测定仪测定煤在常温常压下对流态氧的吸附特性的步骤和方法。

二、实验内容

煤自燃倾向性测定。

三、仪器设备

包括 ZRJ-1 型煤自燃倾向性测定仪(图 6-3)、氧气瓶、氮气瓶、皂膜流量计等。

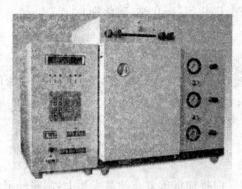

图 6-3　ZRJ-1 型煤自燃倾向性测定仪

煤自燃性测定仪主机分析单元分为吸附柱恒温箱、检测器及其恒温箱和气路控制系统 3 个部分。

1) 柱恒温箱

恒温箱为保证箱内温度均匀,选用调整风扇达到热风强制式循环的目的。

2) 热导检测器及其恒温箱

(1) 热导检测器。热导检测器是目前气相色谱法中应用最广泛的一种检测器,用于煤自燃性测定中对煤体吸氧量的测定。热导检测器的检测原理是基于载气中混有被测组分时,其热导系数发生变化,变化的差异则为热导池的敏感元件所感受。

(2) 恒温箱。热导检测器恒温箱的作用是保证热导池具有一个良好的工作环境。

3) 气路控制系统

气路流程:气路系统共有三路,即载气(第一路)、吸附气(第二路)和混合气(第三路),如图 6-4 所示。

四、所需耗材

煤样、氧气、氮气等。

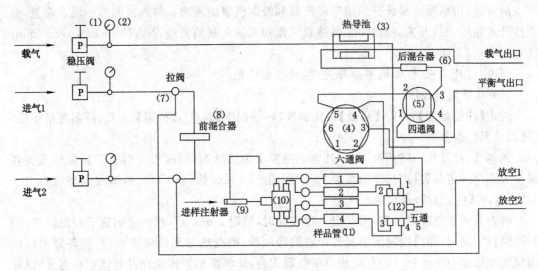

图 6-4　气路系统示意图

五、实验原理、方法和手段

煤自燃倾向性色谱吸氧测定法是基于煤在低温常压下对氧的吸附属于单分子物理吸附状态为理论基础,按朗格谬尔(Langmuir)单分子层吸附方程,用双气路流动色谱法测定煤吸附流态氧的特性,以煤在限定条件下,测定其吸氧量,以吸氧量值作为煤自燃倾向性分类主指标。

煤的自热首先是开始于吸附空气中的氧气。当煤中含有一定量的硫时,其自热不仅由煤自身吸附空气中的氧而开始的过程,而且硫化矿物的存在还会吸附空气中的氧气并分解释放热量,促进煤的自热氧化。当煤中不含或含少量硫化物时,其开始的自热过程主要表现为煤自身吸附空气中的氧气的升温氧化过程。

煤的后随的氧化过程正是开始于吸附氧以后的表面反应,煤最初的吸氧特性反映了有关煤自热的某些特性。煤吸氧特性参量主要有吸附氧量、吸附环境温度和吸附过程参量。

通过大量的试验研究表明,煤在低温常压下对氧的吸附符合朗格谬尔提出的吸附规律,在实验中应满足下述条件:① 固体表面是均匀的,也即对某一单组分的煤粒可以认为其表面是均匀的,因此将每个组分颗粒的 Langmuir 吸附值叠加,可使煤的 Langmuir 吸附从总体上符合 Langmuir 吸附规律;② 被吸附分子之间没有相互作用力;③ 吸附为单分子层吸附;④ 在一定条件下,吸附与脱附之间可以建立动态平衡。从而可以按单分子层吸附理论推导出的 Langmuir 吸附方程计算吸附量。

六、实验步骤

进行煤吸附氧含量的测定,实验中是测定氧的脱附量,其脱附值经热导检测器检测处理后直接显示或打印,脱附峰面积与脱附氧气量之间的关系可由仪器常数法标定。因此,首先应进行仪器常数测定,然后再进行煤吸附氧量的测定。

1) 仪器常数测定

(1) 样品管的连接。将 4 支已经标定体积的空样品管,分别连接 1～4 气路上,并检查无漏气。

(2) 供气及供电。打开氮气和氧气钢瓶,给定低压为 0.4 MPa。

测流速:用皂膜流量计分别测定载气氮和吸附气氧的流速。将六通阀置于脱附位置,分别打开各路的切换开关,依次测定各路载气氮和吸附气氧的流速,N_2:(30 ± 0.5) cm^3/min;O_2:(20 ± 0.5) cm^3/min。

通电:打开主机、打印机电源开关,相应指示灯亮。

(3) 选择测定条件

设定【柱箱温度】30 ℃,【衰减】1,先选择【热导温度】80 ℃,【桥温】70 ℃,待温度稳定后,按【启动】键,走基线。

调基线:打开任一路切换开关,其他三路置于关闭状态,用面板上"调零"旋钮依次将各路基线调至一定位置(离打印机零点标准线 10～20 mm 处),30 min 内基线漂移应不大于 0.3 mV,按【停止】键,停止走基线。

将六通阀置于吸附位置,同时启动秒表计时,吸附 5 min 后,将六通阀置于脱附位置,同时按【启动】键,打印机绘制谱图及打印脱附峰面积;改变热导和桥温参数值,使各路单位体积峰面积值在 200 000～230 000 积分单位范围内,此峰面积为相应样品管体积和连接管(样品管与六通阀之间以及六通阀内体积)的总体积之和。

(4) 测定步骤

① 扣除气路中的死体积。准备工作就绪后,打开第一路开关阀(测定第一路的仪器常数),其他三路关闭。六通阀置于吸附位置,吸附 5 min,关闭第一路,立即打开另一路(如第二路),同时将六通阀置于脱附位置,按【启动】键,绘制色谱峰和打印峰面积。此峰面积为仪器气路中死体积相应的峰面积,其数值仅与操作条件有关,不参与仪器常数的计算,不必记录。

② 样品管相应峰面积测定。打印结束后(注意:此时六通阀在脱附位置)立即关闭打开的第二路,打开第一路,再次按【启动】键,绘制色谱峰和打印峰面积值。此峰面积值即为相应样品管的峰面积值,也是仪器常数计算的依据。

按此方法重复测定 5～10 次,得到第一路与第二路相关的测定值,以同样的方法测定第一路和第三路、第四路相关的测定值,计算相应的平均值后求得第一路的仪器常数。其他各路仪器常数的测定方法按同样的操作测定。

③ 设定仪器常数计算的有关参数,直接得到仪器常数的测定结果。

2) 吸氧量测定

(1) 煤样预处理

① 送检煤样参照《煤层原样采取方法》(GB 402—79)及《煤样缩制方法》(GB 474—77)缩制成分析煤样(取 100 g),其余煤样封存。

② 将 100 g 分析煤样全部(注意:必须是全部)粉碎至小于 0.15 mm 粒度。应该注意的是,0.1～0.15 mm 粒级的粉煤应占总数的 65%～75%,粉碎后的煤样装入 250 mL 的广口瓶中备用。

③ 称取 4 份(1.0±0.01) g 分析煤样,分别装入 4 支样品管内,在管的两端塞以少量玻璃棉,安装在相应气路连接处。

④ 煤样水分处理:将六通阀置于脱附位置,四路开关阀全部打开,通氮气,用稳压阀将流量调至 40 cm^3/min(用皂膜流量计测量),稳定 10 min 后,启动仪器,将柱箱温度设定为 105 ℃,热导温度设为 25 ℃,待温度稳定后保持恒温(如 85 ℃),待温度稳定后开始做吸氧量测定。

（2）煤样吸氧量测定

① 测定第一路的吸氧量，关闭其他三路，六通阀置于脱附位置，通氧气，用稳压阀分别调节氦气和氧气流速，氦(30+0.5) cm³/min，氧(20+0.5) cm³/min，(用皂膜流量计测量)。

② 六通阀置于吸附位置，同时用秒表计时，吸附 20 min 后，六通阀置于脱附位置的同时按键(此时打印机已处于启动状态，基线平稳)，自动绘制谱图及打印峰面积(A_s)。

③ 按【参数】键，【参数】指示灯亮，在【参数】状态下(参数灯亮)，按数字键"8"存入实管(样品管体积加分析煤样体积与吸附氧的体积之和)相应的脱附峰面积，同时打印机打印示值为"A1×××××××"，按【参数】键，指示灯灭，退出【参数】状态(参数灯灭)。

④ 六通阀置于吸附位置，取下样品管，取出两边堵塞的玻璃棉，倒出煤样，用洗耳球吹净煤灰，将空管安装在气路上，同时将六通阀置于脱附位置。

⑤ 以同样的方法测定通过空管时氦和氧气的流速，应与实管时测定的流速相近。

⑥ 将六通阀置于吸附位置，吸附 5 min 后，再将六通阀置于脱附位置，按【启动】键，绘制谱图，打印空管脱附锋面积 A_K。

⑦ 按【参数】键，【参数】指示灯亮，在【参数】状态下，按数字键"9"，存入空管相应的脱附峰面积，同时打印机打印示值为"A1×××××××"，按【参数】键，指示灯灭，退出【参数】状态。

⑧ 吸氧量计算操作步骤。按照吸氧量测定方法，各项参数检查、设定结束后，按【运算】键，【计算】灯亮，键入数字"5"或("6"、"7"、"8"，分别为 1、2、3 路)，直接计算吸氧量和打印结果报告。

七、实验结果处理

煤自燃倾向性等级分类按《煤自燃倾向性色谱吸氧鉴定法》(MT/T 707—1997)行业标准，以每克干煤在常温(30 ℃)、常压(1.013 3×10⁴)下的吸氧量作为分类的主指标，煤自燃倾向性等级按表 6-1 和表 6-2 分类。

表 6-1　　　　　　　　　　煤自燃倾向性分类表(褐煤、烟煤)

自燃等级	自燃倾向性	常压下 30 ℃煤的吸氧量/(cm³·g⁻¹)*	备注
Ⅰ 级	容易自燃	≥0.70	
Ⅱ 级	自燃	0.40~0.70	
Ⅲ 级	不易自燃	≤0.40	

表 6-2　　　　　　　　煤自燃倾向性分类表(高硫煤、无烟煤〈含可燃挥发分〉)

自燃等级	自燃倾向性	常压下 30 ℃煤的吸氧量/(cm³·g⁻¹)*	备注
Ⅰ 级	容易自燃	≥1.00	
Ⅱ 级	自燃	0.80~1.00	
Ⅲ 级	不易自燃	≤0.80	

* 含可燃挥发分≤18.00%，"＊"为干煤。

自然发火危险程度划分：

对具体的一个矿井或煤层而言，其自然发火的危险程度不但取决于煤的自燃倾向性(煤的自燃倾向性是煤的一种自然属性，它表示煤与氧相互作用的能力。其主要影响因素有煤的变质程度、煤岩组分、煤的水分、煤的含硫量、煤的孔隙度与脆性等），而且在很大程度上还受到煤的赋存条件、开拓开采条件和漏风状况等外部条件的影响。因此，应在综合考虑上述各种因素的基础上，确定矿井自然发火的危险程度。本实验为矿井的开采提供了初步的煤的自燃倾向性等级划分，仅是防灭火工作的基础前提条件，要想进一步做好矿井的防灭火工作，防灭火工作者还必须结合实际条件提出适合本矿井的早期预测预报方法和防灭火策略。

八、实验注意事项

（1）开机时必须先通载气，后通电；停机时必须先停电，10 min 后再关闭载气，氧气可在断开电源时同时关闭。

（2）仪器在启动状态下，操作过程中，气路中任何一路无样品管时，必须将六通阀置于吸附位置。

（3）实验室环境温度保持在 15～26 ℃。

6.3　阻燃材料实验

实验类型：创新性　　　　　　　　　实验学时：2

一、实验目的及内容

（1）了解 PP 的性能特点、应用及阻燃改性方法和原理。

（2）掌握挤出机、注塑机等常用高分子材料成型设备的操作方法和使用，以及阻燃 PP 复合材料的制备工艺。

（3）掌握运用 YZS-100 型氧指数测定仪测定 PP 复合材料氧指数的基本方法，并运用氧指数评价常见材料的燃烧性能。

二、仪器设备

包括单螺杆挤出机、注塑机、高速混色机、微机控制冲击实验机、氧指数测试仪。

三、所需耗材

包括 PP，粒料；Sb_2O_3，CP；TPP，CP；KH-550，工业品；抗氧剂 1010，CP。

四、实验原理、方法

聚丙烯（polypropylene，PP）具有原料来源丰富、合成工艺简单及产品综合性能优异等特点。与其他通用热塑性塑料相比，聚丙烯具有密度小、价格低、屈服强度、拉伸强度、表面硬度等机械性能优异等特点，并且具有突出的耐应力开裂性、耐腐性和良好的化学稳定性，是最常用的通用塑料之一，广泛应用于电子、电器等领域，目前已成为塑料加工业的主要原料之一。由于聚丙烯的极限氧指数（LOI）为 18 左右，属于易燃材料，使其在电子、电器、交通等诸多领域中的应用于受到限制。因此，研制开发具有阻燃能力的聚丙烯材料一直是聚丙烯改性的研究热点之一。

1）聚丙烯的阻燃机理

聚丙烯所用阻燃剂主要分为无机化合物、有机化合物两大类。无机化合物主要包括：氧化锑、水合氧化铝、氢氧化镁、硼化合物；有机化合物主要包括：有机卤化物（约占 31%），有机磷化物（约 22%）。按使用方法可分为添加型阻燃剂和反应型阻燃剂。添加型阻燃剂主要包括:有机卤化物、磷化物、无机化合物。

不同的阻燃剂可起到不同的阻燃作用,它们能使燃烧的五个阶段中某一个或某几个阶段的速度加以抑制,最好能让燃烧在萌芽状态就被制止,即截断某一阶段来源或中断连锁反应,停止游离基的产生。

阻燃机理包括:保护膜机理、不燃性气体机理、冷却机理、终止;连锁反应机理、协同作用体系。阻燃剂的复配是利用阻燃剂之间的相互作用,从而提高阻燃效能,称为协同作用体系。

2) 聚丙烯阻燃协效体系

常用的协同作用体系有锑-卤体系,磷卤体系,磷-氮体系。

(1) 锑-卤体系。锑常用的是 Sb_2O_3,卤化物常用的是有机卤化物。Sb_2O_3 和有机卤化物一起使用。能发挥阻燃作用,其机理为:锑与卤化物放出的卤化氢作用,生成 SbOCl,然后 SbOCl 热分解产生 $SbCl_3$。

(2) 磷卤体系。磷与卤素共存于阻燃体系中并存在着相互作用。例如,将磷化物和溴代多元醇用作聚氨酯泡沫的阻燃剂,研究其阻燃效能(OI 值)及焦炭生成量与磷、溴含量之间的关系发现,阻燃剂中磷几乎转入到焦炭中,而且溴也转入到焦炭中,两者都促使焦炭生成量的提高;研究还发现 300 ℃以下生成的焦炭中,磷原子和溴原子比例为 1∶1,在 500 ℃下生成焦炭中,它们的比例为 1∶2.5~3.0,表明磷和卤素间有着特殊的相互作用。当采用芳香族溴化物时,这种作用消失。

(3) 磷-氮体系。磷阻燃剂中加入含氮化合物后,常可减少磷阻燃剂用量,说明两者结合使用效果更好。例如,用磷酸和尿素将棉织物进行磷酸化,这是一种较早的棉织物阻燃处理方法,它们的结合降低了磷酸用量。用 N-羟甲基二烷基膦丙酰胺处理儿童睡衣,用磷酸铵处理木材、纸、棉纤维,都可以起到阻燃作用。

(4) 膨胀型阻燃剂。由磷系、氮系及无机物组成的复合阻燃体系,具有阻燃效果好、燃烧时无滴落物、发烟少、无有毒气体、抑烟、不影响塑料原有性能等特性。在受热时,在塑料表面可形成均匀的炭质泡沫层,起到隔绝热量及氧气的作用。一般由炭源、酸源、气源 3 部分组成。炭源:含碳量比较高的多羟基化合物及潭水化合物,如淀粉、季戊四醇、多羟基树脂等;酸源:一般为无机酸或加热时生成无机酸的一些化合物,如无机酸、磷酸铵盐 APP,磷酸酯等;气源:发泡剂。

3) 聚丙烯阻燃剂体系分类

对聚丙烯进行阻燃研究,必须首先考虑以下的 4 个基本因素:① 阻燃剂在经久不息的加工温度下必须是热稳定的;② 阻燃剂不能与聚丙烯发生反应,但又必须与聚丙烯很好地相容,不能有析出和迁移效应;③ 阻燃剂必须能够长久的保持其阻燃作用;④ 阻燃剂不应有毒,燃烧时不产生毒性和腐蚀性气体。为此,对聚丙烯的阻燃研究,前人开展了大量的研究,并逐渐形成以下几种体系。

(1) 含卤阻燃剂聚丙烯阻燃体系。含卤阻燃剂是目前世界上产量最大的有机阻燃剂之一,含卤阻燃剂以其添加量低,阻燃效果明显,并且价格适中,从而受到重视含卤体系对聚丙烯有较好的阻燃效果。但是,含卤阻燃体系燃烧时发烟量大,易产生腐蚀性气体及大量的烟雾,在火灾中会妨碍人员疏散和灭火工作,腐蚀性气体引起的金属腐蚀,给火灾后的恢复工作带来困难;其次是含卤阻燃剂会降低聚合物对紫外光的稳定性。近几年,减少阻燃材料燃烧时生成的烟量及有毒气体量,已成为当代阻燃剂研究开发最为活跃的领域之一。在北美、西欧,一些国家已经制定了有关这方面的法规。

(2) 无机填料型阻燃剂聚丙烯阻燃体系。这是一类无卤阻燃剂,具有安全性高、抑烟、无毒、价廉等优点,在聚丙烯的阻燃中具有重要地位。主要是氢氧化铝、氢氧化镁、硼酸锌和红磷等。氢氧化铝、氢氧化镁在受热时发生吸热的脱水反应,产生的水又可以起到稀释和降温作用。硼酸锌在火焰作用下熔化形成玻璃态的包覆层,随后在高温下(290 ℃)脱水,起到吸热降温的作用。同时,它能促进炭化和抑制烟的发生,从而发挥阻燃作用。硼酸锌常作为阻燃增效剂与其他阻燃剂并用。红磷主要用于阻燃热固性树脂,也可用于阻燃聚丙烯。它具有廉价、阻燃效果好、添加量少等优点,但也存在吸湿、带色、与树脂相容性差、易为冲击所引燃等缺点。使用无机阻燃剂的缺点是添加量大(一般在 60%～160%),对材料的机械性能和电学性能影响较大,而且燃烧时产生溶滴。为解决这一难题,一般采用微粒化、表面改性和协同效应等方法。

(3) 含磷阻燃剂的聚丙烯阻燃体系。常用的磷系阻燃剂可分为有机磷系阻燃剂和无机磷系阻燃剂,通常有机磷系阻燃剂有磷酸三苯酯、磷酸三甲苯酯、磷酸三(二甲苯)酯等。有机磷系阻燃剂对材料的性能影响比较小,与聚合物材料有良好的相容性,但使用过程中存在着渗出性大、易于水解和热稳定性差等缺点,对其使用带来限制。

(4) 含氮阻燃剂的聚丙烯阻燃体系。人们对阻燃材料低烟、低毒的要求使氮系阻燃剂以其优异的阻燃综合性能日益受到青睐。氮系阻燃剂主要有三聚氰胺、三聚氰胺氰脲酸盐、三聚氰胺磷(膦)酸盐、三聚氰胺焦磷酸盐等。氮系阻燃剂是通过分解时的吸热效应和释放不燃性气体(NH_3)的稀释作用来实现阻燃效果的。但是,单独使用氮系阻燃剂阻燃聚丙烯效果不佳,这是由于成炭效果不好导致固相阻燃效果不大。人们把这类阻燃剂与含磷阻燃剂结合使用,即组成膨胀型阻燃体系,其阻燃效果很好。

(5) 含硅阻燃剂的聚丙烯阻燃体系。作为一种无卤阻燃剂,硅系阻燃剂正日益得到业内人士的重视。实际上,有机硅化合物作为偶联剂在聚合物阻燃工艺中一直起着举足轻重的作用。有机硅兼有有机材料及无机材料的双重优点,具有防潮、憎水、电气绝缘、耐高低温、化学稳定性强、消泡、脱模及生理惰性等性能。用硅阻燃剂阻燃聚丙烯,不仅可以改善材料的阻燃抑烟性,而且可以提高材料的力学性能和电气性能。美国 GE 研制的 SFR-100 硅阻燃剂,配以适当的协同添加剂(如硬脂酸镁、聚磷酸铵、季戊四醇或氢氧化铝),从而以较低的添加量满足聚烯烃阻燃和抑烟的要求。

(6) 膨胀型阻燃聚丙烯体系。在众多的阻燃体系,近年来发展起来的膨胀型阻燃体系异军突起,也是近期阻燃剂领域的研究热点。膨胀型阻燃体系在燃烧过程中,因材料表面生成一层蓬松、多孔的炭层而具有隔热、隔氧、抑烟,并且无熔滴生成的特点,所以非常适合于聚丙烯的阻燃。

目前,世界上对材料阻燃的要求在日益提高,一些西欧国家以及美国等发达国家已制定了严格的阻燃法规,不仅对建筑、装饰、衣物等制品的阻燃要求很高,对发烟量、毒性也有严格的要求。这给膨胀型阻燃剂的发展提供了良好的机遇,也被认为是实现阻燃剂无卤化很有希望的一种途径。但是,这类阻燃剂的效率还不能满足使用要求,其阻燃功效仍需要提高,其阻燃的物理和化学过程的详细机理更有待进一步的研究。

五、实验步骤

1) 实验配方

实验配方见表 6-3。

表 6-3   实验配方

组分	份数	用量
PP 树脂	100	
TPP(磷酸三苯酯)	10~20	
抗氧剂-1010	1~2	

2)按配方称量好聚丙烯树脂及助剂,经混色机高速混合,也可采用手工混合,螺杆挤出机挤出,造粒,再用注塑机注射成型标准检测试样。

3)按相应国标法检测其性能。氧指数性能按 GB/T 2406—1993 测试,阻燃性能按 GB/T 2408—1996 测试。

六、实验结果记录及处理

具体见表 6-4~表 6-6。

表 6-4   PP 阻燃材料缺口冲击强度测定记录

实验次数	1	2	3	4	5	6	7	8	9	10
冲击强度/$(kJ \cdot m^{-2})$										

表 6-5   PP 阻燃材料氧指数测定记录

实验次数	1	2	3	4	5	6	7	8	9	10
氧浓度/%										
燃烧时间/s										
燃烧结果										

注:第五行的燃烧结果表示判断氧是否过量,氧过量记"×",氧不足记"○"。

表 6-6   PP 阻燃材料性能测定

材料	纯 PP 塑料	PP 阻燃材料
阻燃性(氧指数)		
冲击强度/$(kJ \cdot m^{-2})$		

七、实验报告要求

(1)写出实验目的、原理、内容、步骤。

(2)记录实验数据并进行处理。

(3)材料性能评价:评价阻燃改性前后效果变化。

八、实验注意事项

(1)使用挤出机、注塑机时要按规程操作,以防不规范操作带来的危险。

(2)制作试样数量 10 个,收集好,待测性能。

(3)同组成员之间要分工合作,确保按时完成实验。

九、预习与思考题

(1)聚丙烯塑料的性能特点是什么?

（2）聚丙烯阻燃机理是什么？

（3）聚丙烯常用的阻燃剂有哪些？阻燃剂选择注意事项是什么？

6.4 瓦斯爆炸演示实验

实验类型：演示性　　　　　　　　　　　　实验学时：1

一、实验目的及内容

了解瓦斯爆炸过程，知道煤矿瓦斯爆炸的危害。

二、仪器设备

仪器设备主要有瓦斯爆炸智能演示装置（图 6-5），高压瓦斯气瓶（含瓦斯）。

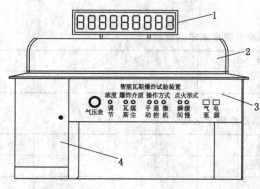

图 6-5　智能瓦斯爆炸演示装置示意图及外观

1—显示屏；2—模拟巷道；3—控制面板；4—工具箱

瓦斯爆炸演示可采用智能瓦斯爆炸演示装置，由模拟巷道、大数码显示屏、瓦斯浓度调节系统和手控、遥控、微机控制系统等部分组成。该装置具有以下功能：① 在模拟瓦斯爆炸实验时，可直接通过大屏幕显示器，将瓦斯爆炸的 3 个条件同时显示出来；② 点爆瓦斯的方式有瞬间点火和缓慢点火两种可供选择；③ 设有语音解说；④ 操作形式有手动、遥控和微机控制 3 种方式，可独立使用；⑤ 有闭锁开关，可保证操作安全。通过声光控制系统真实体现出瓦斯煤尘爆炸危害及其强大破坏力。

三、所需耗材

高浓度瓦斯。

四、实验原理、方法和手段

矿井瓦斯的成分主要有 CH_4、CO_2、O_2、CO、H_2S，CO_2 和 N_2 等，且以 CH_4 为主。

瓦斯爆炸是一种热-链式反应（又称为链锁反应）。当爆炸混合物吸收一定能量（通常是引火源给予的热能）后，反应分子的链即行断裂，离解成两个或两个以上的游离基（又称为自由基）。这类游离基具有很大的化学活性，成为反应连续进行的活化中心。在适合的条件下，每一个游离基又可以进一步分解，再产生两个或两个以上的游离基。这样循环不已，游离基越来越多，化学反应速度也越来越快，最后就可以发展为燃烧或爆炸式的氧化反应。所以，瓦斯爆炸就其本质来说，它是一定浓度的甲烷和空气中的氧气在一定温度作用下产生的激烈氧化反应。

瓦斯爆炸的条件：一定浓度的瓦斯、高温火源的存在和充足的氧气。

其化学方程式为：

$$CH_4 + 2O_2 \longrightarrow CO_2 + 2H_2O$$

（1）瓦斯（甲烷）浓度：瓦斯（甲烷）爆炸有一定的浓度范围，我们把在空气中瓦斯遇火后能引起爆炸的浓度范围称为瓦斯爆炸界限。瓦斯爆炸界限为 5% ~ 16%。

当瓦斯浓度低于 5% 时，遇火不爆炸，但能在火焰外围形成燃烧层，当瓦斯浓度为 9.5% 时，其爆炸威力最大（氧和瓦斯完全反应）；瓦斯浓度在 16% 以上时，失去其爆炸性，但在空气中遇火仍会燃烧。

瓦斯爆炸界限并不是固定不变的，它还受温度、压力以及煤尘、其他可燃性气体、惰性气体的混入等因素的影响。

（2）引火温度，即点燃瓦斯的最低温度。一般认为，瓦斯的引火温度为 650 ~ 750 ℃。但因受瓦斯的浓度、火源的性质及混合气体的压力等因素影响而变化。当瓦斯含量在 7% ~ 8% 时，最易引燃；当混合气体的压力增高时，引燃温度降低；在引火温度相同时，火源面积越大，点火时间越长，越易引燃瓦斯。

高温火源的存在，是引起瓦斯爆炸的必要条件之一。井下抽烟、电气火花、违章放炮、煤炭自燃、明火作业等都易引起瓦斯爆炸。所以，在有瓦斯的矿井中作业，必须严格遵照《煤矿安全规程》的有关规定。

（3）空气中的氧气浓度降低时，瓦斯爆炸界限随之缩小，当氧气浓度减少到 12% 以下时，瓦斯混合气体即失去爆炸性。这一性质对井下密闭的火区有很大影响，在密闭的火区内往往积存大量瓦斯，且有火源存在，但因氧的浓度低，并不会发生爆炸。如果有新鲜空气进入，氧气浓度达到 12% 以上，就有可能发生爆炸。因此，对火区应严加管理，在启封火区时更应该格外慎重，必须在火熄灭后才能启封。

瓦斯爆炸产生的高温高压，促使爆源附近的气体以极大的速度向外冲击，造成人员伤亡，破坏巷道和器材设施，扬起大量煤尘并使之参与爆炸，产生更大的破坏力。另外，爆炸后生成大量的有害气体，造成人员中毒死亡。

五、实验步骤

（1）将仪器各部分正确连接，插上电源开关，进行校准与调试。

（2）将模拟巷道两端用一层普通的报纸密封压紧。

（3）打开控制面板上"气泵"开关，使瓦斯袋内瓦斯充入模拟巷道，观察"气压表"至数值上升到 0.2 MPa。

（4）按下"瞬爆"按钮，面板上瞬爆灯亮，并倒计时，显示由"5"、"4"、"3"、"2"、"1"、至"0"，点燃瓦斯起爆，通过有机玻璃可清楚地看到爆炸过程。

六、实验注意事项

（1）实验室严禁明火。

（2）实验过程中，人员禁止站立在瓦斯爆炸演示装置的模拟巷道两端。

6.5　泡沫灭火剂的配制及其性能测定

实验类型：创新性　　　　　　　实验学时：2

一、实验目的

（1）了解泡沫灭火剂的基本组成。

（2）掌握泡沫灭火剂的配制方法。

（3）熟悉泡沫灭火剂性能的测定方法及其在防灭火中的应用。

二、实验内容

（1）复合发泡剂的配制。

（2）泡沫灭火剂在防灭火中的应用。

三、仪器设备

泡沫灭火系统（图 6-6）、电子天平、烧杯、量筒、塑料桶、发泡机、油池、秒表。

图 6-6　泡沫灭火系统

四、所需耗材

化学合成发泡剂、蛋白发泡剂、煤油、95％酒精、火柴、增黏剂及自来水等。

五、实验原理、方法和手段

1）泡沫灭火剂

泡沫灭火剂是用表面活性剂、稳定剂、增黏剂等成分按一定的比例进行混合，而得到的一种主要用于熄灭油类火灾的高性能灭火剂。

表面活性剂是配制复合发泡剂的主要成分，可分为动物性表面活性剂、植物性表面活性剂和合成表面活性剂等。稳定剂是提高泡沫稳定性的成分。增黏剂是调节复合发泡剂黏度的成分，通过对黏度的调节，达到提高泡沫性能的目的。

2）泡沫灭火剂的性质

（1）发泡倍数：高性能的发泡剂还要具有高的发泡倍数。发泡倍数越高，对火区的覆盖、隔绝空气的效果越好。

（2）稳定性：由泡沫灭火剂所制取的泡沫，液膜坚韧，机械强度高，不易被挤压变形或破灭。稳定性好的泡沫，不易形成连通孔，防灭火效果好。通常用 25％析液时间来表示泡沫灭火剂的稳定性。

3）泡沫灭火剂灭火原理

（1）由于泡沫中充填大量气体,其相对密度小,可漂浮于液体的表面,或者附着于一般可燃固体表面,形成一个泡沫覆盖层,使燃烧物表面与空气隔绝,同时阻断了火焰的辐射热,起到隔离和窒息作用。

（2）泡沫析出的水和其他液体有冷却作用。

（3）泡沫受热蒸发产生的水蒸气可降低燃烧物附近的氧气浓度。

4）泡沫灭火剂适用范围

泡沫灭火剂主要用于扑救各种不溶于水的可燃、易燃液体如石油产品等的火灾,也可用来扑救木材、纤维、橡胶等固体的火灾。高倍数泡沫可有些特殊用途,如扑救船舶火灾、矿井火灾、消除放射性污染等。由于泡沫灭火剂中含一定量的水,所以不能用来扑救带电设备及忌水性物质引起的火灾。

六、实验步骤

1）复合发泡剂配制

按表 6-7 中给定的比例,用电子天平分别称取各成分,混合均匀,即得复合发泡剂。

表 6-7　　　　　　　　　　　复合发泡剂配方(质量比)

成分	AES	P6/%	增黏剂	稳定剂	水
参考配方	1.0	0.5	5.0	0.25	100
自拟配方					

2）泡沫灭火剂的性能测定

（1）发泡剂发泡倍数的测定。首先称量空量筒的质量,然后把量筒中盛满泡沫,筒口刮平后,称量盛有泡沫的量筒的质量,分别读取泡沫消失前后泡沫体和析出液的体积,计算发泡倍数。

$$发泡倍数 = \frac{泡沫体体积}{析出液体积} = \frac{泡沫体体积}{\dfrac{析出液(泡沫体)质量}{析出液密度}}$$

（2）25% 析液时间的测定。量取一定体积的泡沫,用台秤称量其质量(泡沫质量＝盛有泡沫的量筒质量－空量筒质量),根据发泡液的密度(约 1 g/cm³)计算 25% 析液体积,然后用秒表测定其析液体积(即质量)为 25% 时的时间,即为 25% 的析液时间。

$$25\%析液体积 = \frac{泡沫体(发泡液)质量}{4 \times 发泡液密度}$$

（3）灭火性能测定。用自配的发泡剂做熄灭煤油池火的实验,观察灭火过程,并记录灭火时间,分析灭火效果。

七、实验结果处理

1）灭火剂配方(表 6-8)

表 6-8 合发泡剂配方(质量比)

成分	AES	P6/%	增黏剂	稳定剂	水
配方 1	1.0	0.5	5.0	0.25	100
配方 2					

2）泡沫灭火剂的性能测定（表 6-9）

表 6-9 泡沫灭火剂的性能测定

序号	发泡倍数/倍	25%析液时间/min	灭火时间/min
1			
2			

注:发泡倍数为 15~25 倍;25%析液时间为 6 分 30 秒至 7 分 30 秒;灭火时间为 6~11 s。

八、实验注意事项

（1）实验时,应相互配合,并注意安全。

（2）灭火实验时,调节好泡沫灭火器以后,才能进行点火、灭火实验。

（3）灭火实验时,应把泡沫喷向火焰的根部。

九、预习与思考题

（1）泡沫灭火剂有哪些成分组成?

（2）AES 在泡沫灭火剂中的作用?

（3）泡沫灭火剂灭火原理是什么?

（4）泡沫灭火剂的使用范围。

十、实验报告要求

（1）实验报告应包括试样的名称、密度、规格、种类、生产日期、生产厂家。

（2）实验用燃料和燃料的类型。

（3）实验现象的详细记录:燃烧、发泡倍数、25%析液时间、灭火时间等。

6.6 无氨凝胶制备与胶凝特性测定

实验类型:创新性 实验学时:2

一、实验目的

通过实验使学生了解无氨凝胶的制备方法、基本特征及其在防灭火工程中的应用。通过本实验,使学生达到以下学习目的:

（1）了解无氨凝胶的基本组成。

（2）熟悉无氨凝胶的制备方法。

（3）了解无氨凝胶的胶凝特性。

（4）掌握无氨凝胶的防灭火原理。

二、实验内容

1）凝胶的制备及其成胶时间的测定

把 Lewis 酸与保水剂以一定的质量比制成复合胶凝剂，分别取一定质量分数的水玻璃与复合胶凝剂混合，搅拌均匀后，静置一段时间后，即生成凝胶，用电子秒表测定复合凝胶的成胶时间。

2）温度对凝胶成胶时间影响

分别取一定质量分数的水玻璃和胶凝剂，加水后分别制成水玻璃溶液和胶凝剂溶液，放入恒定在某一温度下的干燥箱或恒温水浴中，加热若干小时。当各溶液温度达到指定温度时，进行凝胶的成胶实验，测得各温度下的成胶时间，并分析温度与复合凝胶成胶时间的关系。

3）普通凝胶与复合凝胶热稳定性的比较

取一定质量分数的水玻璃和促凝剂，分别制成同规格无氨凝胶若干，分别放入同规格的不锈钢圆盘内，然后放入干燥箱内，测定不同温度下不同加热时间的凝胶失水率。

三、仪器设备

电子天平、数显鼓风干燥箱、电子秒表、烧杯、量筒等。

四、所需耗材

水玻璃（模数 3.0，密度 1.40 g/cm³）、Lewis 酸促凝剂、保水剂。

五、实验原理、方法和手段

凝胶防灭火技术是一项新型的防灭火技术，利用该项技术能及时有效地防治矿井煤层自燃火灾，它具有灭火速度快、安全性好、火区复燃性低、工艺简单等特点。现在常用的防灭火凝胶多生成氨气，或者所使用的酸性或碱性促凝剂对设备和人体皮肤具有一定的腐蚀性，选择无氨盐类促凝剂是最佳选择。通过改变水玻璃和复合胶凝剂的浓度，优化制备方法，研究该凝胶的使用环境，并根据 Lewis 酸碱电子理论及胶体化学理论，对该凝胶的成胶机制和热稳定特性进行研究。

1）无氨凝胶的制备

水玻璃由碱金属硅酸盐组成，其化学式为 $R_2O \cdot nSiO_2$，按照碱金属氧化物种类分钾水玻璃（$K_2O \cdot nSiO_2$）、钠水玻璃（$Na_2O \cdot nSiO_2$）和钾钠水玻璃（$K \cdot NaO \cdot nSiO_2$），其中最常用的是钠水玻璃。它是一种无色或灰色的黏稠液体，具有很好的胶结能力，波美度和模数是水玻璃的两个重要参数。

水玻璃溶液的浓度用波美度（Be'）表示：

$$Be' = 145 - 145/\rho \tag{6-1}$$

式中　ρ——水玻璃的密度。

水玻璃的密度越大，波美度就越大，目前，绝大多数水玻璃波美度的变化范围是 0～145。

水玻璃模数（M）计算公式为：

$$M = w_{SiO_2} / w_{Na_2O} \times 1.032\ 3 \tag{6-2}$$

$Na_2O \cdot nSiO_2$ 是强碱弱酸盐，其水溶液会发生水解而呈碱性：

$$Na_2O \cdot nSiO_2 + H_2O \Longrightarrow 2NaHSiO_3 + (n-2)SiO_2$$

$$NaHSiO_3 + H_2O \Longrightarrow NaOH + H_2SiO_3$$

水玻璃溶液的酸碱性与它的模数有关,其 M 值与 pH 值成反比,一般 $M<3$ 称为碱性水玻璃,$M>3$ 称为中性水玻璃。SiO_2 是形成无氨凝胶的主要有用物质,其含量越高,水玻璃的性能价格比就越高。所以,选用波美度为 $36\sim45$,模数 $M>3$ 的中性水玻璃最适合用作矿井防灭火无氨凝胶的基料,水玻璃的组成和物性参数见表 6-10。

表 6-10　　　　　　　　水玻璃组分和物性参数

w_{Na_2O}/%	w_{SiO_2}/%	密度/(g·cm^{-3})	Be'	M
9.93	31.74	1.41	42.16	3.3

化学反应速率与温度有着密切的关系,因而温度对凝胶的成胶时间有重要的影响。根据阿累尼乌斯定律可知:

$$k = A\exp(-E/RT) \tag{6-3}$$

式中　k——反应的速率系数;

　　　A——指前因子;

　　　E——反应的活化能,kJ/mol;

　　　T——反应系统的温度,K;

　　　R——气体常数,J/(mol·K)。

凝胶的成胶过程是复杂的化学反应过程,随着温度的升高,分子热运动速率加快,溶液中的分子碰撞频率增加。

2) 无氨凝胶的胶凝特性

凝胶在高温下容易失水干缩,因此降低凝胶的失水率,提高防灭火效果,增加凝胶的热稳定性是非常重要的。凝胶的热稳定性可用凝胶的失水率(v)表示:

$$v = \frac{m_q - m_h}{m_q} \times 100\% \tag{6-4}$$

式中　m_q——凝胶的起始质量,g;

　　　m_h——凝胶在某一时刻的质量,g。

凝胶的失水率是衡量其防灭火性能的重要指标。虽然普通凝胶的失水率较高,对早期的降温效果和防火性能明显,但后期便失去了原有的防灭火性能。也就是说,失水速率高的凝胶的防火持久性较差。

六、实验步骤

1) 凝胶的制备及成胶时间的测定

首先把 Lewis 酸与保水剂以 2:3 质量比制成复合胶凝剂,然后分别取质量分数为 7% 和 8% 的水玻璃与质量分数为 6%、8% 和 10% 的复合胶凝剂,进行交叉反应实验,用电子秒表测定不同质量分数的复合凝胶的成胶时间。

2) 温度对凝胶成胶时间影响

凝胶的成胶过程是复杂的化学反应过程,随着温度的升高,分子热运动速率加快,溶液中的分子碰撞频率增加。根据阿累尼乌斯定律可知,化学反应速率与温度有着密切的关系,因而温度对凝胶的成胶时间有重要的影响。

取质量分数为 8% 的水玻璃,质量分数分别为 6%、8% 和 10% 的胶凝剂,加水后分别制成水玻璃溶液和胶凝剂溶液,放入干燥箱在 50 ℃和 75 ℃温度下预热 0.5 h。当各溶液温度达到指定温度时,进行凝胶的成胶实验,测得各温度下的成胶时间,并分析温度与复合凝胶成胶时间的关系。

3) 普通凝胶与复合凝胶热稳定性的比较

普通凝胶热稳定性的测定:取质量分数为 8%水玻璃和质量分数为 8%促凝剂,分别制成同规格无氨凝胶若干,分别放入直径为 180 mm,高度为 16 mm 的不锈钢圆盘内,然后放入干燥箱内。分别在 40 ℃和 50 ℃温度下,测定 1 h 内凝胶的失水率。

复合凝胶热稳定性的测定:取质量分数为 8%水玻璃和质量分数为 8%复合胶凝剂,分别制成同规格无氨凝胶若干,分别放入不锈钢圆盘内,然后放入干燥箱内。分别在 40 ℃和 50 ℃温度下,测定 1 h 内凝胶的失水率。

七、实验结果处理

1) 凝胶的制备及成胶时间的测定(表 6-11)

表 6-11   凝胶的制备及成胶时间

水玻璃质量分数/%	7			8		
复合胶凝剂质量分数/%	6	8	10	6	8	10
凝胶成胶时间/min						

2) 温度对凝胶成胶时间影响(表 6-12)

表 6-12   温度对凝胶成胶时间影响

水玻璃质量分数%	8					
复合胶凝剂质量分数/%	6		8		10	
预热温度/℃	50	75	50	75	50	75
凝胶成胶时间/min						

3) 普通凝胶与复合凝胶热稳定性的比较(表 6-13)

表 6-13   普通凝胶与复合凝胶热稳定性的比较

水玻璃质量分数/%	8			
胶凝剂质量分数/%	8(普通)		8(复合)	
预热温度/℃	40	50	40	50
1 h 凝胶失水率/%				

八、实验注意事项

(1) 每次实验前,实验仪器必须清洗干净。

（2）实验结束后，应把仪器清洗干净，剩余试样应放到教师指定的地方，不要乱丢乱放。

（3）实验结束后，把实验室卫生打扫干净，实验老师检查认可后才能离开实验室。

九、预习与思考题

（1）有氨凝胶和无氨凝胶的生成机制有什么样的区别？

（2）凝胶的防灭火机理是什么？在煤自燃火灾防治中有哪些应用？

（3）如何检验凝胶的热稳定性？

第7章
矿山安全检测与监控技术

7.1 矿井气候条件和有害气体浓度的测定

实验类型:综合性　　　　　　　　实验学时:2

一、实验目的

(1) 学习并掌握矿井气候条件含义及测定方法。

(2) 学习并掌握检定管法测空气中有害气体浓度的原理和方法。

二、实验内容

(1) 学习比长式检定管的原理,掌握其测定方法。

(2) 了解唧筒的构造,掌握其使用方法。

(3) 学习空盒气压计、干湿球温度计等测定气候条件常用仪表的原理、构造,掌握其使用方法。

(4) 掌握空气密度和卡他度的测算方法。

三、仪器设备

空盒气压计、干湿球温度计、卡他温度计、唧筒、秒表、热水瓶等。

1) 卡他温度计

人体的感觉受着温度、湿度和风速多种因素的综合影响。

气候条件是空气的温度、湿度和风速三者的综合结果。单独用某一因素来评价环境气候条件优劣是不够的,必须测出其综合结果。一般多用卡他温度计来评价劳动条件的舒适程度,即作业环境的优劣状况。人体较舒适的卡他度及不同卡他度下人的感受分别见表 7-1 和表 7-2。

表 7-1　　　　　　　　劳动状况与人体较舒适的卡他度关系

卡他度　　　劳动状况	轻度劳动	中等劳动	繁重劳动
干卡他度	>6	>8	>10
湿卡他度	>18	>25	>30

表 7-2   不同卡他度下人的感受

热感觉	卡他度	
	干卡他度	湿卡他度
很热	3	10
热	3～4	10～12
令人愉快	4～6	12～18
凉爽	8～9.5	18～20
冷	>9.5	>20

卡他温度计(图 7-1)是一种模拟人体表面在空气温度、湿度及风速综合作用下散热情况的仪器。它的下端为长圆形储液球,长约 40 mm,直径为 16 mm,表面积为 22.6 cm²,内储有色酒精,中部刻有 38 ℃和 35 ℃两个刻度,其平均值为 36.5 ℃,恰似人体温度。卡他温度计上端有长圆形的空间,以便在测定时容纳上升的酒精,其全长 200 mm。

卡他计分为干卡他计和湿卡他计两种。前者只能测出对流和辐射下的散热效果;后者是在卡他计的储液球上包裹上湿纱布,能测出对流,辐射和蒸发的综合散热效果。

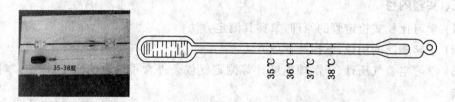

图 7-1   卡他温度计外观及示意图

2) 检定管

检定管为装有某种检测用试剂的玻璃管,待测气体通过检定管时与该试剂发生化学反应,并呈现一定的颜色或变色长度,从而测出该气体的浓度。根据变色深浅测定浓度的叫做比色法检定管;根据变色长短测定浓度的叫做比长式检定管。煤矿常用的有 CO、CO_2、H_2S 和 SO_2 检定管。

(1) 比长式 CO 检定管。比长式 CO 检定管(图 7-2)内装发烟硫酸及硅胶,作为载体吸附 I_2O_5 的指示剂。当 CO 和 I_2O_5 接触时,CO 能使 I_2O_5 还原出游离碘,并发生如下反应:

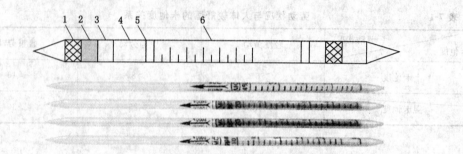

图 7-2   比长式 CO 检定管示意图及外观

1—堵塞物;2—活性炭;3—硅胶;4—消除剂;5—玻璃粉;6—指示剂

$$I_2O_5 + 5CO \xrightarrow{H_2SO_4} 5CO_2 + I_2 \uparrow \qquad (7\text{-}1)$$

碘与 SO_3 作用成棕色化合物,它的长度与通过检定管的空气中 CO 浓度成正比。根据棕色化合物的长度,由检定管的刻度上可以直接读出 CO 浓度。

(2) 比长式 H_2S 检定管。管内装有以陶瓷做载体吸附醋酸铅和氯化钡的白色指示剂。它与 H_2S 发生下列化学反应:

$$Pb(CH_3COO)_2(白色) + H_2S \longrightarrow PbS(黑色) + 2CH_3COOH \qquad (6\text{-}2)$$

加入氯化钡可生成一部分 Pb_2Cl_2S,以增加色柱长度,提高测定精度。

3) 高负压瓦斯取样器

高负压瓦斯取样器(图 7-3)与比长式检定管配套使用,唧筒可抽取被测气体样品,并均匀地送入检定管内。它由进气接头、出气接头、胶塞阀、拉杆、活塞、气筒及密封圈等部件组成。

采取气样前,应将采取器侧面进气接口与孔板流量计入口端测量嘴连接,顶端出气接口与瓦斯检定器连接。抽气时,侧面进气接头内的胶塞阀自动打开,高负压瓦斯流入气筒内。打气时,应快速推动活塞,促使顶端出气接头内芯阀打开,侧面进气接头内胶头塞阀自动关闭,瓦斯流入到高浓度瓦斯检定器中。使用前,应检查胶塞阀是否密封,若有破损漏气,应及时更换。活塞与气筒定期用凡士林油涂抹,以防锈蚀。

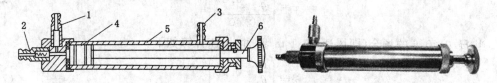

图 7-3　高负压瓦斯取样器示意图及外观
1—进气口接头;2—出气口接头;3—平衡压力接头;4—活塞;5—气筒;6—拉杆

四、所需耗材

一氧化碳检测管、硫化氢检测管、酒精。

五、实验步骤

1) 大气压测定

测定时,在测定地点将空盒气压计水平放置,并用手轻轻敲击盒面数次,消除指针的蠕动现象,待 20 min 左右可读数,读数时还需根据仪器所附检定证进行刻度、温度和补充校正。

2) 空气相对湿度测定

用风扇式湿度计测定时,用专用钥匙将小风扇的发条上紧,风扇转动,使空气以 $1.7 \sim 3.0$ m/s 的流速经过干湿温度计的水银球面周围,待 $1 \sim 2$ min,两支温度计示数稳定后即可读值计算。

3) 卡他温度计微气候状态测定

用干、湿卡他温度计分别测定室内的干、湿卡他度各 2 次,取其平均值,并测出这时的空气温度、湿度和速度,评述在该微气候状态下的自我感觉。

(1) 卡他度测定。测定时,将仪器置于测定地点,手持秒表,取干、湿卡他计各 1 支,记下各自的卡他常数 F,将卡他计下部储液器置于 $50 \sim 75$ ℃热水瓶中,使酒精液柱水气泡完全排出,酒精液面上升到上端圆柱形空间内的 1/2 或 1/3 处取出。若为干卡他温度计,则用布将仪器擦干;若为湿卡他温度计,则将下端储液器纱布内过多的水分拧掉。将仪器置于测定地点用秒表记录酒精面从 38 ℃ 下降到 35 ℃ 所需要的时间 t,可用下式计算卡他度:

$$H = \frac{F}{t} \tag{7-3}$$

式中　H——干或湿卡他度,mK/(cm² · s);

　　　F——卡他常数,其数值为温度从 38 ℃ 降至 35 ℃ 时每平方厘米储液器表面所散失的热量,mK/cm²;

　　　t——酒精液面由 38 ℃ 降至 35 ℃ 所经过的时间,s。

对于从事井下中等劳动强度的工作人员,比较舒适的干、湿卡他度分别为 8～10 mK/(cm² · s) 和 25-30 mK/(cm² · s)。

(2) 卡他温度计风速计算。根据实验结果,空气对卡他温度计的冷却与周围空气温度和流动速度有关。这样,可根据卡他温度计温包的散热量、冷却时间及周围空气的温度,按下列经验公式算出空气流速。

当 $H/\theta \leqslant 0.6$ 的场合(即风速 $v < 1$ m/s)时,风速计算如下:

$$v = \left[\frac{\frac{H}{\theta} - 0.20}{0.40}\right]^2 \tag{7-4}$$

当 $H/\theta \geqslant 0.6$ 的场合(即风速 $v > 1$ m/s)时,风速计算如下:

$$v = \left[\frac{\frac{H}{\theta} - 0.13}{0.47}\right]^2 \tag{7-5}$$

式中　H——干或湿卡他度,mK/(cm² · s);

　　　θ——卡他温度计的平均温度(为 36.5 ℃)与周围空气温度之差(36.5$-t$)。

4) 比长式检定管测定

(1) 在测定地点将开关把手置于吸气位置,并将唧筒往复推压 2～3 次,以清洗唧筒;然后将活塞杆拉出,气体试样就被抽吸在唧筒内了;最后将开关把手置于封闭位置。

(2) 将检定管两端用小锉刀切断,把进气端插入唧筒的排气口上,再将开关把手置于排气口位置,按照检定管的使用说明书对送气量和送气时间的要求,使气样流过检定管 CO 与指示胶起反应,产生棕色环。

(3) 读数,由变色环上端指示的数字直接从检定管上读出 CO 浓度($\times 10^{-6}$)。如果气样中 CO 含量超过检定管测量上限,则可以减少通气量。若通气量为 v(mL),则:

$$\text{测定结果} = \text{检定管} \times \frac{100}{v}$$

式中:100 表示为要求送气量为 100 mL 检定管。

如果气样中 CO 含量低于检定管测量下限,可增加通气次数。若通气次数为 N,则:

$$\text{测定结果} = \text{检定管读数}/N$$

六、实验结果处理

表 7-3　　　　　　　　　　卡他温度计实验测试数据及分析结果

测试数据　测试次数	卡他温度计				
	θ/K	T /s	F /(mK·cm^{-2})	H /(mK·cm^{-2}·s^{-1})	v /(m·s^{-1})
1					
2					
3					

七、实验注意事项

（1）检定管应放置在阴凉处，两端切勿碰坏。使用时，不要过早打开两端，以防影响测定效果。

（2）比长式检定管的推送时间应根据厂家标定的标准时间均匀推送。

（3）高浓度 CO 的测定。测定前，应做好测量人员的防毒措施，然后按下述方法进行测定。如果被测气体的浓度大于检定管最大刻度时，可以抽取一部分空气试样；用新鲜空气冲淡 2～10 倍；将所测结果乘以冲淡的倍数，即为所测 CO 的实际浓度。其计算式如下：

$$C_{CO_实} = 检定管指示值 \times 稀释的倍数$$

（4）微量 CO 浓度的测定。当所测 CO 浓度低于检定管最小示值时，可采用延长推送时间或连续送气（50 mL 的倍数）的方法来测定，其结果要除以时间延长的倍数（与标准时间相比）或连续送气的次数，即可得出 CO 的真实浓度值。其计算如下：

$$C_{CO_实} = 检定管指示值/时间延长的倍数或送气的次数$$

（5）测定时注意不要由于测定者挨近仪器、呼出气等影响测定结果。另外，测定时的室温也要准确测好。

（6）卡他温度计浸入热水后酒精受热上升，应注意切勿使酒精充满杆顶小球，以免爆裂。

（7）使用卡他温度计测定时，测定者应站在风向的两侧，不能挡风，否则会影响测定结果的正确性。

（8）使用完毕后，应将卡他温度计保持垂直。

八、预习与思考题

（1）测定 CO 含量时，棕色环并没有出现，或者棕色环超过检定管最大量程，请解释。

（2）如果测量环境中空气的一氧化碳浓度较大或特小，如何利用比长式检测管测定其浓度？

7.2 矿井空气中瓦斯和二氧化碳浓度的测定

实验类型:综合性　　　　　　　　　　　实验学时:2

一、实验目的

学习并掌握光学瓦斯检定器的原理、构造和使用方法。

二、实验内容

使用光学瓦斯检定器测定空气中瓦斯和二氧化碳。

三、仪器设备

光学瓦斯检定器、瓦斯储罐。

四、所需耗材

瓦斯气体。

五、实验原理、方法和手段

1) 相关概念

光学瓦斯检定器是根据光干涉这一原理而设计的,光学是物理学的一个重要组成部分。为了进一步理解光干涉的原理,首先介绍以下几个物理概念:

(1) 光的反射。光线在某种介质的界面上改变了传播方向,但仍然在原介质里传播,这种现象叫做反射。

(2) 光的折射。光线在两种介质的界面上改变了传播方向,但进入另一介质,这种现象叫做光的折射。

(3) 波的叠加。几列波在同一介质里相遇,共同激起介质的振动,改变了原来的波形,这种现象叫做波的叠加。

(4) 波的干涉。频率相等的两列波在同一介质里相遇,就会产生一种特殊的叠加现象,这种现象就叫做波的干涉。

在静水面上投一块小石子,可以清楚地看到波是一起一伏向四周传播的。如图 7-4(a)所示,凸起的部分叫做波峰;凹下去的部分叫做波谷;相邻的波峰与波峰或波谷与波谷之间的距离叫做波长。

如果在水面上投入两块小石子,在两波相互叠加的区域里,可以清楚地看到,有的起伏增加了,有的起伏减弱了,这是波峰与波峰或者波峰与波谷相遇的结果。

相互增强的现象叫做相长干涉[图 7-4(b)];相互抵消的现象叫做相消干涉[图 7-4(c)]。

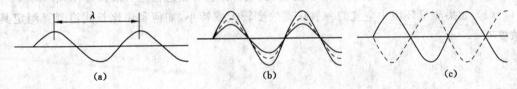

(a)　　　　　　　　　(b)　　　　　　　　　(c)

图 7-4　波的干涉

因为光既具有波动性又具有粒子性,所以光也是以波的形式传播的,不过用眼睛是看不到的。因此,当频率相等的两列光波相遇时,也会产生光的干涉现象。

光波的相长干涉使亮度提高,光波的相消干涉使亮度减弱,因此就会出现明暗相间的干涉条纹。

为了进一步说明干涉的原因,还要了解下面两个物理概念:

$$某一物质的折射率 = \frac{光在真空中的传播速度}{光在某种物质的传播速度}$$

$$光程 = 光所通过某种物质的路程 \times 光所通过的某种物质的折射率$$

如果两列光波通过路程的长短不一样,或者通过的物质不一样,或者通过的路程和物质都不同,光程也就不同,因此就产生了光程差。如果同一光源发出的两列光波有了光程差,就会产生光的干涉现象。

两列光波的光程差$=(n+1/2)\lambda$ 时(n 为整数),产生相消干涉,干涉图像呈暗条纹。

两列光波的光程差$=n\lambda$ 时,产生相长干涉,干涉条纹呈亮条纹。

光学瓦斯检定器的气室,就是根据同一光源发出的两列光波所通过的物质不同,而产生光程差的原理设计制造的。

2）干涉条纹的应用

当瓦斯室内的瓦斯浓度一定时,可以看到一组干涉条纹。如果改变瓦斯室里的瓦斯浓度,折射率发生改变,因此光程也会发生改变。这样,通过空气和瓦斯室的两列光波就发生了新的光程差,干涉条纹发生移动,根据移动量的大小便可确定瓦斯浓度。

3）构造

如图 7-5 所示,AQG-1 型瓦斯检定器的主要构造如下:

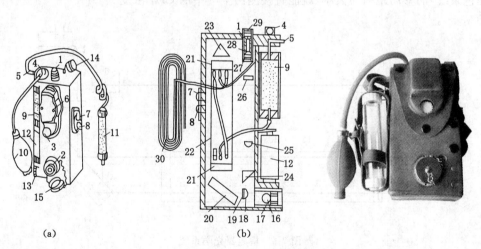

(a)   (b)

图 7-5 光学瓦斯检测器结构及外观

1—目镜;2—主调螺旋;3—微调螺旋;4—吸气孔;5—进气孔;6—微读数观测窗;
7—微读数电门;8—光源电门;9—水分吸收管;10—吸气橡皮球;11—二氧化碳吸收管;12—干电池;
19—光源盖;14—目镜盖;15—主调螺旋盖;16—灯泡;17—光栏;18—聚光镜;
19—光屏;20—平行平面镜;21—平面玻璃;22—气室;29—反射棱镜;24—折射棱镜;
25—物镜;26—测微玻璃;27—分划板;28—场镜;29—目镜保护玻璃;30—毛细管

(1)气路系统。由吸气管 4、进气管 5、水分吸收管 6、二氧化碳吸收管 11、吸气橡皮球

10、气室(包括瓦斯室和空气室)22 和毛细管 30 等组成。其主要部件的作用是:气室用于分别存储新鲜空气和含有瓦斯或二氧化碳的气体;水分吸收管内装有氯化钙(或硅胶),用于吸收混合气体中的水分,使之不进入瓦斯室,以使测定准确;毛细管外端连通大气,其作用是使测定时的空气室内的空气温度和绝对压力与被测地点(或瓦斯室内)的温度和绝对压力相同,同时又使含瓦斯的气体不能进入空气室;二氧化碳吸收管内装有颗粒直径为 2~5 mm 的钠石灰,用于吸收混合气体中的二氧化碳,以便准确地测定瓦斯浓度。

(2) 光路系统(图 7-6)。

(3) 电路系统。其功能和作用是为光路供给电源,由电池 12、灯泡 16、光源盖 13、光源电门 8 和微读数电门 7 组成。

4) 仪器工作原理

检定器根据光干涉原理制成,其光学原理如图 7-6 所示。灯泡 1 发出的一束白光,经光栅 2 和透镜 3 变成一束平行光射到平行平面镜 4 后,分成两束光线。其中,一束自平面镜的 a 点反射,经右空气室、大棱镜片和左空气室回到平行平面镜,再经镜底反射镜面的 b 点;另一束在 a 点折射进入镜底后反射出来,往返经过瓦斯室也回到平面镜,于 b 点反射后与第一束光一同进入棱镜片 6,再经 90° 反射进入望远镜。这两束光由于光程差(光程为光线通过的路程和所遇过的介质的折射率的乘积),在透镜 7 的焦点平面上就白色光特有的干涉条纹(通常称"光谱")条纹中有两条黑纹和若干条彩纹。光通过气体介质的折射率与气体密度有关,如果以空气和瓦斯室都充满新鲜空气时干涉条纹的位置为基准(即为零点),当含有 CH_4 的空气进入瓦斯室时,由于气体密度的变化,光程也随之发生变化,于是干涉条件产生位移,位移量的大小与 CH_4 浓度的高低呈线性关系。所以,根据干涉条纹中任一条纹(通常为黑色条纹)的移动距离的大小,就能直接测出空气中的 CH_4 浓度。

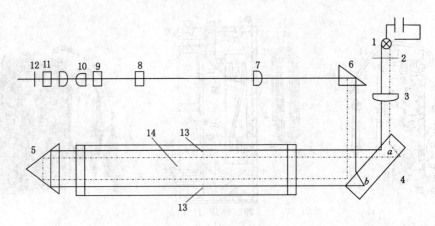

图 7-6 检定器光学系统

1—光源;2—光栅;3—透镜;4—平行平面镜;5—大棱镜版;6—棱镜版;7—物镜;
8—测微玻璃;9—分划板;10—场镜;11—目镜;12—目镜保护玻璃;13—空气室;14—瓦斯室

六、实验步骤

1) 实验前的准备工作

(1) 检查药品性能。检查水分吸收管 9 中的氯化钙(或硅胶)和外接的二氧化碳吸收管 11 中的钠石灰是否变色,若变色则失效,应打开吸收管更换新药剂。新药剂的颗粒直径要在 2~5 mm,不可过大或过小:若颗粒过大,则不能充分吸收通过气体中的水分或二氧化碳;若颗粒过小,又容易堵塞,甚至其粉末被吸入气室内。颗粒直径不合要求会影响测定的精度。

(2) 气密性检查。首先,检查吸气球是否漏气:用手捏扁吸气球,另一手掐住胶管,然后放松气球,若气球不胀起,则表明不漏气。其次,检查仪器是否漏气:将吸气胶皮管同检定器吸气孔连接,堵住进气孔,捏扁吸气球,松手后球不胀起为好。最后,检查气路是否畅通,即放开进气孔,捏放吸气球,以气球瘪起自如为好。

(3) 光路系统检查。装好电池后,按下光源电门 8,由目镜观察并转动目镜筒,调整到分划板刻度清晰时,再看干涉条纹是否清晰。如不清晰,可转动光源电门 7,由微读数观测窗看微读数电源是否接通。

2) 瓦斯浓度测定

首先,在新鲜风流中清洗瓦斯室:按压微读数电门 7,逆时针转动微调螺旋 3,将微读数调到零点,捏放橡皮球 5~6 次,使瓦斯室内充满新鲜空气;对零,按压下光源电门 8,由目镜观察干涉条纹的同时,转动主调螺旋 2,使条纹中的某一黑线正对分划板的零点,盖紧主调螺旋盖 15,就可以进行测定了。

测定时,在测定地点捏放橡皮球 5~6 次,将待测气体吸入瓦斯室,按下光源电门 8,由目镜 1 中观察黑基线的位置。如其恰与某整数刻度重合,读出该处刻度数值,即为瓦斯浓度;如果黑基线位于两个整数之间[图 7-7(b)],则应顺时针转动微调螺旋 3,使黑基线退到较小的整数位置上[图 7-7(c)],然后从微读数盘上读出小数位,整数与小数相加就是测定出的瓦斯浓度。例如,位移的整数为 2,微读数为 0.46,则 CH_4 浓度为 2.46%。

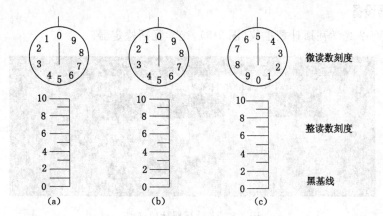

图 7-7　光学瓦斯检定器读数方法示意图

3) 二氧化碳浓度测定

在 CH_4 浓度非常低的矿井里,用瓦斯检定器可以直接测出 CO_2 的浓度。测定时,应把外吸收管去掉,测定方法与测定瓦斯完全一样,但最后读数应乘以 0.955。

若被测空气中 CO_2 和 CH_4 同时存在时,应进行两次测定。第一次取下外吸收管测出 CH_4 和 CO_2 的混合浓度;第二次把外吸收管接上测出 CH_4 的浓度,混合浓度减去 CH_4 浓度再乘以 0.955,即为 CO_2 的浓度。

七、实验注意事项

(1)干涉条纹不清。一般可旋转目镜筒改变,或者调整灯泡位置。如果干涉条纹仍不清楚,可能光学玻璃上出现水雾,为此可再加一个水分吸收管吸收水分。

（2）CH_4 浓度的读数比实际浓度有明显偏大。其原因包括：一是 CO_2 吸收管中的 $Ca(OH)_2$ 颗粒过大，空气通过时不能完全吸收 CO_2 所致；二是吸气球到气室之间有漏气现象。

（3）CH_4 浓度的读数比实际浓度偏低，其原因可能是：

① 毛细管、气室的橡皮堵头漏气，或者是气室间连接的皮管有漏气，使空气中的气体不纯，空气室和瓦斯室间的气体折射率差降低。

② 进气口和吸气球漏气、接头不严，以致吸气时部分空气直接进入瓦斯室，将瓦斯室中的瓦斯冲淡，使读数偏低。

③ 零位调整时，空气不新鲜。仪器在使用中出现漏气，应停止使用进行修理。

7.3 光学瓦斯检定器校正实验

实验类型：综合性   实验学时：2

一、实验目的
学习并掌握光学瓦斯检定器校正原理及校正方法。

二、实验内容
包括光学瓦斯检定器校正原理及校正方法。

三、仪器设备
包括 GWJ-2 光学瓦斯计校准仪（图 7-8），光学瓦斯检定器。

图 7-8 光学瓦斯计校准仪

四、实验原理、方法和手段
光学瓦斯检定器的校准方法有两种：第一种是气样法，即直接通入甲烷标准气体进行校准；第二种是气压法，用标准液体水柱压力计观察其水柱高度来检测对应的瓦斯浓度。本实验采用气压法。

五、实验步骤
（1）将"调压器"旋钮旋至中间位置，并按下"复零"按键开关。

（2）按下"电源"按钮，此时 20 kPa、100 kPa 数字表应分别显示"000"和"0000"，在此状态下预热 30 min。

（3）调零。按下"20 kPa"按键开关，20 kPa 数字表应显示"000"，否则调整 20 kPa 调零电位器,使 20 kPa 数字表显示"000";再按下"100 kPa"按键开关,100 kPa 数字表应显示"0000",否则调整 100 kPa 调零电位器,使 100 kPa 数字表显示"0000"。重复上述过程,直到显示零值为止。

(4) 检查气密性。将气堵套在压力放气输出阀上,并将压力放气输出阀上的旋钮顺时针旋紧,按下"100 kPa"按键开关和"电动加压"按钮,这时空气压缩机向系统加压,直到 100 kPa 数字表显示"5 000"为止,待显示不变后,在 1 min 内压力显示值不得下降。

(5) 取下气堵,将胶管一端套在压力放气输出阀上,另一端套在被校验的光学瓦斯检定器输入端上,逆时针旋转压力放气输出阀上的按钮,使压力系统与大气连通。

(6) 调节被校检的光学瓦斯检定器。选择合适的电源接续盒将插头插入 1.5/3 V 输出插口中,将续盒插入光学瓦斯检定器的电池座内,调节微调手轮,使零刻度与读数线对准;再调节调零手轮,使选定的基准条纹与主分度板的零刻度线对准,然后旋紧盖板。

(7) 顺时针旋紧"压力放气输出阀"旋钮,使系统与大气密封。

(8) 检查光学瓦斯检定器气密性。按下"100 kPa"按键开关和"电动加压"按钮,空气压缩机向系统加压,100 kPa 数字表的示值上升,光学瓦斯检定器的基准条文由零向右移动。当 100 kPa 数字表显示"700"时,停止加压;当 100 kPa 数字表显示过过小或过大时,可用"手旋转调压器"按钮,使其显示为"700"。待示值稳定后,1 min 内 100 kPa 数字表的示值下降量不得超过 10 Pa。

(9) 逆时针旋转压力放气输出阀的旋钮,使系统放气。

(10) 光学瓦斯检定器的示值校验。采用空气压力法校验光学瓦斯检定器是既科学又简单的方法。该方法将标准浓度换算成标准压力,换算公式如下:

$$\Delta p = 1.765(273.15 + t)x \tag{7-6}$$

式中　Δp——标准压力,Pa;

　　　t——环境温度,℃;

　　　x——CH_4 标准浓度,%。

表 7-4 列出了环境温度在 0~40 ℃时,与标准浓度 10%、30%、70%、90%CH_4 相对应的标准压力值。校验时,使校准仪的示值等于表 7-4 中所列的标准压力值,光学瓦斯检定器的示值误差等于示值与标准浓度之差。

例如:从校准仪数字温度表上读得环境温度为 20 ℃,查表 7-4 中浓度为 10%、30%、70% 和 90%CH_4 相对应的标准压力值分别为 5 170 Pa、15 520 Pa、36 220 Pa、46 570 Pa。

表 7-4　　　　　　　　　　　瓦斯标准浓度与压力对应值表

环境温度/℃ \ 标准压力值/Pa	瓦斯浓度/%			
	10	30	70	90
0	4 820	14 460	33 750	43 390
2	4 860	14 570	33 990	43 710
4	4 890	14 680	34 240	44 030
6	4 930	14 780	34 490	44 340
8	4 960	14 890	34 740	44 660
10	5 000	14 990	34 980	44 980

标准压力值/Pa 环境温度/℃	瓦斯浓度/%			
	10	30	70	90
12	5 030	15 100	35 230	45 300
14	5 070	15 200	35 480	45 610
16	5 100	15 310	35 720	45 930
18	5 140	15 420	35 970	46 250
20	5 170	15 520	36 220	46 570
22	5 210	15 630	36 470	46 880
24	5 240	15 730	36 710	47 200
26	5 280	15 840	36 960	47 520
28	5 320	15 950	37 210	47 840
30	5 350	16 050	37 450	48 160
32	5 390	16 160	37 700	48 470
34	5 420	16 260	37 950	48 790
36	5 460	16 370	38 200	49 110
38	5 490	16 480	38 440	49 430
40	5 530	16 580	38 690	49 740

(1) 对 10% CH_4 示值点的校验。按下"20 kPa"按键开关,对准零位,顺时针旋紧"压力放气输出阀"旋钮,按下"电动加压"按钮,旋转"调压器"旋钮,使校准仪 20 kPa 数字表上显示"5 170 Pa",然后准确读得光学瓦斯检定器上的浓度示值,则示值误差等于示值减去 10% CH_4 相对应的标准压力值。

(2) 对 30% CH_4 示值点的校验。按下"电动加压"按钮,旋转"调压器"旋钮,使校准仪 20 kPa 数字表上显示"15520 Pa",然后准确读得光学瓦斯检定器上的浓度示值,则示值误差等于示值减去 30% CH_4 相对应的标准压力值。

(3) 对 70% CH_4 示值点的校验。按下"100 kPa"按键开关和"电动加压"按钮,旋转"调压器"旋钮,使校准仪 100 kPa 数字表上显示"36220 Pa",然后准确读得光学瓦斯检定器上的浓度示值,则示值误差等于示值减去 70% CH_4 相对应的标准压力值。

(4) 对 90% CH_4 示值点的校验。按下"电动加压"按钮,旋转"调压器"旋钮,使校准仪 100 kPa 数字表上显示"46570 Pa",然后准确读得光学瓦斯检定器上的浓度示值,则示值误差等于示值减去 90% CH_4 相对应的标准压力值。

到此校验完成。

(5) 逆时针旋转"压力放气输出阀"按钮,将系统中气体放掉,取下光学瓦斯检定器,按下"复零"按键开关,再按下"电源"按钮。

六、实验注意事项

(1) 为减少环境波动对压力源的影响,仪器应安放在能避开阳光及风流的检定室内使用。

(2) 仪器加压避免超过 100 kPa。

7.4 矿山安全监控系统

实验类型:创新性　　　　　　　　　实验学时:2

一、实验目的

通过动手技能的训练,使学生能够正确使用煤矿安全监测监控系统仪器仪表及设备,加强和深化综合应用安全监测监控技术的能力。根据具体安全问题及要求,提出切实可行的监测监控技术方案,并使学生具有设备选型、安装调试及维护监测监控系统的能力。

二、实验内容

(1)熟悉矿井监测监控系统的组成及分类基本功能和使用方法。

(2)了解常用煤矿监测监控系统。

(3)了解井下监控分站的功能、结构原理、主要参数。

(4)熟悉井下监控分站工作原理。

(5)掌握井下监控分站接线、调试方法。

(6)了解传感器的使用方法。

(7)熟悉传感器的结构原理。

(8)掌握传感器的调试方法。

三、仪器设备

矿山安全监控系统一般由传感器、井下分站、信号传输线路、地面中心站、监控软件组成,如图 7-9 所示。

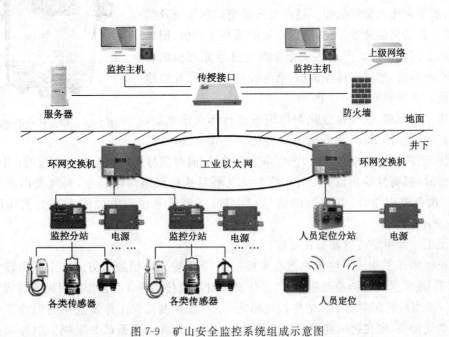

图 7-9　矿山安全监控系统组成示意图

（1）传感器。它由 CH_4、CO、O_2、CO_2、H_2S、温度、风速、风压、烟雾等传感器及"开停"按钮等组成。

（2）井下监控分站。井下监控分站是一种以嵌入式芯片为核心的微机计算机系统,可挂接多种传感器,能对井下多种环境参数诸如瓦斯、风速、一氧化碳、负压、设备开停状态等进行连续监测,具有多通道、多制式的信号采集功能和通信功能,通过工业以太网或总线方式能及时将监测到的各种环境参数、设备状态传送到地面中心站,并由执行中心站及时发出报警和断电控制信号。

（3）信号传输线路。它是将监测到的信号传送到地面中心站的信号通道,如无线传输信道、电缆、光纤等。

（4）地面中心站。它由各种显示屏、数据存储、声光报警及指示电话等组成。

四、所需耗材

浓度为 5％的甲烷气体,浓度为 3％的二氧化碳气体。

五、实验原理、方法和手段

矿山安全监控系统是对井下 CH_4、CO、O_2、CO_2 等气体浓度的检测;对风速、风量、气压、温度、粉尘浓度、水位等环境参数的检测;对生产设备运行状态的监测、监控等。主要功能有:① 瓦斯、风速、温度、CO、局部通风机开停、风筒漏风、馈电状态监测等;② 瓦斯超限或掘进巷道停风时,声光报警、就地断电;③ 就地断电失效,远程断电;④ 就地断电和远程断电失效,指挥工人断电;⑤ 指挥撤人等;⑥ 瓦斯突出、通风系统、自燃火灾等监测。

1）传感器及配件

（1）高低浓度甲烷传感器。主要用于监测高瓦斯煤矿井下环境气体中的瓦斯浓度,可以连续自动地将井下瓦斯浓度转换成标准电信号输送给关联设备,并具有就地显示瓦斯浓度值,超限声光报警等功能。还可与各类型监测系统及断电仪、风电瓦斯闭锁装置配套,适宜在煤矿采掘工作面、回风巷道等地点固定使用。采用热催化原理与热导原理相结合来测量瓦斯浓度,并具有遥控调校、断电控制、故障自校自检等新功能。其外观如图 7-10 所示。

图 7-10　甲烷浓度传感器

具体工作原理:甲烷在催化剂作用下进行无火焰燃烧,产生热量使黑原件 R_1 升温导致电阻变化。正常时,输出信号给系统;当浓度达到报警值时,产生声光报警,同时将信号发送给系统产生报警;当浓度达到断电值时,报警并输出信号(AI),给系统判断后执行两道断电指令,同时发出断电信号(DO 或)执行断电指令,并将切断信号(DI 与)反馈给系统。甲烷传感器的工作流程如图 7-11 所示。

采煤工作面甲烷传感器布置原则:

①长壁采煤工作面甲烷传感器必须按图 7-12 设置。U 形通风方式在上隅角设置甲烷传感器 T_0 或便携式瓦斯检测报警仪,工作面设置甲烷传感器 T_1,工作面回风巷设置甲烷传感器 T_2;若煤与瓦斯突出矿井的甲烷传感器 T_1 不能控制采煤工作面进风巷内全部非本质安全型电气设备,则在进风巷设置甲烷传感器 T_3;瓦斯和高瓦斯矿井采煤工作面采用串联通风时,被串工作面的进风巷设置甲烷传感器 T_4,如图 7-12(a)所示。Z 形、Y 形、H 形和 W

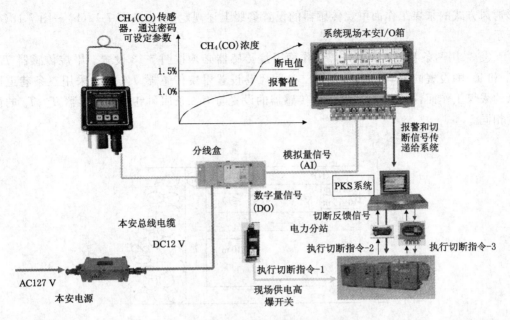

图 7-11　甲烷传感器工作流程示意图

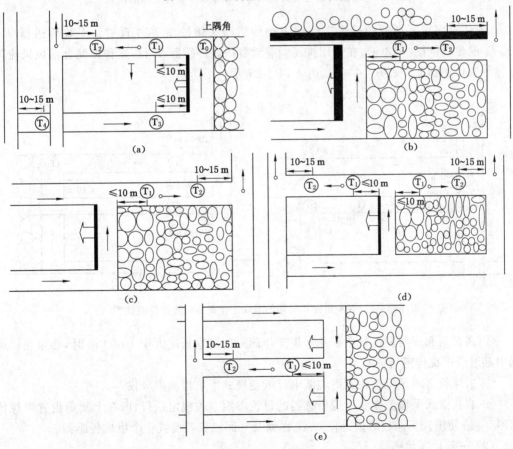

图 7-12　采煤工作面甲烷传感器布置原则

(a) U 形通风方式；(b) Z 形通风方式；(c) Y 形通风方式；

(d) H 形通风方式；(e) W 形通风方式

形通风方式的采煤工作面甲烷传感器的设置参照上述规定执行,如图 7-12(b)～图 7-12(e) 所示。

② 采用两条巷道回风的采煤工作面甲烷传感器必须按图 7-13 设置。甲烷传感器 T_0、T_1 和 T_2 的设置同图 7-12(a);在第二条回风巷设置甲烷传感器 T_5、T_6。采用三条巷道回风的采煤工作面,第三条回风巷甲烷传感器的设置与第二条回风巷甲烷传感器 T_5、T_6 的设置相同。

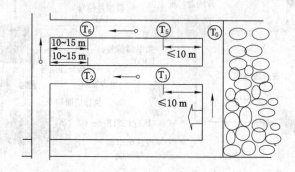

图 7-13 采用两条巷道回风的采煤工作面甲烷传感器的设置

③ 有专用排瓦斯巷的采煤工作面甲烷传感器必须按图 7-14 设置。甲烷传感器 T_0、T_1、T_2 的设置同图 7-12(a);在专用排瓦斯巷设置甲烷传感器 T_7,在工作面混合回风风流处设置甲烷传感器 T_8,如图 7-14(a)、图 7-14(b)所示。

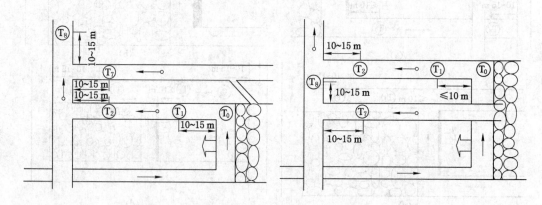

图 7-14 有专用排瓦斯巷的采煤工作面甲烷传感器的设置

④ 高瓦斯和煤与瓦斯突出矿井采煤工作面的回风巷长度大于 1 000 m 时,必须在回风巷中部增设甲烷传感器。

⑤ 采煤机必须设置机载式甲烷断电仪或便携式甲烷检测报警仪。

⑥ 非长壁式采煤工作面甲烷传感器的设置参照上述规定执行,即在上隅角设置甲烷传感器 T_0 或便携式瓦斯检测报警仪,在工作面及其回风巷各设置一个甲烷传感器。

(2) 一氧化碳传感器

① 当一氧化碳气体浓度发生变化时,气体传感器的输出电流也随之成正比变化。

② 一氧化碳气体在工作电极的催化作用下,工作电极发生氧化。其化学反应式为:

$$CO + H_2O \longrightarrow CO_2 + 2H^+ + 2e \qquad (7-7)$$

③ 氧化反应产生的 H^+ 离子和电子,通过电解液转移到与工作电极保持一定间隔的对电极上,与水中的氧发生还原反应。其化学反应式为:

$$\frac{1}{2}O_2 + 2H^+ + 2e \longrightarrow H_2O \qquad (7-8)$$

④ 因此,传感器内部就发生了氧化—还原的可逆反应。其化学反应式为:

$$2CO + O_2 \longrightarrow 2CO_2 \qquad (7-9)$$

(3) 风压传感器。扩散硅压差气体传感器,将所测的差压信号经过精密补偿和信号处理,转换成标准电流(电压)信号输出,直接与二次仪表和计算机控制系统连接,实现生产过程中的自动控制和检测,被广泛应用于工业领域中的非腐蚀性气体的压差测量,特别适用于风压测量。其结构如图 7-15 所示。

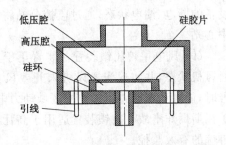

图 7-15　风压传感器结构示意图

(4) 温度传感器。温度传感器采用的是热电偶测温原理。热电偶测温基本原理是将两种不同材料的导体或半导体焊接起来,构成一个闭合回路。由于两种不同金属所携带的电子数不同,当两个导体的两个接触点之间存在温差时,就会发生高电位向低电位放电现象,因而在回路中形成电流,温度差越大,电流越大,这种现象称为热电效应,也叫做塞贝克效应。

(5) 风速传感器。在无限界流场中,垂直插入一根无限长的非流线型阻力体(旋涡杆或称旋涡体),当流经该非流线体的流速(v)大于某个值时,非流线体的两边即产生两列内旋、方向相反、交替出现的旋涡,旋涡的频率(f)与风速呈线性关系。这个现象被称为卡门涡街。只要测到旋涡的频率(f),即可得到对应的风速(v)值。其工作原理如图 7-16 所示。

(6) 烟雾传感器。在两个金属平板之间加上直流电压,并在附近放上一小块同位素镅 241。当周围空气无烟雾时,镅 241 放射出微量的 α 射线,使附近的空气电离。于是,在平板电极之间的直流电压的作用下,空气里就会有离子电流产生。当周围空气有烟雾时,烟雾是由微粒组成,微粒会将一部分离子吸附,使得空气中的离子减少,而且微粒本身也吸收 α 射线,这两个因素使得离子电流减小。烟雾越浓,离子电流减少越来越明显。改变电离平衡状态而输出检测电信号,经后级电路处理识别后,发出警报,并向配套监控系统输出报警开关信号。其检测原理如图 7-17 所示。

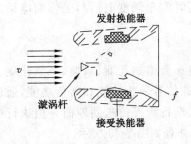

图 7-16　风速传感器工作原理

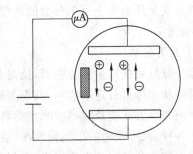

图 7-17　烟雾传感器检测原理

(7) 开停传感器。主要用于监测矿井机电设备、风门等的运行状态,将机电设备开停状态、风门的开关等状态信号转换为电流信号,传送到监控分站。其外观如图 7-18所示。

图 7-18 开停传感器

(8) 断电馈电转换器。断电馈电转换器是矿井安全监控系统的配套设备,与监控分站配套使用实现远程断电,同时作为风电瓦斯闭锁装置的组成部分之一。传感器监测被控电气设备的断电、馈电状态,通过监控分站将状态信息传送到地面中心站。

(9) 风电甲烷闭锁装置。装置用于监测煤矿甲烷和局部通风机状态,并实现当通风机未开或风力不足及甲烷超限报警时,能自动切断并闭锁被控区域动力电源的控制功能。因此,使用该装置可有效地防止煤矿瓦斯爆炸事故。闭锁装置适用于高瓦斯矿井,特别适用于采用局部通风的掘进工作面对甲烷的有效监控。

(10) 煤矿生产监控系统

① 轨道运输监控系统主要用来监测信号机状态、电动转撤机状态、机车位置、机车编号、运行方向、运行速度、车皮数、空(实)车厢数等,并实现信号机、电动转辙机闭锁控制、地面远程调度与控制等。

② 胶带运输监控主要用来监测胶带速度、轴温、烟雾、堆煤、横向撕裂、纵向撕裂、跑偏、打滑、电机运行状态、煤仓煤位等,并实现顺煤流启动,逆煤流停止闭锁控制和安全保护、地面远程调度与控制、胶带火灾监测与控制等。

③ 提升运输监控系统主要用来监测罐笼位置、速度、安全门状态、摇台状态、阻车器状态等,并实现推车、提升闭锁控制等。

④ 供电监控系统主要用来监测电网电压、电流、功率、功率因数、馈电开关状态、电网绝缘状态等,并实现漏电保护、馈电开关闭锁控制、地面远程控制等。

⑤ 排水监控系统主要用来监测水仓水位、水泵开停、水泵工作电压、电流、功率、阀门状态、流量、压力等,并实现阀门开关、水泵开停控制、地面远程控制等。

⑥ 大型机电设备健康状况监控系统主要用来监测机械振动、油质量污染等,并实现故障诊断。

⑦ 采煤面综合自动化系统:全面实现采煤机、液压支架、刮板输送机、转载机、泵站、顺槽(巷道)胶带的集中联锁控制,与井下工业以太网连接实现在地面集控中心、调度室对采煤机位置及支架压力等上百个参数的远程实时监视,同时实现调度电话与工作面电话的联网通话,如图 7-19 所示。

2) 井下分站

监控分站可挂接多种传感器,能对井下多种环境参数诸如瓦斯、风速、一氧化碳、负压、设备开停状态等进行连续监测,具有多通道,多制式的信号采集功能和通信功能,通过工业以太网或总线方式能及时将监测到的各种环境参数、设备状态传送到地面并由执行中心站发出的各种命令,及时发出报警和断电控制信号。其外观如图 7-20 所示。

井下监控分站主要由单片机、看门狗自动复位、参数保存、输入数据采集、控制输出、通信数值及状态显示、隔离电源、手动设置等电路组成。分站工作时,首先根据分站各输入通

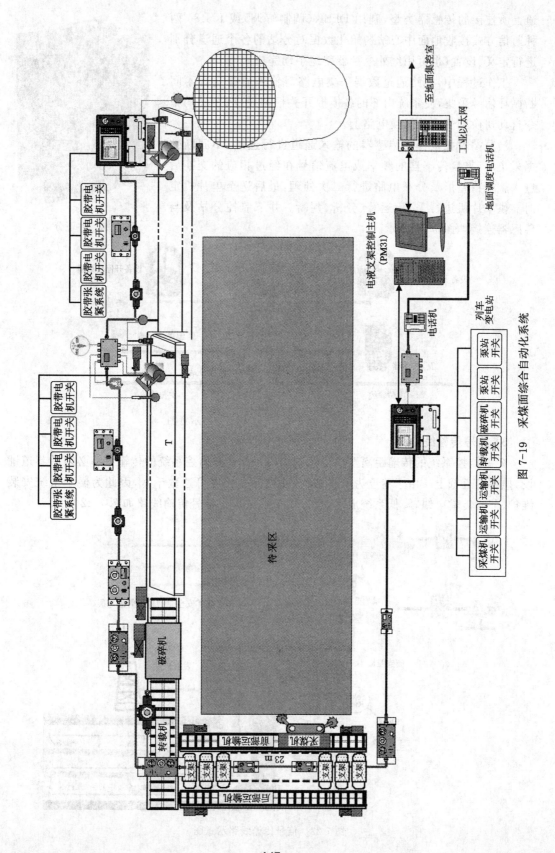

图 7-19 采煤面综合自动化系统

道上所挂接的传感器类型,利用 DPSK(调制解调)或 RS485 两种通信方式接收地面中心站初始化数据对分站的各个通道分别进行定义、设置(也可用红外遥控器就地手动完成)。

工作过程中,分站通过数据采集电路对输入通道进行不间断循环信号采集,使系统内部的各模拟开关根据设立、定义的指令自动切换到相应的转换电路上。

当分站对挂接各类传感器的输入通道进行连续、不间断数据采集时,来自传感器的频率或电流信号在经过相应的交换后进入施密特整形及分频电路进行二次处理,最后送至单片机定时器供单片机进行采集、运算、分析、判断。井下监控分站及与传感器连接如图 7-21 所示。

图 7-20 井下分站

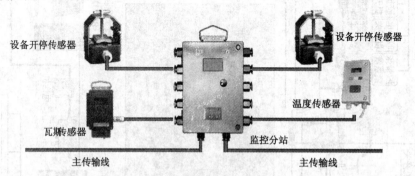

图 7-21 监控分站及与传感器连接示意图

3) 信号传输线路

矿井监控系统的传输距离至少要达到 10 km。矿井监控系统的传输电缆必须沿巷道铺设,挂在巷道壁上。由于巷道为分支结构,并且分支长度可达数千米,因此为便于系统安装维护、节约传输电缆、降低系统成本,宜采用树形结构。信号传输线路如图 7-22 所示。

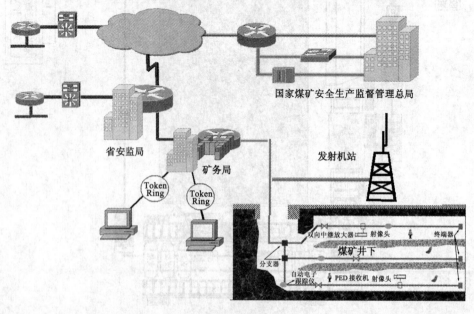

图 7-22 信号传输线路示意图

4) 地面中心(监测系统)

地面主要设备是信息采集处理中心,由传输接口、监测管理软件、监控主机、备用机、打印机、监视器以及信号避雷器等组成。主要把井下上传的监测控制信息及时传输到各个生产部门,对井下环境进行综合分析和科学判断,确保矿山生产的安全。常见煤矿地面监控中心(调度室)如图 7-23 所示。

图 7-23　煤矿地面监控中心(调度室)

风机运行监控画面图如图 7-24 所示。

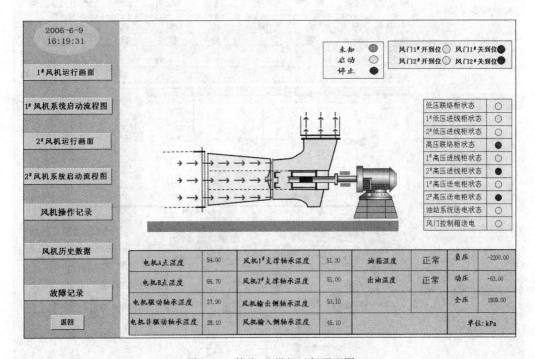

图 7-24　某矿 1# 风机运行画面图

选煤矿监控系统如图 7-25 所示。

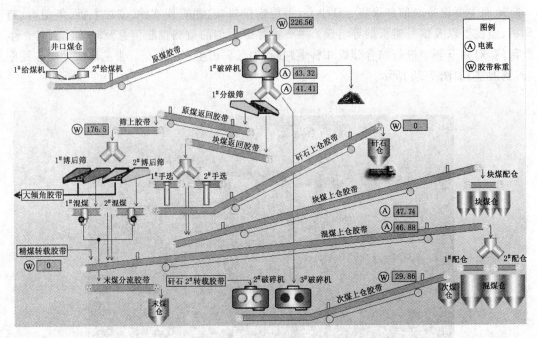

图 7-25　某矿选煤厂地面监控系统

泵房及变电所监控系统如图 7-26 所示。

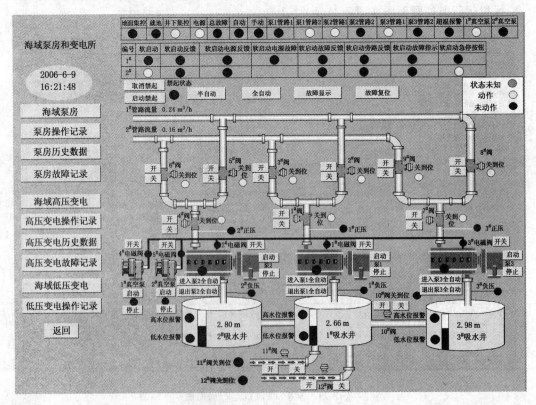

图 7-26　泵房及变电气监控系统

六、实验步骤

（1）参照安全监控系统组装图及应用接线方式，将各传感器、断电仪等与主机、电源、计算机等连接。

（2）系统连接无误后，释放不同的检测气体，查看监控系统的工作过程及状态。

七、实验注意事项

线路连接过程中，务必在断电情况下进行，且不能湿手操作，连接结束后由指导老师确认合格后方可通电。

第8章

矿井瓦斯预测技术

8.1 突出预测指标和瓦斯解吸速度衰减系数的测定

实验类型:综合性　　　　　　实验学时:2

一、实验目的

煤中瓦斯吸附和解吸是一个可逆的过程。当瓦斯解吸时,瓦斯从煤基块孔隙内表面解吸,通过基块和微孔孔隙扩散到裂隙当中,以达西渗流方式经裂隙流向外界。影响煤瓦斯解吸过程的因素很多,通过本实验使学生了解煤的解吸特性,掌握工作面突出预测时煤屑解吸指标(Δh_2)的测定方法。用于井下直接测定采掘工作面,石门揭煤工作面和煤层区域性突出危险性的煤钻屑瓦斯解吸指标(Δh_2、K_2)和瓦斯解吸速度衰减系数(C),以确定工作面煤与瓦斯突出危险性。

二、实验内容

工作面突出预测煤屑瓦斯解吸指标(Δh_2、K_2)和瓦斯解吸速度衰减系数(C)的测定。

三、仪器设备

钻屑瓦斯解吸仪(图 8-1)、煤样罐、秒表、恒温水浴锅、真空泵。

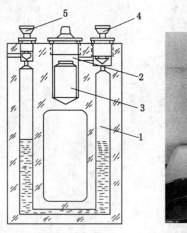

图 8-1　钻屑瓦斯解析仪结构示意图及外观

1—水柱计;2—解吸室;3—煤样瓶;4—三通旋塞;5—二通旋塞

四、所需耗材

实验煤样,粒度 1~3 mm 、每组质量 10 g;99.9％的高纯甲烷;自来水。

五、实验原理、方法和手段

将含瓦斯煤样瞬间暴露于大气中或类似于大气环境条件的仪器中,根据等容等压、变容变压解吸原理测量单位质量煤样在不同时期段的瓦斯解吸量或不同时刻的瓦斯解吸速度;对测量数据与煤样暴露时间的关系进行相应的数学处理,即可得出钻屑瓦斯解吸指标。采用钻屑瓦斯解吸仪测定煤屑的瓦斯解吸指标(Δh_2、K_2),计算和瓦斯解吸速度衰减系数(C)。

钻屑瓦斯解吸仪的工作原理:在井下不对煤样进行人为脱气和充气的条件下,利用煤钻屑中残存瓦斯压力(瓦斯含量),向一密闭的空间释放(解吸)瓦斯,用该空间体积和压力(以水柱计压差表示)变化来表征煤样解吸出的瓦斯量。

六、实验步骤

1) 测定前的准备

(1) 给水柱计注水,并将两侧液面调整至零刻度线。

(2) 检查仪器的密封性能。一旦密封失效,需更换新的"O"形密封圈。

(3) 准备好配套装备,如秒表、分样筛等。

2) 实验室煤样预处理

(1) 将制备好的煤样(约 150 g)装入密封罐中,装罐时应尽量将罐装满压实,以减少罐内死空间的体积,在煤样上加盖脱脂棉或 80 目铜网,密封煤样罐。

(2) 煤样真空脱气。开启恒温水浴锅,真空泵,设定水浴温度为(60 ± 1)℃,打开密封罐阀门,对煤样进行真空脱气 0.5 h。

(3) 煤样瓦斯吸附平衡。脱气结束后,调整恒温水浴温度为(30 ± 1)℃;拧开高压瓦斯钢瓶阀门,使高压瓦斯钢瓶与密封罐连通,对密封罐煤样进行充气 0.5 h。

3) 煤矿井下煤钻屑采集

在石门揭煤工作面打钻时,每打 1m 煤孔应采煤钻屑样 1 个。在钻孔进入到预定采样深度时,启动秒表开始计时,当钻屑排出孔时,用筛子在孔口收集煤钻屑。经筛分后,取粒度 1～3 mm(1 mm 筛上品,3 mm 筛下品)煤样装入煤样瓶 3 中,煤样应装至煤样瓶标志线位置(相当于煤样 10 g)。采掘工作面打钻时,每 2 m 钻孔采煤钻屑样 1 个。采样方法和要求与石门揭煤工作面相同。

4) 测定操作步骤

(1) 准备好机械秒表、钻屑瓦斯解吸仪,对已经吸附平衡的煤样罐内的煤样,在打开煤样罐煤样卸压的同时按下机械秒表,进行计时。

(2) 将吸附平衡的煤样迅速装入钻屑瓦斯解吸仪的煤样瓶 3 中到刻度线位置,使得钻屑瓦斯解吸仪中的煤样与空气连通,打开两通旋塞,然后将已采煤样的煤样瓶迅速放入解吸室 2 中,拧紧解吸室上盖,打开三通螺旋塞 4,使解吸室与水柱 1 和大气均连通,煤样处于暴露状态。

(3) 当煤样暴露时间为 3 min 时,迅速逆时针方向旋转三通旋塞把手,使解吸室与大气隔绝,仅与水柱计连通,开始进行解吸测定,并重新开始计时;

(4) 每隔 1 min 记录一次解吸仪水柱计的压差,连续测定 10 min。

七、实验结果处理

1) 钻屑解吸指标

钻屑解吸指标(Δh_2)为测定开始后第 2 min 末解吸仪水柱压差计的读数。该指标无需计算,直接从解吸仪水柱计上读取。

2）衰减系数

衰减系数(C)由下式计算：

$$C=\frac{\frac{\Delta h_2}{2}}{\frac{\Delta h_{10}-\Delta h_2}{10^{-2}}}=4\Delta h_2/(\Delta h_{10}-\Delta h_2) \tag{8-1}$$

式中 Δh_2——测定开始后第 2 min 末解吸仪水柱计压差读数,mmH_2O；

Δh_{10}——测定开始后第 10 min 末解吸仪水柱计压差读数,mmH_2O；

C——衰减系数,无因次量。

3）解吸指标

解吸指标(K_2)为煤样自煤体脱落暴露后,第 1 min 内每克煤样的累积瓦斯解吸量。按下式计算：

$$K_2=(Q+W_1)/(t+3)^{\frac{1}{2}} \tag{8-2}$$

式中 Q——煤样解吸测定开始并经过时间 t 之后时解吸仪实测每克煤样的累积瓦斯解吸量,mL/g；

t——解吸测定时间,min；

W_1——解吸测定开始前,煤样在暴露时间内损失瓦斯量,mL/g；

3——煤样暴露时间,min。

对 MD-2 型解吸仪来说,有

$$Q=0.082\ 1\Delta h/10 \tag{8-3}$$

式中 0.082 1——解吸仪结构常数,mL/mm 水柱；

10——煤样质量,g。

测定后首先按式(8-3)将水柱计读数换算为解吸量 Q,然后根据 10 min 解吸测定的 10 组数据,用作图法或最小二乘法求出 K_2 和 W_1。

将钻屑瓦斯解吸指标的测定数据记录到表 8-1 中,并对测定的各项指标进行分析。

表 8-1　　　　钻屑瓦斯解吸指标测定数据分析

实验日期		煤样编号	
实验温度/℃		实验气压	
平衡压力			
测定结果			
Δh_2/Pa		K_2		C	
数据分析			

八、实验注意事项

(1) 在进行解吸实验时必须在煤样暴露(煤样卸压)时开始准确计时。

(2) 读取实验数据时必须保证视线与刻度线持平。

(3) 读取实验数据时应读取解吸仪器的凹液面。

(4) 在煤矿井下现场测定时：

① 该仪器配备有 10 只煤样瓶,煤样瓶上刻线位置所标志的煤样质量为 10 g。为精确计算 Δh 值,可在每一个煤样解吸测定后,用胶塞或纸团将煤样瓶口塞紧,带到地面称量煤样质量(煤样处于自然干燥状态)。最后,可按下式对测定值进行修正：

$$\Delta h = 10\Delta h'/G \tag{8-4}$$

式中　$\Delta h'$——井下解吸仪实测水柱计压差读数,mmH_2O;

　　　Δh——修正后解吸仪水柱计压差读数,mmH_2O;

　　　G——称量煤样质量,g。

② 煤样暴露时间为煤钻屑自煤体脱落时起,到开始进行解吸测定的时间。可由下式计算：

$$t_0 = t_1 + t_2 \tag{8-5}$$

式中　t_0——煤样暴露时间,min;

　　　t_1——煤钻屑自煤体脱落起到排至钻孔孔口所需的时间,min;在数值上,预计 $t_1 = 0.1L$。

　　　t_2——从孔口取煤钻屑到开始进行解吸测定的时间,min;

　　　L——取样时钻孔深度,m。

九、预习与思考题

(1) 影响煤的瓦斯解吸速度的因素有哪些?

(2) 煤屑解吸指标 Δh_2 的意义?

8.2　突出预测指标的测定

实验类型:综合性　　　　　　　　　实验学时:2

一、实验目的

通过本实验使学生了解煤的解吸特性,掌握工作面突出预测时煤屑解吸指标(K_1)的测定方法。主要适用于煤巷掘进、采煤以及石门揭煤过程中工作面范围内突出危险的预测,以及采取过防突以后的效果检验。

二、实验内容

工作面突出预测煤屑瓦斯解吸指标(K_1)的测定。

三、仪器设备

恒温水浴锅、煤样罐、WTC 瓦斯突出参数测定仪(图 8-2)、秒表等。

WTC 瓦斯突出参数测定仪产品主要由主机、

图 8-2　WTC 瓦斯突出参数测定仪外观

煤样罐、打印机、充电器、弹簧秤、秒表、组合分样筛等组成。

四、所需耗材

实验煤样,粒径 $1\sim3$ mm;99.9％的高纯甲烷。

五、实验原理、方法和手段

将含瓦斯煤样瞬间暴露于大气中或类似于大气环境条件的仪器中,根据等容、等压、变容变压解吸原理测量单位质量煤样通过连续自动测定煤样罐中瓦斯解吸压力,计算煤样的瓦斯解吸特征指标 K_1,结合弹簧秤测定的钻粉量指标,判定工作面突出危险性。《防治煤与瓦斯突出细则》规定,可用钻屑瓦斯解吸指标(K_1 值等)或最大钻屑量指标来预测煤层瓦斯突出危险性。

六、实验步骤

1) 煤样的预处理

将制备好的煤样(约 150 g)装入密封罐中。装罐时,应尽量将罐装满压实,以减少罐内死空间的体积,在煤样上加盖脱脂棉或 80 目铜网,密封煤样罐。

2) 煤样真空脱气

开启恒温水浴锅、真空泵,设定水浴温度为(60 ± 1)℃,打开密封罐阀门,对煤样真空脱气 0.5 h。

3) 煤样瓦斯吸附平衡

脱气结束后,调整恒温水浴温度为(30 ± 1)℃;拧开高压瓦斯钢瓶阀门,使高压瓦斯钢瓶与密封罐连通,对密封罐煤样充气 0.5 h。

4) 煤样瓦斯解吸指标的测定

首先,准备好机械秒表、WTC 瓦斯突出参数测定仪,对已经吸附平衡的密封罐内的煤样,在打开密封罐煤样卸压的同时按下机械秒表,进行计时。

在最短时间内将煤样装入 WTC 瓦斯突出参数测定仪的煤样杯内,钻屑应自然装满煤样杯,并用筛子轻轻刮平,然后按下"采样"键开始进行 K_1 值的测定,采样结束后输入自煤样卸压暴露到采样开始的时间,WTC 瓦斯突出参数测定仪将自动计算出该实验煤样在该吸附平衡压力下的 K_1 值。

七、实验结果处理

将钻屑瓦斯解吸指标的测定数据记录到表 8-2 中,并对测定的 K_1 值指标进行分析。

表 8-2　　　　　　　　**钻屑瓦斯解吸指标 K_1 值测定数据分析**

实验日期		煤样编号	
实验温度/℃		实验气压	
平衡压力			
测定结果			
$K_1/(\text{mL}\cdot\text{g}^{-1})$			
数据分析			

八、实验注意事项

在进行解吸实验时,必须在煤样暴露(煤样卸压时)开始准确计时。

九、预习与思考题

(1) 影响煤的瓦斯解吸速度的因素有哪些?

(2) 煤屑解吸指标 K_1 意义?

8.3　煤的瓦斯吸附解吸规律物理模拟

实验类型:创新性　　　　　　　　实验学时:16

一、实验目的

通过实验,研究不同煤的瓦斯解吸特性与规律,查明煤层瓦斯含量和瓦斯压力与煤的瓦斯解吸指标(K_1、Δh_2)之间的关系,为确定煤层突出危险性的区域性预测指标和工作面预测指标及其临界值提供实验数据。

二、实验内容

煤层瓦斯含量和瓦斯压力与煤的瓦斯解吸指标(K_1、Δh_2)之间的关系。

三、仪器设备

实验系统主要分为充气单元、温控单元、真空单元和解吸单元 4 部分,分别如图 8-3 和图 8-4 所示。整个实验过程可以简单概括为:首先对煤样进行抽真空,连续抽真空 12 h 以上;然后进行充甲烷气体,煤样对瓦斯吸附 12 h 以上,达到吸附平衡压力后,开始模拟瓦斯解吸规律的实验。

(1) 充气单元。实验所用的瓦斯气源是高纯甲烷气体,甲烷气体浓度为 99.9%,压力大于 10 MPa,满足实验需求。充气时,甲烷钢瓶 3 首先向充气罐充气 4,充气罐 4 起到缓冲作用,然后通过充气罐 4 向 3 个大煤样罐 5 充气,完成充气过程。

(2) 温控单元。恒温水槽,使充气罐和煤样罐以及大部分的管路都放置在恒温水槽中,通过恒温水器对水槽进行恒温控制,误差±1 ℃。

(3) 真空单元。实验采用直联旋片真空泵,主要技术参数如下:抽气速率:2 L/s;极限压力:0.06 Pa;电动机功率:0.37 kW;进气口直径:KF_{25}。

(4) 解吸单元。首先快速放掉大罐中的游离瓦斯,然后连接解吸仪进行解吸。

该系统所有的管路采用的是外径为 6 mm、内径为 4 mm 的紫铜管。由于其内径比较细,这样不仅减少管道内的死空间体积,而且可以根据实验系统的管路需要随意弯曲变形,使气密性得到保障;管路接口所用的阀门都是高压卡套式针阀,公称压力 0~16 MPa,适用介质油、蒸汽、水、天然气等。

实验系统可以同时进行 3 个煤样的瓦斯吸附—解吸实验,如图 8-3 所示,可同时开展 3 种不同煤样进行同组对比实验,保障了模拟实验条件(温度、充气压力等)的一致性,通过阀门控制,3 个煤样也可视为 3 个独立实验系统。

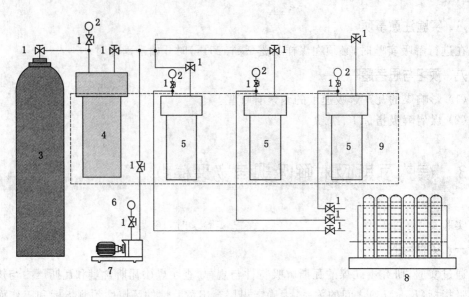

图 8-3　构造煤瓦斯解吸规律研究实验系统示意图

1—卡套针阀；2—压力表；3—高压甲烷气瓶；4—充气罐；5—大煤样罐；

6—真空表；7—真空泵；8—解吸仪；9—恒温水槽

图 8-4　煤的瓦斯解吸规律模拟实验装置

四、所需耗材

实验煤样（0.2~6 mm），99.9%的高纯甲烷，过饱和 K_2SO_4 溶液。

五、实验原理、方法和手段

煤为多孔性固体，具有庞大的吸附表面和复杂的孔隙结构，煤对甲烷有较强的吸附力，吸附量除与煤质因素有关外，还与吸附条件（温度和压力等因素）有关。煤对甲烷的吸附为物理吸附，即吸附和解吸是可逆的。气体分子在煤粒表面上浓集称为吸附；气体分子脱离煤粒表面称为解吸。大量研究表明，煤层的煤与瓦斯突出危险性与煤的瓦斯解吸初始段速度、解吸量有密切关系。该实验首先对煤样充一定量的瓦斯，使煤对瓦斯充分吸附、达到平衡，以模拟试验矿井（煤层）瓦斯压力和煤层瓦斯含量等突出区域预测参数；然后实验室测定煤的瓦斯解吸指标（K_1、Δh_2）等工作面突出危险性预测参数，同时模拟卸压后煤的瓦斯解吸规律，计算煤的瓦斯解吸参数（K_1、Δh_2），并互相校验；在以上实验的基础上，建立突出区域性预测指标和工作面预测指标的关系。

六、实验步骤

1）煤样采集

煤样应采集于新鲜暴露的煤壁,采集煤样点数按瓦斯地质单元布置。每个瓦斯地质单元至少采集有代表性的软、硬煤各 1 份,每份煤样采集 10 kg 左右,并按附表要求描述取样点煤的破坏类型,做好记录;同时,收集采煤样点附近如表 8-3 所列的信息。

表 8-3 煤样采点信息记录样表

采样点	采样时间	采样人	标高/m	垂深/m	采点附近瓦斯压力/Pa	采点附近瓦斯含量/(m³·t⁻¹)	工作面预测参数		采点附近有无动力现象
							K_1/(mL·g⁻¹)	Δh_2/mmH₂O	

在采样点打钻,孔深 15 m,收集 6～7 m 和 14～15 m 的钻屑,并将筛分结果记录于表 8-4,做粒度分析。煤样采集完成后密封保存,立即送实验室制备,防止煤样的氧化及水分损失。

表 8-4 钻屑粒度筛分记录样表

取样点	取样时间	钻孔深度	破坏类型	粒度筛分记录										取样人	筛分人
				<0.2 mm		0.2～0.5 mm		0.5～1 mm		1～3 mm		>3 mm			
				kg	%	kg	%	kg	%	kg	%	kg	%		

2）制备煤样

制备煤样前,首先测定煤的坚固性系数,瓦斯放散初速度、煤的瓦斯吸附常数、工业分析、真假密度和孔隙率等基本参数,并将测定结果记入表 8-5(吸附常数、温吸附曲线)。

表 8-5 煤样坚固性系数和放散初速度测定结果样表

煤样编号	采样地点	破坏类型	坚固性系数(f)	放散初速度(Δp)	视密度/(m³·t⁻¹)	真密度/(m³·t⁻¹)	孔隙率/%	工业分析			吸附常数	
								M_{ad}/%	A_{ad}/%	V_{ad}/%	a/(m³·t⁻¹)	b/MPa⁻¹
1#												
2#												
3#												

针对不同变质程度(挥发分或煤的牌号)的煤样,选取软、硬煤样各 2 份,每份 50 g 左右,粒度分别为 3～6 mm 和 0.17～0.25 mm(60～80 目),为采用压汞法和液氮吸附法测定

煤的孔隙结构制备煤样。

　　煤的瓦斯解吸过程所用煤样制备方法:粉碎煤样,将所选煤样过 6 mm、3 mm、1 mm、0.5 mm、0.2 mm 的标准筛组,取小于 0.2 mm、0.2~0.5 mm、0.5~1.0 mm、1~3 mm 和 3~6 mm 煤样颗粒,并将制备后的煤样信息记录于表 8-6,装入磨口瓶中密封加签备用,每份煤样不少于 1 500 g。

表 8-6　　　　　　　　　　　　　　　煤的解吸规律煤样粒度筛分记录样表

样品编号	取样点	筛分后各粒度煤样质量/kg					筛分人
		<0.2 mm	0.2~0.5 mm	0.5~1 mm	1~3 mm	>3 mm	

3) 煤的解吸规律模拟实验

　　(1) 检验实验系统气密性。实验系统的各管路、容器及接口的气密性是保证实验研究成功的关键,本实验系统搭建完毕后,在煤样罐不盛煤样的情况下,对系统充入约 6 MPa 的高压氮气,放置 24 h,安装在充气罐和煤样罐上的压力表显示压力一直保持不变,证明所搭建的系统气密性是可靠的。在每做完一个煤样后,重新进行上述试压实验,确保实验系统具有完好的气密性。实验数据记录于表 8-7。

表 8-7　　　　　　　　　　　　　　　　实验系统气密性记录样表

充气开始时间	充气结束时间	充气压力/MPa	压力稳定时间	压力变化情况	检验人

　　(2) 标定实验系统体积。在正式测定前,进行严格的校准仪器密闭空间是十分必要的。为了保证实验结果的准确性,需要对充气罐、煤样罐及所属的管路进行体积标定。

　　标定的体积包括罐体积和压力表、接头、阀门、连通管的通径体积之和。标定方法为:首先将被测罐及其所含管路与真空脱气单元连通,将其内部抽成真空,压力降至 10 Pa,关闭阀门;然后将其与标准量管接通,读取量管初始液面高度值 h_1;最后打开阀门让空气进入被测罐及其所含管路中,此时量管液面上升至 h_2,h_2-h_1 所对应的量管体积即为被测罐及所含管路的体积,分别对充气罐和 3 个煤样罐进行重复实验,并将测定过程信息记录于表 8-8 及表 8-9。如此重复测试 5 次,取其平均值,标定实际测量值见表 8-8。

　　所以,将以上体积校正值平均后得:

　　充气罐:$V_c=$ _____ mL;

　　煤样罐 I :$V_I=$ _____ mL;

　　煤样罐 II :$V_{II}=$ _____ mL;

　　煤样罐 III :$V_{III}=$ _____ mL;

　　实验系统总体积:$V_{总}=$ _____ mL。

表 8-8　　　　　　　　　　　　　　充气罐体积测定记录样表

测定次数	脱气开始时间	脱气结束时间	降到 10 Pa 所用时间/min	h_1/mL	h_2/mL	检验人
1						
2						
3						
4						
5						

表 8-9　　　　　　　　　　　　　罐及所属管路体积标定样表　　　　　　　　　　　　　单位:mL

名　称	第 1 次	第 2 次	第 3 次	第 4 次	第 5 次
充气罐					
煤样罐 I					
煤样罐 II					
煤样罐 III					

(3) 煤样的预处理

① 干燥煤样的处理。将制备好的煤样(1 000~1 500 g)放入温度为(105±1)℃的干燥箱内恒温干燥 5~6 h,烘干后冷却至室温,并将烘干过程记录于表 8-10。

表 8-10　　　　　　　　　　　　　煤样干燥处理记录样表

煤样编号	干燥开始时间	干燥结束时间	干燥前煤样的质量/kg	干燥后煤样的质量/kg	测定人
1#					
2#					
3#					

② 平衡水煤样的处理。取一部分煤样用水充分浸泡 3~5 d 后,使煤样的毛细孔达到饱和吸水,记录浸泡时间。将浸泡过后的湿煤样连同滤纸放置在煤样托盘上,托盘上放入一些卫生纸,然后把煤样连同托盘一同放入装有过饱和 K_2SO_4 溶液的真空干燥器中,密封并抽真空,并记录抽真空时间;每隔 24 h,称量一次质量,并做好相关记录,直到相邻两次质量变化不超过试样量的 2%,即认为达到湿度平衡。放置卫生纸的作用是吸取煤样多余的外在水分,缩短平衡时间。最佳的平衡时间大约在 5 d,而且煤样达到平衡水分后,应立即装罐进行等温瓦斯吸附—解吸模拟实验。

其中,硫酸钾结晶及其饱和溶液的配制方法:以 10 g 化学纯的硫酸钾(HG 3-920)与 3 mL 水的比例混合,该溶液可使真空干燥器内的相对湿度保持在 96%~97%。

平衡湿度的计算公式:

$$M_e = \left(1 - \frac{G_2 - G_1}{G_2}\right) \times M_{ad} + \frac{G_2 - G_1}{G_2} \times 100 \tag{8-6}$$

式中　M_e——样品的平衡水分含量,%;

　　　G_1——平衡前空气干燥基样品质量,g;

　　　G_2——平衡后样品质量,g;

M_{ad}——样品的空气干燥基水分含量，%。

根据这种真空状态并保持水分湿度条件下，连续平衡 5 d 左右，使煤样制成平衡水分煤样；湿煤样就是煤样中的水分含量未达到水分平衡状态，把制好的平衡水分煤样放入空气干燥箱中干燥 30 min 左右，使煤中的水分含量减少一部分，根据实验需求，达到另一种的煤中的水分含量不饱和的状态，称为湿煤样。实验数据记录于表 8-11。

表 8-11　　　　　　　　　　　平衡水煤样处理记录样表

煤样编号	煤样浸泡时间	煤样抽真空时间	第一天称重		第二天称重		第三天称重		第四天称重		第五天称重		测定人
			时间	质量/kg	时间	质量/kg	时间	质量/kg	时间	质量/kg	时间	质量/kg	

③ 煤样装罐。测定空煤样罐的质量记为 M_1，将干燥后的煤样装满吸附罐，再称煤样和吸附罐总质量 M_2，并将测定结果记录于表 8-12，则吸附罐中的煤样质量 M 为：

$$M = M_2 - M_1 \tag{8-7}$$

装罐时应尽量将罐装满压实，以减少罐内死空间的体积，在煤样上加盖脱脂棉和 80 目铜网，密封煤样罐。

表 8-12　　　　　　　　　　　煤样装罐记录样表

煤样编号	装罐时间	M_1/kg	M_2/kg	测定人
1#				
2#				
3#				

(4) 煤样真空脱气。开启恒温水浴、真空泵，设定水浴温度为 (60 ± 1)℃，打开煤样罐阀门，对煤样进行长时间真空脱气，脱气时间达 12 h 以上(直到真空计显示压力为 4 Pa 时达 1 h)，关闭真空抽气阀和各罐阀，将脱气过程记录于表 8-13。

表 8-13　　　　　　　　　　　脱气记录样表

脱气开始时间	脱气结束时间	降到 10 Pa 脱气时间	降到 4 Pa 脱气时间	脱气后压力表读数/Pa	测定人

(5) 煤样充瓦斯吸附平衡。脱气结束后，调整恒温水浴温度为 (25 ± 1)℃；拧开高压瓦斯钢瓶阀门和充气罐阀门，使高压瓦斯钢瓶与充气罐连通，缓冲进入煤样罐的气体压力，待充气罐气体压力为煤样罐煤样目标吸附平衡压力的 3 倍左右，关闭高压瓦斯钢瓶阀门，读出充气罐压力值 p_1，等待对煤样罐充气；读出 p_1 后，缓慢打开煤样罐阀门，记录开始充气时间 T_1，使充气罐中甲烷进入煤样罐，待罐内压力达到目标平衡压力 1.2 倍左右时，立即关闭罐阀门，并记录充气结束时间 T_2，读出此时充气罐压力 p_2、室温 t。

根据不同粒度的煤样，煤样罐煤样吸附甲烷气体 6～12 h，为保证煤样充分吸附瓦斯，充气后平衡时间需达到 12 h 以上,压力表读数不再降低,将达到吸附平衡状态。实验数据记录于表 8-14。

表 8-14   **煤样瓦斯吸附平衡记录表**

煤样编号	p_1/MPa	T_1	T_2	p_2/MPa	p/MPa	T_3	t/(°)	测定人

（6）煤样瓦斯解吸过程的测定。首先,准备好计时秒表、真空气袋和解吸仪,测定并记录室温 t 和大气压力 p,按照图 8-4 所示分别将真空气袋和解吸仪连接好,之后关闭煤样罐和充气罐之间的阀门。其次,先打开连接真空气袋的阀门,记录实验开始时间 T_1,使煤样罐内的游离瓦斯先进入真空气袋,当煤样罐的压力指示值为零时记录此时时间 T_2,迅速关闭连接真空气袋的阀门,打开连接解吸仪的阀门,同时按下秒表开始计时。最后,读数间隔时间第一分钟内每 10 s 读数 1 次,以后时间间隔逐渐增大,持续观察 120 min,直到解吸仪读数稳定,记录稳定时解吸仪示值读数 V 及解吸结束时间 T_3,读取解吸仪内的瓦斯气体量。实验数据记录于表 8-15。

表 8-15   **煤样瓦斯解吸过程记录表**

煤样编号	T_1	T_2	T_3	V	t/(°)	p/Pa	测定人

4）实验煤样残存瓦斯含量的测定

将做完吸附解吸实验的煤样送回实验室做相应的瓦斯残存含量及煤的工业分析测定。

5）实验煤样 K_1 和 Δh_2 的测定

K_1 的物理意义是:每克煤钻屑自煤体脱落暴露于大气之中第一分钟内的瓦斯解吸量。

Δh_2 的物理意义为:10 g 煤钻屑自煤体脱落暴露于大气之中,第四分钟和第五分钟内的瓦斯解吸总量。

钻屑瓦斯解吸指标的模拟测定是应用钻屑瓦斯解吸仪进行的,测定 Δh_2 是用抚顺分院生产的 MD-2 型瓦斯解吸仪;测定 K_1 采用中煤科工集团重庆研究院生产的 WTC 瓦斯突出参数测定仪,煤样测定的粒级为 1~3 mm。

钻屑瓦斯解吸指标测定所用的实验煤样瓦斯吸附阶段是在图 8-3 所示的测定系统完成的。在进行钻屑瓦斯解吸指标 Δh_2 测定时,待煤样在煤样罐吸附平衡后的,迅速打开煤样罐,在煤样罐卸压的瞬间,按下计时秒表,将吸附平衡的煤样迅速装入 MD-2 型瓦斯解吸仪的煤样瓶中到刻度线位置,当总暴露时间为 3 min 时开始测定,过 2 min 后的水柱计压差为 Δh_2。

在进行钻屑瓦斯解析指标 K_1 测定时,待煤样在煤样罐达到吸附平衡后,在迅速打开煤样罐的瞬间按下计时秒表,在最短时间内将煤样装入 WTC 瓦斯突出参数测定仪的煤样杯内,钻屑应自然装满煤样杯,并用筛子轻轻刮平,然后按下"采样"键开始进行 K_1 值的测定,采样结束后输入自煤样卸压暴露到采样开始的时间，WTC 瓦斯突出参数测定仪将自动计算出该实验煤样在该吸附平衡压力下的 K_1 值。

七、实验结果处理

煤样瓦斯解吸记录见表 8-16。

表 8-16   煤样瓦斯解吸记录

煤样编号		解吸开始时间	
抽放负压/MPa		负压抽放时间/h	
充气压力/MPa		吸附后压力/MPa	
设置温度/℃		水箱实测温度/℃	
Δp		f 值	
K_1 值		Δh_2	
时间/min	第一分钟/s	解析量/mL	
1	0		
2	5		
3	10		
4	15		
5	20		
6	25		
7	30		
8	35		
9	40		
10	45		
11	50		
12	55		
13	60		
14			
15			
16			
17			
18			
19			
20			
22			
24			
26			
28			
30			
32			

时间/min	第一分钟/s	解析量/mL	
34			
36			
38			
40			
45			
50			
55			
60			
70			
80			
90			
100			
110			
120			

(1) 根据上述测试数据,确定不同吸附平衡压力条件下煤样解吸随时间变化的解吸曲线。

(2) 根据上述测试数据,确定瓦斯含量与钻屑瓦斯解吸指标关系。

(3) 根据上述测试数据,确定瓦斯压力与钻屑瓦斯解吸指标关系。

八、实验注意事项

(1) 实验整个过程注意各气路系统的密闭性,确保在不漏气的情况下进行实验。

(2) 实验采用的为高压瓦斯气体,实验过程中,注意防止气体泄漏,以免伤人。

九、预习与思考题

煤的粒度对吸附解吸的影响有哪些?

8.4 钻孔瓦斯涌出初速度的测定

实验类型:设计性　　　　　　　　实验学时:2

一、实验目的

钻孔瓦斯涌出初速度是用于煤矿井下工作面预测煤与瓦斯突出危险或防突措施效果检验的一项重要指标。通过实验,正确掌握煤矿井下工作面突出危险性预测和防突措施效果检验时测定钻孔瓦斯涌出初速度的测定方法,能够独立设计完成井下钻孔瓦斯涌出初速度工作。

二、实验内容

包括钻孔瓦斯涌出初速度的测定。

三、仪器设备

1）测定装置

（1）测量室管：长度有 0.5 m 和 1.0 m 两种规格。

（2）封孔器：压气密封系统的工作压力不小于 0.2 MPa,在停止充气后压力降低值不得超过 0.02 MPa/min,同时应保证封孔段的长度不小于 150 mm。

（3）导气管：当瓦斯流量为 5 L/min 时,导气管内孔的总阻力不大于 300 Pa。

（4）压力表：量程为 0～0.6 MPa,准确度应优于 2.5 级。

2）流量计

量程应包括 1～30 L/min 的流量范围,准确度应优于 2.5 级。流量计应符合相应的国家计量检定规程的规定。

3）常用工具

秒表,地质罗盘,皮卷尺（规格：5 m）,扳手（规格：200 mm）,管钳（规格：300 mm）,钢丝钳。

测定装置如图 8-5 所示。

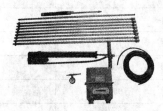

图 8-5　钻孔瓦斯涌出初速度测定仪器

四、所需耗材

99.9％的高纯甲烷或氮气。

五、实验原理、方法和手段

用电煤钻或风煤钻带动螺旋钻杆,在煤层中钻进 ϕ42 mm 钻孔,每钻进 1 m 或钻进到预定深度,退出钻杆,送入封孔器,用打气筒充气封孔,然后用流量计测定打钻结束后 2 min 时规定长度钻孔的瓦斯流量。

按规定的技术要求在煤层中施工钻孔,在达到预定深度 2 min 时,在规定长度钻孔内涌出的瓦斯流量,用符号 q_m 或 q 表示,其单位为 L/min 或 L/(m·min)。

1）煤矿井下现场试验地点选择原则

（1）煤巷掘进工作面。用钻孔瓦斯涌出初速度法进行突出危险性预测或防突措施效果检验时,应在掘进工作面煤层的软分层中靠近巷道两帮,至少各打一个平行于巷道掘进方向、直径 42 mm、深度为 3.5 m 的钻孔（图 8-6）。当煤层有 2 个或 2 个以上软分层时,钻孔应打在最厚的软分层中。

用钻孔瓦斯涌出初速度和钻屑量进行突出危险性预测或防突措施效果检验时,其钻孔布置为：在倾斜或急倾斜煤层掘进工作面至少打 2 个、缓倾斜煤层掘进工作面至少打 3 个直

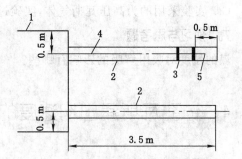

图 8-6　用钻孔瓦斯涌出初速度法进行预测
或检验的钻孔布置平面图
1—煤层巷道；2—钻孔；3—封孔器；
4—导气管；5—测量室

径为 42 mm 的钻孔,其中指标法的钻孔深度为 5.5～6.5 m,其他方法的钻孔深度不得大于 9 m。钻孔应布置在煤层软分层中,一个钻孔位于工作面中部,并平行于掘进方向,其他钻

孔的终孔点应位于巷道轮廓线外 2~4 m 处(图 8-7)。当煤层有 2 个或 2 个以上软分层时,钻孔应布置在最厚的软分层中。

(2) 采煤工作面。在采煤工作面运输平巷以上 10 m、回风平巷以下 15 m,沿工作面每隔 10~15 m 布置一个垂直于工作面煤壁的钻孔,孔深根据工作面条件确定,但不得小于 3.5 m(图 8-8)。

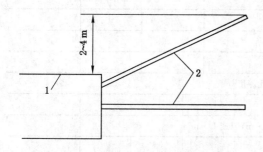

图 8-7　用钻孔瓦斯涌出初速度和钻屑量
进行预测或检验的钻孔布置平面图
1—巷道;2—钻孔

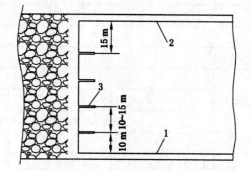

图 8-8　采煤工作面钻孔布置平面图
1—运输平巷;2—回风平巷;3—钻孔

(3) 对各类工作面进行防突措施效果检验时,其钻孔布置除了应满足上述要求外,还应将检验孔打在两个防突措施钻孔的中间。

2) 钻孔瓦斯涌出初速度测定钻孔施工

(1) 仪器的准备。用钻孔瓦斯涌出初速度法进行突出危险性预测或防突措施效果检验时,应选用测量室管长度为 0.5 m 的测定装置;用钻孔瓦斯涌出初速度和钻屑量进行突出危险性预测或防突措施效果检验时,应选用测量室管长度为 1.0 m 的测定装置。

按钻孔深度要求将测定装置的封孔器、导气管、测量室管等与各辅助部件连接好,检查是否漏气。

(2) 打孔。按上述有关要求布置钻孔,在每段钻孔钻进前应在钻杆上标识出预定的打钻深度。钻进时应避免钻杆摆动,钻进速度应控制在 0.5~1 m/min。

(3) 封孔。钻孔钻进至预定深度,立即用秒表计时,迅速拔出钻杆,把封孔器送入孔底,并用打气筒进行充气。全部操作应在规定的时间内完成。

(4) 测定流量。在封孔操作的同时,将流量计与导气管口连接好。封孔完成后,对瞬时流量计在 2 min 时读数,即为钻孔瓦斯涌出初速度值;累计流量计应在 1.5 min 和 2.5 min 时分别读数,后一读数减去前一读数即为钻孔瓦斯涌出初速度值。

(5) 退出封孔器。测定完成后,将胶囊卸压,从钻孔中退出封孔器。

(6) 用钻孔瓦斯涌出初速度和钻屑量进行突出危险性预测或检验时,每钻进 1 m 应测定一次钻孔瓦斯涌出初速度。

3) 测定数据记录

在测定开始前应测量并记录工作面位置、煤层厚度及有无地质变化等;在测定过程中应详细记录钻孔的位置、方位、倾角、深度、钻孔瓦斯涌出初速度以及钻进时有无喷孔、卡钻、响煤炮等动力现象。

测定数据的记录格式见表 8-17。

表 8-17 钻孔瓦斯涌出初速度测定记录表

工作面名称：_____ 循环编号：_____ 工作面位置：_____
煤层厚度：_____ 倾角：_____ 巷道方位：_____ No：_____

孔号	钻孔参数		开孔位置/m		孔深/m	动力现象描述	巷道素描
	方位	倾角/(°)	距中线	距腰线			
1							
2							
3							
4							
	钻孔深度/m						
孔号							
	钻孔瓦斯涌出初速度/L·(min·m)$^{-1}$ 或 L·min^{-1}						
1							
2							
3							
4							

测定人员：_____ 测定日期：_____年___月___日

六、实验步骤

本次实验室测试采用如图 8-9 所示的实验仪器，模拟已打好的钻孔进行测定。

按照图 8-9 所示连接钻孔瓦斯涌出初速度测定钻孔模拟装置。

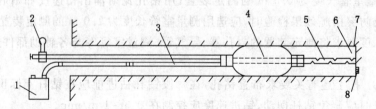

图 8-9 钻孔瓦斯涌出初速度测定方法示意图

1—流量计；2—压力表；3—导气管；4—封孔器；5—测量室管；6—测量室；7—钻孔壁；8—注气孔

按照上述操作步骤进行操作，封孔后，采用高压气瓶通过注气孔对钻孔测量室内注入气体。

七、实验注意事项

在整个操作和测试期间，人员不得面对封孔器，以防封孔器突然冲出伤人。

（1）实验装置连接时要连接密封好。

（2）拆除实验装置时，必须保证各部分处于卸压状态，卸压的先后顺序为：测量室、封孔器、管路等，确保实验装置拆除时的安全。

八、预习与思考题

影响煤层钻孔瓦斯涌出初速度的因素有哪些？

第9章
矿井瓦斯抽采技术

9.1 煤层瓦斯抽采管路中瓦斯流量参数的测定

实验类型:设计性　　　　　　　　实验学时:2

一、实验目的

通过实验使学生了解煤层瓦斯抽采过程中各参数(负压、浓度、压差、流量)的意义,掌握煤层瓦斯抽采各参数(负压、浓度、压差、流量)测定方法。

二、实验内容

包括煤层瓦斯抽采各状态参数(负压、浓度、压差、流量)的测定。

三、仪器设备

(1)煤层瓦斯抽采模拟装置,如图9-1所示。

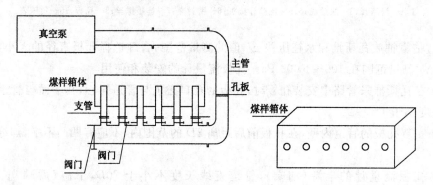

图 9-1　煤层瓦斯抽采参数测定模拟装置结构图

(2)高负压瓦斯采样器。

(3)光干涉型瓦斯检定器。

(4)温度计。

(5)U形压差计。

(6)LGB型孔板,如图9-2所示。

(7)负压表,如图9-3所示。

(8)CWC3型便携式瓦斯抽采参数测定仪,如图9-4所示。

(9)孔板流量计。孔板流量计用以测定瓦斯抽放管路中的瓦斯流量。当气体经管路通过孔板时,流速会增大,在孔板两侧产生压差,并且流量与压差之间存在着一个恒定的关系,通过压差可以计算出管路中气体的流量。

— 169 —

图 9-2　LGB 型孔板　　　　图 9-3　负压表　　　　图 9-4　便携式瓦斯抽采参数测定仪

孔板流量计由孔板、取压嘴和钢管组成,如图 9-5 所示。

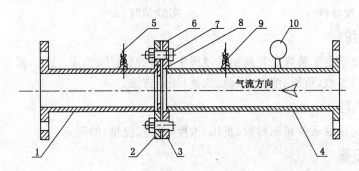

图 9-5　孔板流量计结构示意图

1,4—管路;2,3—法兰盘;5,9—压差计接头;6—密封圈;7—连接螺丝;8—孔板;10—负压表

通过估算抽放瓦斯量和水柱压差 Δh 值的测量范围,合理选择孔板直径的大小,一般孔板压差 Δh 测量范围在 100～1 000 Pa。孔板流量计的安装和使用。

（1）在瓦斯抽采管路中安装孔板时,孔板的孔口必须与管道同心,其端面与管道轴线垂直,偏心度小于 1%～2%。

（2）安装孔板的管道内壁,在孔板前后距离 2D 的范围内,不应有凹凸不平,焊缝和垫片等。

（3）孔板流量计的上游（前端）,管道直线长度不小于 20D,下游（后端）长度不小于 10D。

（4）要经常清理孔板前后的积水和污物,孔板锈蚀要更换。

（5）抽采瓦斯量有较大变化时,应根据流量大小更换相应的孔板。

四、所需耗材

实验煤样、99.9% 的高纯甲烷、氮气等。

五、实验原理、方法和手段

煤层瓦斯抽采一般是指利用瓦斯泵或其他抽采设备抽取煤层中高浓度的瓦斯,并通过与巷道隔离的管网把抽出的高浓度瓦斯排至地面或矿井总回风巷中。煤矿瓦斯抽采不仅是降低矿井瓦斯涌出量,防止瓦斯爆炸和煤与瓦斯突出灾害的重要措施,而且抽出的瓦斯还可变害为利,作为优质洁净能源加以开发利用。

在煤层瓦斯抽采过程中,为实时了解掌握煤层瓦斯抽采的效果,就必须对煤层瓦斯抽采的状态参数进行测定,根据所测的瓦斯抽采的状态参数调整和优化煤层瓦斯抽采的工艺和参数,从而使瓦斯抽采工作得到不断改进和提高。

煤层瓦斯抽采过程中,针对每一钻孔和主(干)管路需要随时掌握的抽采状态参数,主要包括瓦斯抽采的负压、浓度、压差、流量等。本实验就是对以上瓦斯抽采的状态参数进行测定。

在煤层瓦斯抽采状态参数的测定中,主要的方法有两类,一是使用传统的负压取样器和光干涉型瓦斯鉴定器测定浓度,用负压表测定负压,用孔板和 U 形压差计测定孔板上、下游的压差并计算气体的流量(图 9-1~图 9-3 及图 9-5);二是利用现有电子仪器,如 CWC3 型便携式瓦斯抽采多参数测定仪进行瓦斯抽采状态参数的测定,其是利用甲烷传感器、压力传感器及自带涡街流量传感器分别测量出瓦斯浓度,压力及工矿流量数据,并根据标准状况混合量计算公式和瓦斯纯量计算公式分别自动计算出混合量及瓦斯纯量,显示后自动存储的仪器设备(图 9-4)。

六、实验步骤

1) 传统测试方法测定

(1) 按照图 9-1 所示结构图连接煤层瓦斯抽采模拟装置。

(2) 对煤样箱体充气,再开启真空泵。

(3) 真空泵正常运转 5 min 后,打开孔板支管,利用高负压取样器和光干涉型瓦斯鉴定器相配合连续从孔板支管中抽取气体 5~8 次,打入光干涉型瓦斯鉴定器内,利用光干涉型瓦斯鉴定器测定各抽采管路中的甲烷浓度。高负压抽气筒采集时,抽气筒的进气口和平衡压力口分别通过胶管与孔板前后的气嘴相连通,起着平衡负压和保证抽气筒前方压力大于后方压力的作用,因而避免了经活塞漏入空气。在打气时,瓦斯经气门芯排到高浓度瓦斯检定器中。

(4) 测定孔板上风端的绝对压力(p_1),可用真空表(负压表)或 U 形压差计直接测定,并按下式计算:

$$p_1 = p_a - p \tag{9-1}$$

式中　p_1——孔板上风端的绝对压力,mmHg;

　　　p_a——大气压力,mmHg;

　　　p——表压力或水银柱高差,mmHg。

(5) 测定管内气体温度 $t(℃)$,可近似取测量地点温度。

(6) 利用 U 形压差计分别连接各抽采管路设置的孔板的上、下游支管,测定孔板上、下游两侧的压差。

(7) 利用测定的孔板上、下游压差,查阅相关技术参数,根据孔板的压差与流量的关系计算出各抽采管路的气体混合流量。

(8) 根据(3)中测得的各抽采管路的气体浓度和(7)中测得的气体混合流量计算各抽采管路中气体的纯流量。

2) CWC3 型便携式瓦斯抽采多参数测定仪测定

按照图 9-1 所示结构图连接煤层瓦斯抽采模拟装置,并将 CWC3 型便携式瓦斯抽采多参数测定仪串联到某一管路内;对煤样箱体充气,再开启真空泵;真空泵正常运转 5 min 后,即可开始测定各参数。该仪器具体测定步骤如下:

(1) 使用前准备

① 仪器使用前,应进行数据清零,否则不能安全保存数据。

② 仪器每次使用前,应与相对应的抽采管路连接好,注意气流方向应与仪器指示方向一致。

③ 使用前,应检查电量是否充足,电源指示灯为红色表示充足,黄色为不足应进行充电。

(2)充电。用专用电缆将充电器与主机连接好,再将充电器接上 220 V 交流电。这时充电器面板上电源指示灯和充电指示灯将亮,充电器开始对仪器充电。充满时,充电器自动停止,此时充电指示灯将变成绿色。

(3)单参数测量。单参数测量是指只测量某一单一参数,有 3 种形式:单浓度、单负压、单流量。其操作过程如下:

① 按"电源"键打开主机电源,仪器显示提示词为"Hello",表示仪器正常。此时根据需要按相应的按键,即单浓度按"浓度"键、单负压浓度按"负压"键、单流量按"流量"键。

② 输入参数:按下相应的按键后,仪器提示输入测量地点编号"No",此时可按仪器面板上的数字键输入编号,编号在 0～100 的自然数,用户可根据情况自己对各测定管路进行编号。输入正确后按"监控"键并加以确认;如果输入错误,可按"清屏"键消除,重新输入数据。地点编号输入完后,接着仪器提示输入日期,可按仪器提示要求完成即可。

③ 参数输入完成后,仪器进行测量,并显示测量的数据,待测定数据稳定后,按"测量"键,仪器自动测量 10 组数据,并取平均值作为测量结果,显示并存储该结果。

(4)综合参数测量

综合参数测量是指瓦斯浓度、负压和流量 3 个参数仪器测量,并最终测量和显示瓦斯抽采的混合流量和瓦斯含量,其操作过程如下:

① 如果仪器不是开始待机状态,可按"复位"键强行使仪器回到待机状态(显示提示词为"Hello"),在此状态下按"监控"键,使仪器进入综合参数测量方式。

② 参数输入。与单参数测量相同,也需要输入地点编号和测量日期。除此之外,还需要输入测量地点的气压,单位为 mmHg。如果不知道确切值,可输入"760"。

③ 参数输入完成后,仪器开始测量并显示瓦斯浓度,待浓度稳定后,按"测量"键,仪器开始测量。测量顺序:瓦斯浓度→负压→工况流量。

(5)数据显示与查询。在待机状态下,按"显示"键,仪器显示提示词为"Disp:"询问查询数据类型,要求输入数据类型代码,数据类型代码定义如下:

1——综合参数测定数据   2——单浓度数据

3——单负压数据   4——单流量数据

输入数据代码后,仪器提示输入测量地点编号,输入编号后,即可开始显示相应测量数据。

七、实验结果处理

1)传统方法

$$Q_{流} = Kb\sqrt{\Delta h \delta_p \delta_T} \tag{9-2}$$

式中　$Q_{流}$——用标准孔板观测时混合瓦斯流量,m^3/min;

K——孔板实际流量系数。

$$K = 189.76a_o mD^2 \tag{9-3}$$

b——瓦斯浓度校正系数；

a_o——标准孔板流量系数；

m——截面比。

$$m = \left(\frac{d}{D}\right)^2 \tag{9-4}$$

D——管道直径，m；

Δh——在孔板前后端所测的压差，mmH_2O。

δ_T——温度校正系数，可查表 9-1；

δ_p——压力校正系数，可查表 9-2。

$$\delta_T = \sqrt{\frac{293}{273+t}} \tag{9-5}$$

$$\delta_p = \sqrt{\frac{p_T}{760}} \tag{9-6}$$

式中 t——同点的温度，℃；

293——标准绝对温度，℃；

p_T——孔板上风端测得的绝对压力，mmHg；

760——标准大气压，mmHg；

h——瓦斯浓度校正系数。

$$b = \sqrt{\frac{\rho_{空标}}{\rho_{标}}} = \sqrt{\frac{1}{1-0.004\,6x}} \tag{9-7}$$

式中 $\rho_{空标}$——在 760 mmHgO、20 ℃时的空气密度，为 1.21 kg/m^3；

$\rho_{标}$——在 760 mmHg、20 ℃时的瓦斯密度，为 0.668 kg/m^3；

x——混合气体中瓦斯浓度，%。

计算纯瓦斯量的公式为：

$$Q_{纯} = Q_{混}\, x \tag{9-8}$$

为了计算方便起见，将 δ_T、δ_p、b 分别列入表 9-1～表 9-3 中。

表 9-1   温度校正系数

温度/℃	δ_T									
	0	1	2	3	4	5	6	7	8	9
40	0.968	0.966	0.964	0.963	0.961	0.960	0.958	0.957	0.955	0.954
30	0.983	0.982	0.980	0.979	0.977	0.975	0.974	0.972	0.971	0.969
20	1.000	0.998	0.987	0.995	0.993	0.992	0.990	0.988	0.987	0.985
10	1.017	1.016	1.014	1.012	1.010	1.008	1.007	1.005	1.003	1.001
0	1.035	1.034	1.033	1.032	1.029	1.027	1.025	1.023	1.021	1.019
−0	1.035	1.037	1.039	1.041	1.043	1.045	1.047	1.049	1.052	1.054
−10	1.056	1.058	1.059	1.061	1.063	1.066	1.068	1.070	1.072	1.074
−20	1.076	1.078	1.080	1.083	1.085	1.086	1.089	1.091	1.094	1.095
−30	1.098	1.099	1.103	1.105	1.108	1.109	1.112	1.115	1.117	1.119
−40	1.122	1.123	1.126	1.129	1.131	1.133	1.136	1.139	1.141	1.143

表 9-2 气压校正系数

p_r/mmH_2O	δ_p	p_r/mmH_2O	δ_p	p_r/mmH_2O	δ_p
150	0.444	375	0.702	600	0.889
155	0.452	380	0.707	605	0.892
160	0.458	385	0.712	610	0.896
165	0.466	390	0.718	615	0.900
170	0.472	395	0.720	620	0.903
175	0.480	400	0.725	625	0.907
180	0.488	405	0.729	630	0.910
185	0.493	410	0.734	635	0.914
190	0.500	415	0.739	640	0.918
195	0.506	420	0.743	645	0.922
200	0.513	425	0.748	650	0.925
205	0.519	430	0.752	655	0.928
210	0.525	435	0.756	660	0.932
215	0.532	440	0.761	665	0.935
220	0.538	445	0.765	670	0.939
225	0.544	450	0.769	675	0.942
230	0.550	455	0.774	680	0.946
235	0.556	460	0.778	685	0.949
240	0.562	465	0.782	690	0.953
245	0.568	470	0.786	695	0.956
250	0.574	475	0.791	700	0.960
255	0.579	480	0.794	705	0.963
260	0.585	485	0.799	710	0.967
265	0.590	490	0.803	715	0.970
270	0.596	495	0.807	720	0.973
275	0.601	500	0.811	725	0.977
280	0.607	505	0.815	730	0.980
285	0.612	510	0.819	735	0.984
290	0.617	515	0.823	740	0.987
295	0.623	520	0.827	745	0.990
300	0.629	525	0.831	750	0.993
305	0.633	530	0.835	755	0.997
310	0.639	535	0.839	760	1.000
315	0.643	540	0.843	765	1.003
320	0.649	545	0.847	770	1.006
325	0.654	550	0.850	775	1.009
330	0.659	555	0.854	780	1.013

$p_r/\text{mmH}_2\text{O}$	δ_p	$p_r/\text{mmH}_2\text{O}$	δ_p	$p_r/\text{mmH}_2\text{O}$	δ_p
335	0.663	560	0.858	785	1.016
340	0.669	565	0.862	790	1.019
345	0.674	570	0.866	795	1.023
350	0.678	575	0.870	800	1.026
355	0.683	580	0.874	805	1.029
360	0.689	585	0.878	810	1.031
365	0.693	590	0.881	815	1.034
370	0.698	595	0.886	820	1.037

表 9-3　　　　　　　　　　　　　　瓦斯浓度校正系数

$C/\%$	b									
	0	1	2	3	4	5	6	7	8	9
0	1.000	1.002	1.004	1.007	1.009	1.011	1.014	1.016	1.019	1.021
10	1.024	1.026	1.028	1.031	1.032	1.035	1.038	1.040	1.043	1.045
20	1.048	1.050	1.053	1.056	1.058	1.060	1.063	1.066	1.068	1.071
30	1.074	1.077	1.080	1.082	1.085	1.088	1.091	1.095	1.097	1.100
40	1.103	1.106	1.109	1.113	1.116	1.119	1.122	1.125	1.128	1.131
50	1.134	1.137	1.141	1.144	1.148	1.151	1.154	1.158	1.162	1.164
60	1.168	1.172	1.176	1.179	1.182	1.186	1.190	1.194	1.198	1.202
70	1.206	1.210	1.214	1.220	1.222	1.225	1.229	1.234	1.238	1.243
80	1.247	1.251	1.256	1.260	1.263	1.269	1.274	1.278	1.283	1.287
90	1.292	1.297	1.302	1.308	1.313	1.318	1.324	1.328	1.334	1.339
100	1.344									

矿井瓦斯抽采中使用的压差计,在现场测得负压、正压和节流的大小,常用 mmH_2O 来表示。但有时由于测量范围和防冻等原因,必须改用水银和酒精来代替。其换算关系为:

$$1\ \text{mmHg} = 13.6\ \text{mmH}_2\text{O}$$

$$1\ \text{毫米酒精柱} = 0.815\ \text{mmH}_2\text{O}$$

在实际使用中,也可以将其换算数值列成表,这样计算则比较方便。数据记录到表 9-4 中。

表 9-4　　　　　　　　　　　　　　煤层瓦斯抽采参数测定结果

钻孔 ＼ 参数	$C/\%$	$p_{压}/\text{kPa}$	$\Delta p/\text{mmH}_2\text{O}$	$Q_b/(\text{m}^3 \cdot \text{min}^{-1})$

2)仪器测量

CWC₃ 型便携式瓦斯抽采多参数测定仪测定数据记录到表 9-5 中,并按照式(9-9)计算抽采管路中标准状态下的混合流量,按照式(9-10)计算标准状态下抽采管路中瓦斯的纯流量。

$$Q_b = \frac{(p_d - p_负) \times 293.15}{(273.15 + t) \times 101.33} Q_a \qquad (9\text{-}9)$$

$$Q_c = CQ_b \qquad (9\text{-}10)$$

式中　Q_a——工作状况流量,m^3/min;

　　　Q_b——标准状况流量,m^3/min;

　　　Q_c——瓦斯流量,m^3/min;

　　　$p_负$——管道内气体负压,KPa;

　　　p_d——测量地点的大气压;

　　　t——管道内气体温度,$℃$;

　　　C——管道内瓦斯浓度,$\%$。

表 9-5　　　　　　　　　　　　　煤层瓦斯抽采参数测定结果

钻孔 ＼ 参数	$C/\%$	$p_负/kPa$	$Q_b/(m^3 \cdot min^{-1})$

八、实验注意事项

(1)实验装置连接时,要连接密封好。

(2)测定时,应注意各胶管连接密封好。

(3)要将尾气排到室外通风良好的地方。

(4)CWC₃ 型便携式瓦斯抽采多参数测定仪测定时,应使连接管和仪器密封良好;仪器使用前应进行充电和清零,确保数据存储的有效性。

九、预习与思考题

(1)影响煤层瓦斯抽采参数的因素有哪些?

(2)煤层瓦斯抽采方法的分类? 各类抽采方法的适用条件?

(3)为什么要对抽采流量进行标准状态的换算?

9.2　瓦斯成分色谱分析

实验类型:综合性　　　　　　　　　　　　实验学时:2

一、实验目的

(1)了解气相色谱仪的主要结构单元及各部分的功能。

(2)掌握气相色谱法的基本原理及使用方法。

(3) 掌握气体采集方法。

(4) 掌握运用气相色谱仪分析气体的基本步骤和操作流程。

(5) 掌握利用数据分析软件处理实验数据的能力。

(6) 分析影响测试结果误差的主要因素,提出减小分析误差的措施。

二、实验内容

瓦斯成分色谱分析:了解气相色谱仪的主要结构单元及各部分的功能;掌握气相色谱法的基本原理及使用方法;掌握气体采集方法;掌握运用气相色谱仪分析气体的基本步骤和操作流程;掌握利用数据分析软件处理实验数据的能力;分析影响测试结果误差的主要因素,提出减小分析误差的措施。

三、仪器设备

(1) 煤矿专用色谱仪、气相色谱工作站(图 9-5)。

(2) 气体采集器(注射器、六通阀)。

(3) 氢气发生器(图 9-6)。具体包括:主机、氢火焰离子化检测器(FID)、热导检测器、转化炉、专用色谱柱、四气路、四套六通阀。

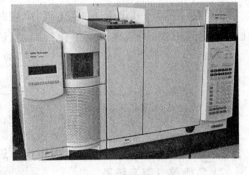

图 9-5 气相色谱

图 9-6 氢气发生器

图 9-7 气瓶(含气及减压阀)

四、所需耗材

(1) 测试混合标准气体(瓦斯)。

(2) 标准气体(氮气、甲烷、氧气、二氧化碳)。

五、实验原理、方法和手段

气相色谱法是一种物理化学分离分析方法。分析瓦斯成分时,首先通过色谱仪的定量管把被测瓦斯样品送进气相色谱仪的进样口内,瓦斯样品中的各种组分,经过进样口后被载气送进色谱柱逐渐被分离;然后进入检测器,由检测器把通过色谱柱后,按一定顺序逐个流出的各组分的浓度信号转变为电信号,经过测量臂检测,形成按时间顺序排列的谱峰面积图,这些色谱图通过微机软件定性分析处理和定量计算后,就可以求得被分析瓦斯样品中各组分的含量。

分离原理:不同物质在固定相和流动相中具有不同的分配系数 K,当两相做相对运动时,被测物质会在两相间依据不同的分配系数作多次分配以达到动态平衡,从而使得各组分得到分离。分离流程如图 9-8 所示。

图 9-8　分离流程

1) 转化炉的转化原理

当分项测定一氧化碳、二氧化碳、甲烷时,试样进样后先经色谱柱分离,再进入甲烷化转化器转化为甲烷,用氢火焰离子化检测器(FID)进行测定。转化反应如下:

$$CO + 3H_2 \xrightarrow{350 \sim 380\ ℃} CH_4 + H_2O$$

$$CO_2 + 4H_2 \xrightarrow{350 \sim 380\ ℃} CH_4 + 2H_2O$$

$$C_mH_n + \frac{4m-n}{2}H_2 \xrightarrow{350 \sim 380\ ℃} mCH_4$$

注:上述反应都是在 Ni 催化剂作用下进行,C_mH_n 为饱和烃或不饱和烃。

2) 色谱仪气路系统图

通过 4 根根特殊色谱柱完成对 H_2、N_2、O_2、CO、CO_2、烷烃、烯烃、炔烃的常量及微量组分分析。

色谱柱 A 主要用来检测 O_2、N_2、CH_4、CO 等气体。

色谱柱 B 主要用来检测 CO_2。

色谱柱 C 主要用来检测 CH_4、C_2H_4、C_2H_6、C_2H_2 等气体。

色谱柱 D 主要用来检测 CO、CH_4、CO_2 等气体。

因此,在检测气体成分时,应根据检测目的将被检测气体通过相应的六通阀注入色谱仪进行检测。其气路系统如图 9-9 所示。

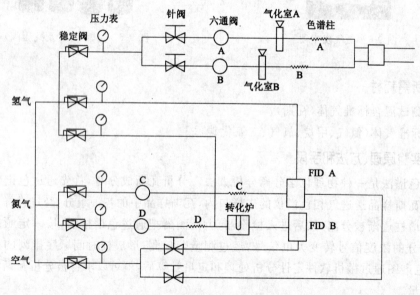

图 9-9　色谱仪气路系统

3）氢火焰离子化检测原理（flame ionization detector，FID）

FID 是对有机物敏感度很高的检测器，由于它具有响应的一致性、线性范围宽、结构简单，对温度不敏感等特点，所以应用于有机物的微量分析。

FID 在工作时需要载气（N_2、H_2）、燃气（H_2）和助燃气体（air）。当氢气在空气中燃烧时，火焰中的离子是很少的，但如果有碳氢化合物存在时，离子就大大增加了。

从柱后流出的载气和被测样品与氢气混合在空气中燃烧，有机化合物被电离成正负离子，正负离子在电场的作用下就产生了电流，这个电流经微电流放大器放大后，可用记录仪或数据处理机下来作为定量的依据（色谱图）。

4）热导检测器检测原理（TCD）

TCD 是目前气相色谱仪上应用最广泛的一种通用型检测器。它结构简单，稳定性好，灵敏度适宜，线性范围宽，对所有被分析物质均有响应，而且不破坏样品，多用于常量分析。

当载气（H_2）混有被测样品时，由于热导系数不同，破坏了原有热平稳状态，使热丝温度发生变化，随之电阻也就改变，电阻值的变化可以通过惠斯登电桥测量出来，所得电信号的大小与在载气中浓度成正比，经放大后，记录下来作为定性、定量的依据（色谱图）。

5）数据处理工作站

将接收到的色谱仪检测器输出的电信号转化成数字信号并加以处理计算，得到真实可信的检测样品的浓度或含量值并打印出分析的结果报告，A5000 色谱数据处理工作站是通过数据采集卡（接口板）、信号线、计算机、打印机及相应的软件来实现的。软件的处理即操作者通过使用软件对采集到的信号识别、判定、选择公式计算等。

处理过程是对检测样品定性和定量的过程，在分析过程中通常是通过对已知浓度或含量的样品先分析来达到定性的目的：在工作站上表现为此标样（已知样品）的保留时间、峰面积峰高等结果。定量过程则是在得到标样的保留时间、峰面积/峰高后选择相应的计算方法（内标、外标等），并据此求出相应的校正因子后对未知样品的求解过程，这一过程在工作站上已大为简化，只要求出标样的定性结果（即求出相应计算方法下的校正因子）后直接在色谱仪上进未知样品，采样结束后即可得到未知样品的含量或浓度报告。

六、实验步骤

1）采集被测气体样品

用气体采集器采集被测气体样品，如被测气体湿度过大或含有大量粉尘时，需用无吸附作用的干燥剂和过滤器对被测气体样品进行处理。

2）气体检测

（1）启动色谱仪（此步骤由实验指导教师提前完成）。首先通气，色谱仪上有压力后通电，按"运行"键。仪器开始升温，Ⅰ灯亮时，柱箱温度达到 60 ℃，热导温度达到 100 ℃，气化温度达到 150 ℃，氢焰温度达到 150 ℃，按"Ⅱ"键，Ⅱ灯亮，转化温度达到 360 ℃。待热导温度达到设定温度后，开启桥流，可用热导检测器开始检测。待转化温度达到设定值时，把色谱仪空气流量调小至"0.05"左右，高阻检查至"低挡"，按"点火"开关，使氢焰检测器点火（可用冷金属工具检验点火状态）。点火后，高阻拨至"高挡"，把空气流量调回"0.2"。

注：使用色谱仪进行检测时，需提前启动色谱仪进行预热或活化色谱柱。预热需 30 min 左右，活化色谱柱需 8～24 h。

（2）气体检测

① 启动 A5000 工作站。

② 进标准气样(A、B、C、D柱),求校正因子,建立组分表。

进样—启动—出峰—结束—关闭—点击"方法"—组分表—新建—更新—输入名称和浓度—分析计算—校准。

③ 检测未知气样:进待测气样—启动—出峰—结束—含量得出。

④ 得出结果,打印报告。

3)关机(此步骤由实验指导教师完成)

首先关闭桥流(开关向下),高阻拨至"低档",关电源,关空气,关氢气,因色谱仪长时间工作后具有较高温度,所以在关电源后还需 1.5 h 关闭氮气。

七、实验结果处理

把从 5A 柱出的谱图和 6201 柱出的谱图上标出的不同组分的面积,分别填入瓦斯成分计算软件 NG 的相应表格里,即可得出被测瓦斯样品中各组分的体积分数。

八、实验注意事项

(1)因为色谱仪长时间工作后具有较高温度,所以在关电源后还需长时间通氮气降温。

(2)实验过程中注意防止漏气。

九、预习与思考题

(1)简述气相色谱分析瓦斯成分的方法基本原理。

(2)在实验中应注意的问题是什么?

(3)试述气相色谱法的分离原理。

(4)试述氢焰离子化检测器 FID 和热导式检测器 TCD 的检测原理。

(5)分析检测过程中可能存在的误差原因及防范措施。

第 10 章
煤 化 学

10.1 煤的工业分析

实验类型:综合性　　　　　　　　　　实验学时:4

一、实验目的

煤的工业分析是煤的重要物理指标之一,测定煤的工业分析为煤层的自燃倾向鉴定、煤层瓦斯含量测定及煤炭质量监定提供数据支持。通过实验,使学生了解煤的灰分、水分、挥发分及固定碳的测定。

二、实验内容

煤的工业分析(灰分、水分、挥发分和固定碳的测定及计算)。

三、仪器设备

1) 水分的测定

(1) 鼓风干燥箱:干燥箱又称烘箱或恒温箱,带有自动控温装置,能保持稳定在 105～110 ℃。

(2) 玻璃称量瓶:直径 40 mm,高 25 mm,并带有严密的磨口盖。

(3) 干燥器:内装变色硅胶或粒状无水氯化钙。干燥器用以防止试样吸收水分,用厚玻璃制造,盖与缸之间有磨口密合,可涂以凡士林,保证严密性。起盖时,要平推。内部附有带孔瓷板,板下放硅胶等干燥剂,以保持器内干燥状态。

(4) 分析天平:感量 0.1 mg。

2) 灰分的测定

(1) 马弗炉:炉膛具有足够的恒温区,能保持温度为(850±10)℃。炉后膛的上部带有直径为 25～30 mm 的烟囱,下部距离炉膛底 20～30 mm 处有一个插热电偶的小孔,炉门上有一个直径为 20 mm 的通气孔。

马弗炉的恒温区应在关闭炉门下测定,每年至少测定 1 次。高温计(包括毫伏计和热电偶)每年至少校准 1 次。

(2) 灰皿:瓷质,长方形,底长 45 mm,底宽 22 mm,高 14 mm。

(3) 干燥器:内装变色硅胶或粒状无水氯化钙。

(4) 分析天平:感量 0.1 mg。

(5) 耐热瓷板或石棉板。

3) 挥发分的测定

(1) 挥发分坩埚:带有配合严密盖的坩埚,坩埚总质量为 15～20 g。

(2) 马弗炉:带有高温计和调温装置,能保持温度在(900±10)℃,并有足够的(900±

5) ℃的恒温区。炉子的热容量为:当起始温度为 920 ℃时,放入室内温下的坩埚架和若干坩埚,关闭炉门后,在 3 min 内恢复到(900±10)℃。炉的后壁有一个排气孔和插热电偶的小孔。小孔的位置应使热电偶插入炉内后其热接点在坩埚底和炉底之间,距炉底 20～30 mm 处。

马弗炉的恒温区应在关闭炉门下测定,每年至少测定 1 次。高温计(包括毫伏计和热电偶)每年至少校准 1 次。

(3)坩埚架:用镍铬丝或其他耐热金属丝制成。其规格尺寸能使所有的坩埚都在马弗炉恒温区内,并且坩埚底部紧邻热电偶接点上方。

(4)干燥器:内装变色硅胶或粒状无水氯化钙。

(5)电子天平:感量 0.1 mg。

(6)压饼机:螺旋式或杠杆式压饼机,能压制直径约 10 mm 的煤饼。

(7)坩埚钳。

(8)秒表。

主要实验装置如图 10-1～图 10-8 所示。

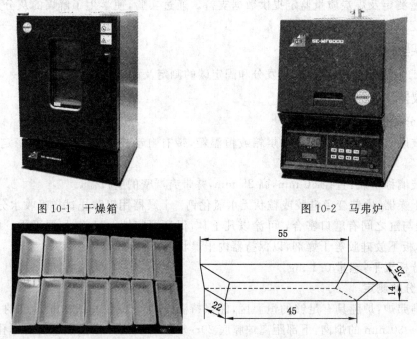

图 10-1　干燥箱　　　　　　　　　　　图 10-2　马弗炉

图 10-3　灰皿外观及示意图(单位:mm)

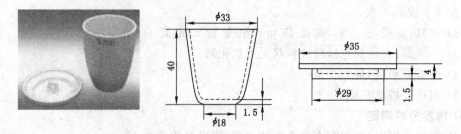

图 10-4　挥发坩埚外观及示意图(单位:mm)

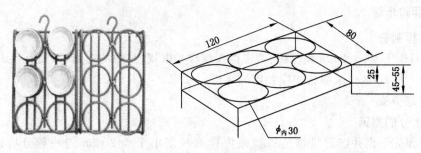

图 10-5 坩埚架外观及示意图(单位:mm)

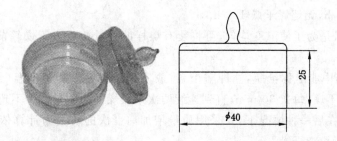

图 10-6 玻璃称量瓶外观及示意图(单位:mm)

图 10-7 干燥器外观

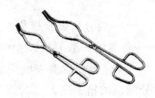

图 10-8 坩埚钳外观

四、所需耗材

包括实验煤样、变色硅胶或粒状无水氯化钙。

五、实验原理、方法和手段

1) 水分的测定

称取一定质量的空气干燥煤样,置于 105～110 ℃ 干燥箱内,置于空气流中干燥至质量恒定,根据煤样的质量损失计算出水分的质量分数。

2) 灰分的测定

将装有煤样的灰皿由炉外逐渐送入预先加热至(850±10)℃的马弗炉中灰化并灼烧至质量恒定,以残留物的质量占煤样质量的百分比作为煤样的灰分。

3) 挥发分的测定

称取一定质量的一般分析试验煤样,放在带盖的瓷坩埚中,在(900±10)℃下,隔绝空气加热 7 min,以减少的质量占煤样质量的百分比,减去该煤样水分含量作为煤样的挥发分。

六、实验步骤

1）煤样制备

按照 GB/T 482—2008 和《煤炭资源勘探煤样采取规程》中的规定,采集有代表性煤样,按照 GB 474—2008 要求制备相应粒度的煤样。

2）测定步骤

（1）水分的测定

① 在预先干燥并已称量过的称量瓶内称取粒度小于 0.2 mm 的一般分析试验煤样（1±0.1）g,称准至 0.000 2 g,平摊在称量瓶中。

② 打开称量瓶盖,放入预先鼓风并已加热到 105～110 ℃的干燥箱中,在一直鼓风的条件下,烟煤干燥 1 h,无烟煤干燥 1.5 h。

注:预先鼓风是为了使温度均匀,可将装有煤样的称量瓶放入干燥箱前 3～5 min 就开始鼓风。

③ 从干燥箱中取出称量瓶,立即盖上盖,放入干燥器中冷却至室温（约 20 min）后,称量。进行检查性干燥,每次 30 min,直到连续两次干燥煤样的质量减少不超过 0.001 g 或质量增加时为止。在后一种情况下,要采用质量增加前一次的质量为计算依据。水分在 2% 以下时,不必进行检查干燥。

按式（10-1）计算一般分析试验煤样的水分:

$$M_{ad} = \frac{m_1}{m} \times 100 \tag{10-1}$$

式中　M_{ad}——一般分析试验煤样水分的质量分数,%;

　　　m——称取的一般分析试验煤样的质量,g;

　　　m_1——煤样干燥后失去的质量,g。

④ 水分测定的精密度。水分测定的重复性见表 10-1。

表 10-1　　　　　　　　　　水分测定结果的重复性限（允许误差）

水分（M_{ad}）/%	<5.00	5.00～10.00	>10.00
重复性限/%	0.20	0.30	0.40

（2）灰分的测定

① 在预先灼烧至质量恒定的灰皿中,称取粒度小于 0.2 mm 的一般分析试验煤样（1±0.1）g,称准至 0.000 2 g,均匀地摊平在灰皿中,使其每平方厘米的质量不超过 0.15 g。将盛有煤样的灰皿预先分排放在耐热瓷板或石棉板上。

② 将马弗炉加热到 850 ℃,打开炉门,将放有灰皿的耐热瓷板和石棉板缓慢的推入马弗炉中,先使第一排灰皿中的煤样灰化。待 5～10 min 后煤样不再冒烟时,以每分钟不大于 2 cm 的速度把其余各排灰皿顺序推入炉内炽热部分（如果煤样着火发生爆燃,试样应作废）。

③ 关上炉门并使炉门留有 15 mm 左右的缝隙,在（815±10）℃,温度下灼烧 40 min。

④ 从炉中取出灰皿,放在空气中冷却 5 min 左右,移入干燥器中冷却至室温（约 20 min）后,然后再称量。

⑤ 进行检查性灼烧,温度为（815±10）℃,每次灼烧 20 min,直到连续两次灼烧后的质

量变化不超过 0.001 g 为止,并以最后一次灼烧后质量为计算依据。如遇检查性灼烧时结果不稳定,应改用缓慢灰化法重新测定。灰分小于 15.00% 时,不必进行检查性灼烧。

空气干燥煤样的灰分按式(10-2)计算:

$$A_{ad}=\frac{m_1}{m}\times 100 \qquad (10-2)$$

式中　A_{ad}——空气干燥煤样的灰分,%;

　　　m——称取的一般分析试验煤样的质量,g;

　　　m_1——灼烧后残留物的质量,g。

⑥ 灰分测定的精密度。灰分测定的重复性和再现性见表 10-2。

表 10-2　灰分测定的精密度

灰分/%	重复性限 A_{ad}/%	再现性临界差 A_d/%
<15.00	0.20	0.30
15.00~30.00	0.30	0.50
>30.00	0.50	0.70

(3) 挥发分的测定

① 在预先于 900 ℃ 温度下灼烧至质量恒定的带盖瓷坩埚中,称取粒度小于 0.2 mm 的一般分析试验煤样(1±0.01) g,称准至 0.000 2 g,然后轻轻振动坩埚,使煤样摊平,盖上盖,放在坩埚架上。

褐煤和长焰煤应预先压饼,并切成宽约 3 mm 的小块。

② 将马弗炉预先加热至 920 ℃ 左右。打开炉门,迅速将放有坩埚的坩埚架送入恒温区,立即关上炉门并计时,准确加热 7 min。坩埚及坩埚架放入后,要求炉温在 3 min 内恢复至(900±10)℃,此后保持在(900±10)℃,否则此次试验作废。加热时间包括恢复时间在内。

注:马弗炉预先加热温度可视马弗炉具体情况调节,以保证在放入坩埚架后,炉温在3 min 内恢复至(900±10)℃为准。

③ 从炉中取出坩埚,放在空气中冷却 5 min 左右,移入干燥器中冷却至室温(约20 min)后称量。

④ 焦砟特征分类。测定挥发分所得焦砟的特性,按下列规定加以区分:

a. 粉状(1 型):全部是粉末,没有相互黏着的粒状。

b. 黏着(2 型):用手指轻碰即成粉末或基本上是粉末,其中较大的团块轻轻一碰即成粉末。

c. 弱黏结(3 型):用手指轻压即成小块。

d. 不熔融黏结(4 型):用手指用力压才裂成小块,焦渣上表面无光泽,下面稍有银白色光泽。

e. 不膨胀熔融黏结(5 型):焦渣形成扁平的块,煤粒的界限不易分清,焦渣上表面有明显银白色金属光泽,下表面银白色光泽更明显。

f. 微膨胀熔融性黏结(6 型):用手指压不碎,焦砟的上、下表面均有银白色金属光泽,但焦砟表面具有较小的膨胀泡(或小气泡)。

g. 膨胀熔融黏(7型)结:焦渣上、下表面有银白色金属光泽,明显膨胀,但高度不超过15 mm。

h. 强膨胀熔融黏结(8型):焦渣上、下表面有银白色金属光泽,焦砟高度大于15 mm。

为了简便起见,通常用上列序号作为各种焦渣特征的代号。

空气干燥煤样的挥发分按式(10-3)计算:

$$V_{ad} = \frac{m_1}{m} \times 100 - M_{ad} \tag{10-3}$$

式中　V_{ad}——空气干燥基的挥发分,%;

　　　m——一般分析试验煤样的质量,g;

　　　m_1——煤样加热后减少的质量,g;

　　　M_{ad}——空气干燥煤样的水分,%。

⑤ 挥发分测定的精密度。挥发分测定的重复性和再现性见表10-3。

表 10-3　　　　　　　　　　　挥发分测定的精确度

挥发分/%	重复性限 V_{ad}/%	再现性临界差 V_d/%
<20.00	0.30	0.50
20.00~40.00	0.50	1.00
>40.00	0.80	1.50

(4) 固定碳的计算。按式(10-4)计算空气干燥基固定碳:

$$FC_{ad} = 100 - (M_{ad} + A_{ad} + V_{ad}) \tag{10-4}$$

式中　FC_{ad}——空气干燥基的质量分数,%;

　　　M_{ad}——一般分析试验煤样水分的质量分数,%;

　　　A_{ad}——空气干燥基灰分的质量分数,%;

　　　V_{ad}——空气干燥基的挥发分的质量分数,%。

(5) 空气干燥基挥发分换算成干燥无灰基挥发分及干燥无矿物质基挥发分

① 干燥无灰基挥发分按式(10-5)~式(10-7)换算:

$$V_{daf} = \frac{V_{ad}}{100 - M_{ad} - A_{ad}} \times 100 \tag{10-5}$$

当一般分析试验煤样中碳酸盐二氧化碳的质量分数为2%~12%时,则:

$$V_{daf} = \frac{V_{ad} - C(CO_2)_{ad}}{100 - M_{ad} - A_{ad}} \times 100 \tag{10-6}$$

当一般分析试验煤样中碳酸盐二氧化碳的质量分数大于12%时,则:

$$V_{daf} = \frac{V_{ad} - [C(CO_2)_{ad} - C(CO_2)_{ad(焦渣)}]}{100 - M_{ad} - A_{ad}} \times 100 \tag{10-7}$$

式中　V_{ad}——干燥无灰基挥发分的质量分数,%;

　　　$C(CO_2)_{ad}$——一般分析试验煤样中碳酸盐二氧化碳的质量分数(按 GB 218 测定),%;

　　　$C(CO_2)_{ad(焦渣)}$——焦渣中二氧化碳对煤样量的质量分数,%。

② 干燥无矿物质基挥发分按式(10-8)~式(10-10)换算:

$$V_{dmmf} = \frac{V_{ad}}{100 - (M_{ad} + MM_{ad})} \times 100 \tag{10-8}$$

当一般分析试验煤样中碳酸盐二氧化碳的质量分数为 2%～12% 时,则:

$$V_{dmmf} = \frac{V_{ad} - C(CO_2)_{ad}}{100 - (M_{ad} + MM_{ad})} \times 100 \qquad (10\text{-}9)$$

当一般分析试验煤样中碳酸盐二氧化碳的质量分数大于 12% 时,则:

$$V_{dmmf} = \frac{V_{ad} - [C(CO_2)_{ad} - C(CO_2)_{ad(焦渣)}]}{100 - (M_{ad} + MM_{ad})} \times 100 \qquad (10\text{-}10)$$

式中 V_{dmmf}——干燥无矿物质基挥发分的质量分数,%;

MM_{ad}——空气干燥基煤样矿物质的质量分数(按 CB/T 7560—2001 测定),%。

七、实验数据处理

表 10-4　　　　　　　　　　　煤的工业分析测试及计算结果表

检验环境条件	温度/℃				相对湿度/%			
检测项目	坩埚(称量瓶)	坩埚(称量瓶)质量 G_1/g	样品重量 G/g	灼烧(烘干)后总质量 G_2/g	X_{ad}		X_d	X_{daf}
					结果	平均		
水分(M_{ad})							—	—
灰分(A_{ad})								—
挥发分(V_{ad})								

$$M_{ad} = \frac{G_1 + G - G_2}{G} \times 100 \qquad A_{ad} = \frac{G_2 - G_1}{G} \times 100 \qquad V_{ad} = \frac{G_1 + G - G_2}{G} \times 100 - M_{ad}$$

$$X_d = X_{ad} \times \frac{100}{100 - M_{ad}} \qquad X_{daf} = X_{ad} \times \frac{100}{100 - M_{ad} - A_{ad}} \qquad FC_d = 100 - A_d - V_d$$

八、实验注意事项

(1) 进行煤的工业分析参数测定时所需煤样一般不能少于 2.0 kg。

(2) 在实验中必须使用同一台分析天平称重,不能在实验过程中随意更换称重仪器。

九、预习与思考题

(1) 煤的工业分析的内容主要包括什么?

(2) 煤的工业分析的各实验步骤有哪些?

10.2　煤的视(真)相对密度的测定

实验类型:综合性　　　　　　　　　　实验学时:4

一、实验目的

通过实验使学生了解煤的视(真)相对密度的物理意义,掌握煤的视(真)相对密度的测定方法。

二、实验内容

煤的视(真)相对密度的测定。

三、仪器设备

1)煤的视相对密度

(1)电炉:500 W、600 W。

(2)分析天平:最大称量 200 g,感量 0.000 1 g。

(3)密度瓶:带磨口毛细管塞,容量为 50 mL,如图 10-9 所示。

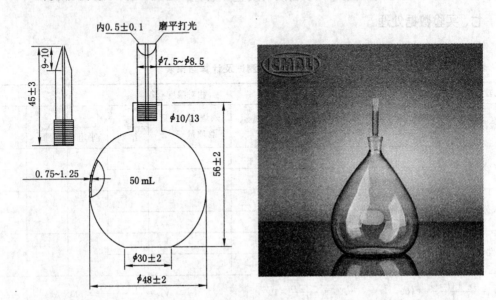

图 10-9　密度瓶示意图及外观

(4)水银温度计:0~100 ℃,分度为 0.5 ℃。

(5)小铝锅。

(6)网匙:用 3 mm×3 mm 的筛网制成。

(7)玻璃板:300 mm×300 mm 两块。

(8)筛子:1 mm 方孔筛一个,10 mm 圆孔筛一个。

(9)塑料布:一块。

2)煤的真相对密度

(1)分析天平:感量 0.1 mg。

(2)恒温水浴:控温范围 10~35 ℃,控温精度±0.5 ℃,如图 10-10 所示。

(3)密度瓶:带磨口毛细管塞,容量 50 mL。

(4)刻度移液管:容量 10 mL,如图 10-11 所示。

(5)水银温度计:0~50 ℃测定步骤,取小分度 0.2 ℃。

四、所需耗材

1)煤的视相对密度

实验煤样;优质石蜡:熔点 50~60 ℃;十二烷基硫酸钠($C_{12}H_{25}NaSO_4$)溶液:化学纯,配制 1 g/L 水溶液,或按一列方法配制:取 20 g/L 十二烷基硫酸钠溶液 3 mL 用水稀释至

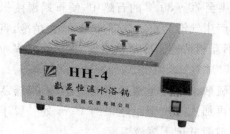

图 10-10　恒温水浴锅　　　　　　　　图 10-11　刻度移液管

60 mL,其浓度与 1 g/L 相当。如溶液放置时间长有白色沉淀物,应加热溶解后,冷却至室温使用。十二烷基硫酸钠溶液:化学纯,20 g/L。

2) 煤的真相对密度

实验煤样、十二烷基硫酸钠溶液:化学纯,20 g/L。

五、实验原理、方法和手段

煤的密度一般都是包括矿物质在内的相对密度,相对密度大小与所含矿物质的成分和含量有关,密度随矿物质含量的加大而增高,也随变质程度的增高而加大:一般褐煤的相对密度小于 1.3,烟煤的为 1.3～1.4,无烟煤的为 1.4～1.9。腐泥煤通常比腐殖煤轻,相对密度约为 1.1。在腐殖煤中,不同煤岩的密度也不同,变质程度相同时,丝炭的密度比镜煤要大。

1) 煤的视相对密度

煤的视相对密度:在 20℃时,煤(含煤的孔隙)的质量与同体积水的质量之比。称取一定粒度的煤,表面用蜡涂封后,放入密度瓶内,以十二烷基硫酸钠溶液为浸润剂,测出涂蜡煤粒所排开同体积水溶液的质量,计算涂蜡煤粒的视密度,减去蜡的密度后,求出在 20 ℃时煤的视相对密度。

2) 煤的真相对密度

煤的真相对密度:在一定温度(20 ℃)条件下,煤的质量(不包括煤的孔隙)与同体积水的质量之比。一般采用密度瓶法测得,是表征煤物理特性的指标,也是研究煤的性质和计算煤层平均质量的重要指标之一。

因此,可以采用以十二烷基硫酸钠溶液为浸润剂,使煤样在密度瓶中润湿沉降并排出吸附气体,根据煤样排出的同体积的水的质量计算出煤的真相对密度。

六、实验步骤

1) 煤样制备

按照 GB 482—2008 和《煤炭资源勘探煤样采取规程》中的规定,采集有代表性煤样,按照 GB 474—2008 缩制到粒度小于 13 mm,从中缩分出 1/2 煤样,用 10 mm 圆孔筛,筛出 13～10 mm 粒级煤样,并使其达到空气干燥状态,装入煤样瓶中,作为测定视相对密度的煤样。

2) 测定步骤

(1) 煤的视相对密度

① 将煤样瓶中的煤粒摊在塑料布上,从不同的部位取出 20～30 g 煤样,放在 1 mm 方孔筛子上用毛刷反复刷去煤粉,称出筛上物质量,称准至 0.000 2 g(m_1)。

注:对灰分大于 30% 或硫分大于 2% 的煤称取 40～60 g。

② 将称量过的煤粒置于网匙上，浸入预先加热至 70～80 ℃的石蜡中，使石蜡温度保持在 60～70 ℃，用玻璃棒迅速拨动煤粒至表面不再产生气泡为止。立即取出网匙，稍冷，将煤粒撒在玻璃板上，并用玻璃棒迅速拨开煤粒使其不互相粘连。冷却至室温，称出涂蜡煤粒的质量，称准至 0.000 2 g(m_2)。

③ 将涂蜡煤粒装入密度瓶内，加入十二烷基硫酸钠溶液至密度瓶 2/3 处，盖塞摇荡或用手指轻敲密度瓶，使涂蜡煤粒表面不附着气泡，再加入溶液至距瓶口约 1 cm 处。置于恒温器中在 (20±0.5)℃下恒温 1 h。也可在室温下放置并记下溶液温度。

④ 用吸液管滴加溶液至瓶口，小心塞紧瓶塞，使过剩的水溶液从瓶塞的毛细管上端溢出，确保瓶内粗毛细管内没有气泡。

⑤ 迅速擦干密度瓶立即称量，称准至 0.000 2 g(m_3)。

⑥ 空白值的测定：在测定煤的视相对密度的同时，测定空白值。按③和④操作（但不加煤样）测出的密度瓶和水溶液的总质量，称准至 0.000 2 g(m_4)。同一密度瓶连续两次测定值的差值不得超过 0.010 g。

测定结果按式(10-11)计算：

$$\mathrm{ARD}_{20}^{20} = \frac{m_1}{\left(\dfrac{m_2 + m_4 - m_3}{d_s}\right) - \left(\dfrac{m_2 - m_1}{d_{\mathrm{wax}}}\right) d_{\mathrm{w}}^{20}} \tag{10-11}$$

式中　ARD_{20}^{20}——在 20 ℃时煤的视相对密度；

　　　m_1——煤样的质量，g；

　　　m_2——涂蜡煤粒的质量，g；

　　　m_3——密度瓶、涂蜡煤粒及水溶液的质量，g；

　　　m_4——密度瓶、水溶液的质量，g；

　　　d_s——温度为 t 时，1 g/L 十二烷基硫酸钠溶液的密度，可由表 10-5 查出，g/cm³；

　　　d_{wax}——石蜡的密度，g/cm³；

　　　d_{w}^{20}——蒸馏水在 20 ℃时的密度，可近似取 1.000 00 g/cm³。

每一煤样重复测定两次，取两次测定结果的算术平均值，修约到第二位小数报出。

表 10-5　　　　　　　1 g/L 十二烷基硫酸钠溶液的密度

温度/℃	密度/(g·cm⁻³)	温度/℃	密度/(g·cm⁻³)	温度/℃	密度/(g·cm⁻³)
5	1.000 23	16	0.999 21	27	0.996 78
6	1.000 21	17	0.999 04	28	0.996 50
7	1.000 17	18	0.998 86	29	0.996 21
8	1.000 12	19	0.998 67	30	0.995 91
9	1.000 05	20	0.998 47	31	0.995 61
10	0.999 97	21	0.998 26	32	0.995 30
11	0.999 87	22	0.998 04	33	0.994 97
12	0.999 76	23	0.997 80	34	0.994 64
13	0.999 64	24	0.997 56	35	0.994 30
14	0.999 51	25	0.997 31	36	0.992 48
15	0.999 37	26	0.997 05		

煤的视相对密度测定重复性和再现性见表 10-6。

表 10-6　　　　　　　　　　　　煤的视相对密度方法精密度

重复性	$A_d \leqslant 30\%$	$A_d > 30\%$ 或 $S_{t,d} > 2\%$
重复性限	0.04	0.08

（2）煤的真相对密度

① 准确称取粒度小于 0.2 mm 空气干燥煤样 2 g（称准至 0.000 2 g），通过无颈小漏斗全部移入密度瓶中。

② 用移液管向密度瓶中注入浸润剂 3 mL，并将瓶颈上附着的煤粒冲入瓶中，轻轻转动密度瓶，放置 15 min 使煤样浸透，然后沿瓶壁加入约 25 mL 蒸馏水。

③ 将密度瓶移到沸水浴中加热 20 min，以排除吸附的气体。

④ 取出密度瓶，加入新煮沸的蒸馏水至水面低于瓶口 1 cm 处并冷却至室温，然后于 $(20 \pm 0.5)℃$ 的恒温器中保温 1 h（如在室温条件下测定，需将密度瓶在室温下放置 3 h 以上，最好过夜，并记下室温温度）。

⑤ 用吸管沿瓶颈滴加新煮沸过的并冷却到 20 ℃ 的蒸馏水至瓶口（若在室温条件下测定，需加入与室温相同的蒸馏水至瓶口），盖上瓶塞，使过剩的水从瓶塞上的毛细管溢出（这时瓶口和毛细管内不得有气泡存在，否则应重新加水、盖塞）。

⑥ 迅速擦干密度瓶，立即称出密度瓶加煤、浸润剂和水的质量 m_1。

⑦ 空白值的测定：按上述方法（但不加煤样）测出密度瓶加浸润剂、水的质量 m_2（在恒温条件下，应每月测空白值一次；在室温条件下，应同时测定空白值）。同一密度瓶重复测定的差值不得超过 0.001 5 g。

⑧ 煤的真相对密度按照以下计算式计算：

$$TRD_{20}^{20} = \frac{m_d}{m_2 + m_d - m_1} \tag{10-12}$$

式中　TRD_{20}^{20}——干燥煤样的真相对密度；

　　　m_d——干燥煤样质量，g；

　　　m_2——密度瓶加浸润剂和水的质量，g；

　　　m_1——密度瓶加煤样、浸润剂和水的质量，g。

干燥煤样质量按照下式计算：

$$m_d = m \times \frac{100 - M_{ad}}{100} \tag{10-13}$$

式中　m——空气干燥煤样的质量，g；

　　　M_{ad}——空气干燥煤样水分，%；

在室温下真相对密度按下式计算：

$$TRD_{20}^{20} = \frac{m_d}{m_2 + m_d - m_1} K_t \tag{10-14}$$

式中　K_t——t 温度下的校正系数。

$$K_t = \frac{d_t}{d_{20}} \tag{10-15}$$

式中　d_t——水温在 t 时的真相对密度；

d_{20}——水温在 20 ℃时的真相对密度。

K_t 值由表 10-7 列出。

表 10-7 校正系数 K_t

温度/℃	K_t	温度/℃	K_t	温度/℃	K_t
6	1.001 74	16	1.000 74	26	0.998 57
7	1.001 70	17	1.000 57	27	0.998 31
8	1.001 65	18	1.000 39	28	0.998 03
9	1.001 58	19	1.000 20	29	0.997 73
10	1.001 50	20	1.000 00	30	0.997 43
11	1.001 40	21	0.999 79	31	0.997 13
12	1.001 29	22	0.999 56	32	0.996 82
13	1.001 17	23	0.999 53	33	0.996 49
14	1.001 00	24	0.999 09	34	0.996 16
15	1.000 90	25	0.998 83	35	0.995 82

煤的真相对密度测定重复性和再现性如表 10-8 规定：

表 10-8 煤的真相对密度方法精密度

重复性	再现性
0.02(绝对值)	0.04(绝对值)

八、实验注意事项

(1)涂蜡时要掌握好石蜡的温度。如果石蜡温度过低,煤粒上蜡层容易涂厚,也容易封存空气,蜡温过高,热稳定性差的煤容易崩裂,并且由于蜡的黏度较小,容易进入煤粒的较大气孔中而使试验结果偏高。因此,要求蜡温控制在 70~90 ℃。操作时,将煤粒置于网匙里浸入预先加热到 70~90 ℃的蜡中,立即用玻璃棒搅拌以使涂层均匀,到煤粒表面不再产生气泡后,取出网匙,将煤粒倒在塑料布上,并用玻璃棒搅动以免煤粒互相黏结,冷却至室温,去掉粘在煤粒表面的蜡屑备用。

(2)在实验中必须使用同一台分析天平称重,不能在实验过程中随意更换称重仪器。

(3)温度的影响从煤的真相对密度的定义看出,煤的真相对密度是指 20 ℃的煤与同体积 20 ℃的水的质量之比。如果温度不是 20 ℃,所测出的值将不是煤的真相对密度的真实值。

(4)在实验中必须使用同一台分析天平称重,不能在实验过程中随意更换称重仪器。

九、预习与思考题

(1)煤的视相对密度代表的物理意义是什么？

(2)煤的视相对密度测定时涂蜡目的是什么？涂蜡时应有哪些注意事项？

(3)煤的真相对密度代表的物理意义是什么？

(4)煤的真相对密度测定的原理？

(5)煤的真相对密度测定的主要影响因素有哪些？

10.3 煤中全硫含量测定

实验类型:综合性 　　　　　　实验学时:2

一、实验目的

(1) 明确全自动测硫仪的用途和主要技术指标。

(2) 了解全自动测硫仪的结构、特点和工作原理。

(3) 学会使用全自动测硫仪测定煤全硫含量的基本方法。

二、实验内容

本实验为综合性实验,主要内容包括:

(1) 全自动测硫仪的结构、特点和工作原理。

(2) 电解液的配制。

三、仪器设备

主要仪器设备如下:全自动测硫仪(图 10-12),分析天平,感量 0.1 mg。

全自动测硫仪由空气的预处理和输送、库仑积分、程序控制器、温度控制器、燃烧炉、电解池和搅拌器组成。

(1) 空气预处理和输送部分。该部分由电磁泵、空气流量计(0~1 000 mL/min)、干燥器等。

图 10-12　全自动测硫仪

① 电磁泵内部有两个相互独立的抽排系统,提供两组空气循环动力。

② 流量计用以调节流速,流量计调至 1 000 mL/min。

③ 干燥器主要是除去空气中酸性气体和水分等杂质,一组起保护流量计作用,另一组与氢氧化钠一起给燃烧炉提供净化的载气。

(2) 库仑积分和程控、温控器,即主机部分。

四、所需耗材

(1) 碘化钾:5 g。

(2) 溴化钾:5 g。

(3) 冰乙酸:10 mL。

(4) 蒸馏水:250~300 mL。

(5) 硅胶、脱脂棉。

(6) 试样:粒径小于 0.2 mm 的煤样(50±0.5)mg。

五、实验原理、方法和手段

通过高温对煤样煅烧,煤种有机硫以及无机硫在燃烧下生产二氧化硫气体。生成的二氧化硫以电解碘化钾和溴化钾溶液所产生的碘和溴进行库仑滴定,电生碘和电生溴所消耗的电量由库仑积分仪积分,并由仪器计算出煤中含硫质量分数。

$$W_s = \frac{硫的质量}{试样质量} \times 100\%$$

六、实验步骤

1）配制电解液

先称取 5 g 碘化钾和 5 g 溴化钾，将其放入 250～300 mL 的蒸馏水中，将其搅拌均匀，充分溶解。再加入 10 mL 冰乙酸，搅拌均匀即可。

2）制备煤样

将需测定的煤样过 0.2 mm 的标准筛，取粒径 0.2 mm 以下的煤样。在试样称量前，应将试样瓶内的试样混合均匀，用手将瓶盖拧紧，握住试样瓶上方，手腕自上而下做圆周运动，或打来瓶盖用称样勺搅拌试样。试样充分混合是保证结果准确的关键，在磁舟上称取(50±2)mg 的煤样，准确到 0.1 mg。

3）空白试验

称取 50 mg 左右的废样，放入磁舟内，待炉温升至 1 050 ℃时，按两次"启动"按钮，任意输入样重即可。制作废样的目的是为了使电解液达到平衡即滴定终点状态。若不进行此步骤，将使正式试验结果偏低或为零。废样制作 2～3 次。

4）标定

称取(50±0.5)mg 的煤样，待炉温升至 1 050 ℃时，按两次"启动"按钮，输入煤样质量即可。如果测定的数值大于标准值，则逆时针调电位计；如果测得的数值小于标准值，则顺时针调电位计。（标定完成后，以后的实验可不需要再次标定）

含硫量<1%，允许误差±0.05；含硫量范围为 1%～4%，允许误差±0.08～0.1；含硫量范围为 4%～8%，允许误差±0.2。

（1）连接仪器。进入实验界面以后，测试系统与仪器进行连接，并显示实验状态"正在连接仪器..."，仪器连接成功以后开始升温至目标温度，并显示实验状态"联机成功"。如果 10 s 中内仍未连接成功，则说明仪器未打开或仪器与计算机连接不正常，请参照"故障代码1"来解决问题。

（2）添加删除试样。默认情况下，一进入实验分析界面就会自动添加 24 个试样，自动添加试样的个数，同时可以在系统设置"自动添加试样"选项中设定，"0"表示不自动添加试样。还可以任意删除一个或多个试样，按下"Ctrl"键不放用鼠标或键盘的"↑"、"↓"键可以选择多个试样，然后点击按钮"删除试样"就可以删除所选择的所有试样了。试样被删除以后，还可以点击按钮"添加试样"来插入或从尾部追加试样一个或多个试样。试样添加完成以后，请将空坩埚放入仪器转盘中对应的位置，然后点击"称空坩埚"按钮，仪器将自动称量所有坩埚质量并输入到数据网格中。

（3）数据输入。输入试样名称、水分等。

（4）添加试样。坩埚质量称取完成以后，系统提示"请添加试样"，"回车或空格"键确定，然后按仪器面板上的红色"转动"按钮，可以转动转盘，放入 50～80 mg 试样至对应的坩埚中。注意：添加试样时请不要打开黑色挡板，以避免试样及其他物质落到天平上。试样添加完成以后，请点击"称样重"按钮。注意：在完成此步骤以前不要打开气泵、搅拌开关，以免影响称重。

（5）开始分析。试样质量称取完成以后，如果测试内容为煤，则提示"请添加三氧化钨"；如果测试内容为油；则提示"请添加石英沙"。确定以后请添加相应物质，然后点击"开始分析"按钮。待仪器进入恒温状态以后，系统提示"请打开电解池"，并开始分析第一个试样时请打开电解池。开始分析后，如果发现试样质量或水分输入不正确，而且这个试样还没有开始分析,则还可以修改试样质量、水分等参数。

(6) 实验完成。所有试样分析完成以后,系统将会显示提示信息"实验完成,请关闭电解池",请按照提示关闭电解池。如果想继续进行实验,则可以点击按钮"重新开始实验"进入实验步骤二;如果想退出实验,请点击按钮"退出实验",然后关闭仪器电源。

七、实验结果处理

具体见表 10-9。

表 10-9　　　　　　　　　全自动测硫仪使用记录

称量时间	称量物种类	测试范围	称量完设备是否正常	结果	签名

八、实验注意事项

(1) 电解池是该仪器的核心部件之一,其状态直接影响测试结果的准确性,必须进行下述维护:电解池的日常清洗;电解池电极的清洗,即一般要求每测试 200 个(如果经常分析高硫煤,则此数量还应少一些)样品左右,就应清洗电极片。

(2) 该仪器是对气体进行分析,所以气路系统的状态直接影响测试结果的准确性,必须对其进行维护。

(3) 电解液配好后可以重复使用,其使用的次数与所测样品的硫含量有关,硫含量高则使用时间短。电解液的 pH 值应为 $1 \sim 2$,pH 值小于 1 或混浊不清时应更换,以免影响精度,电解液应密封避光保存。

(4) 仪器应防止灰尘及腐蚀性气体侵入,并置于干燥环境中使用,若长期不用应罩好。

九、预习与思考题

(1) 全自动测硫仪的工作原理是什么? 如何用全自动测硫仪测试煤的含硫量?
(2) 使用全自动测硫仪时,可从那些方面提高实验数据的测试精度。

10.4　煤的发热量测定

实验类型:综合性　　　　　　　　实验学时:2

一、实验目的

发热量测定是煤质分析的一个重要项目,发热量是确定动力用煤价格的主要依据。在煤的燃烧或转化过程中,常用发热量来进行热平衡、热效率和耗煤量计算,并据此进行设备的选型或燃烧方式的选择。

二、实验内容

(1) 熟悉自动恒温量热仪的结构和工作原理。

(2) 掌握煤发热量的测量原理和方法。

(3) 初步具备独立完成煤发热量测量的能力。

三、实验仪器

1) 热量计

其外观及结构如图 10-13 所示(含氧弹、内筒、外筒、搅拌器、量热温度计、燃烧皿)。

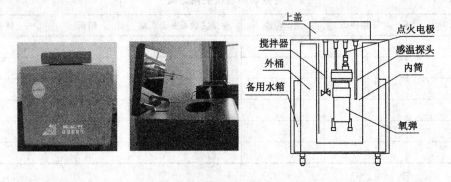

图 10-13　热量计外观及结构示意图

(1) 氧弹:如图 10-14 所示。由耐热、耐腐蚀的镍铬或镍铬铜合金钢制成,弹筒容积为 250～350 mL,弹盖上应装有供充氧和排气的阀门以及点火电源的接线电极。需要具备以下 3 项主要性能:① 不受燃烧过程中出现的高温和腐蚀性产物的影响而产生热效应;② 能承受充氧压力和燃烧过程中产生的瞬时高压;③ 实验过程中能保持完全气密。

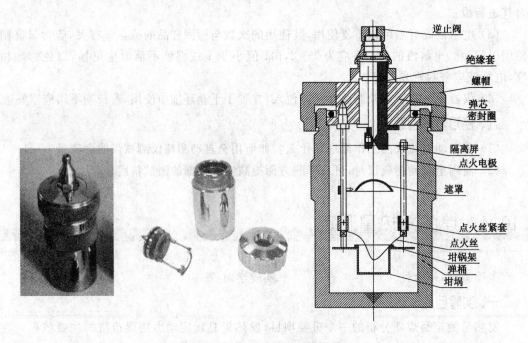

图 10-14　氧弹外观及氧弹弹芯

（2）内筒：用不锈钢制成。筒内装水 2 000～3 000 mL，以能浸没氧弹（进、出气阀和电极除外）为准。内筒外面应电镀抛光，以减少与外筒间的辐射传热。

（3）外筒：用金属制成的双壁容器，并有一个上盖。外筒底部设有绝缘支架，以便放置内筒。盛满水的外筒的热容量应不小于热量计热容量的 5 倍，以保持实验过程中外筒温度基本恒定。外筒外面可加绝缘保护层，以减少室温波动对实验的影响。用于外筒的温度计应有 0.1 K 的最小分度值。

（4）搅拌器：螺旋桨式，转速以 400～600 r/min 为宜。搅拌效率应能使热容量标定中由点火到终点的时间不超过 10 min，同时又要避免产生过多的搅拌热（当内、外筒温度和室温一致时），连续搅拌 10 min 所产生的热量不应超过 120 J。

（5）量热温度计：铂电阻测温探头，玻璃制品，需经过计量机关的检定，证明其测温准确度至少达到 0.002 ℃（经过校正后），以保证测温的准确性，即分辨率为 0.001 ℃，测量 2～3 ℃温升值的准确度达到 0.002 ℃，相对误差小超过 0.001 的温度计，能满足发热量测定结果准确度的要求。

温度计读数放大镜和照明灯：为了使温度计读数能估计到 0.001 ℃，需要一个大约 5 倍的放大镜。放大镜通常装在镜筒中，筒的后部安装照明灯，可以照明温度计的刻度。镜筒可沿垂直方向上、下移动，可以观测温度计水银柱的位置。

（6）燃烧皿：铂制品或镍铬钢制品。规格为高 17 mm，上部直径为 25～26 mm，底部直径为 19～20 mm，厚 0.5 mm。由其他合金钢或石英制的燃烧皿也可以使用，但必须保证试样燃烧完全，而本身又不受腐蚀和产生热效应为原则。

2）压力表和氧气导管

压力表应由两个表头组成，一个指示氧气瓶中的压力，另一个指示充氧时氧弹的压力。表头上应装设减压阀和保险阀。压力表每年至少经计量机关检定一次，以确保指示正确和操作安全。具体如图 10-15 所示。

图 10-15　压力表和氧气导管外观

3）压饼机

螺旋式压饼机和杠杆式压饼机，能压制直径 10mm 的煤饼或苯甲酸饼。模具和压杆应为硬质钢制成，表面光洁，易于擦拭。

4）秒表

略。

5）分析天平

感量 0.1 mg。

6）点火装置

点火采用 AC12～24 V 的电源。点火电压应预先实验确定。其方法是：接好点火线，在空气中通电实验。熔断法点火时，调节电压使点火丝在 1～2 s 内达到暗红，电压调节好后，实验时应准确测定电压、电流和通电时间，以便计算电能产生的热量；若采用棉线点火，在遮火罩以上的两电极柱间连接一段直径为 0.3 mm 的镍铬丝，丝的中部预先绕成螺旋状，以便发热集中，调节电压使发热丝在 4～5 s 内达到暗红，使用时棉线一端夹在螺旋中，另一端通过遮火罩上的小孔搭接在试样上。

四、所需耗材

（1）氧气。高于 99.5％的纯度，不含可燃成分，不允许使用电解氧。

（2）苯甲酸。经计量机关检定并标明热值的苯甲酸，使用前应在 40～50 ℃的温度下烘烤 3～4 h。

（3）棉线。粗细均匀不涂蜡的白棉线。

（4）点火丝。直径 0.1 mm 左右的铁、铜、镍铬丝或其他已知热值的金属丝。各种点火丝的燃烧热值为：铁丝，6 700 J/g；镍铬丝，6 000 J/g；铜丝，2 599 J/g；棉线，17 500 J/g。

（5）试样。粒径小于 0.2 mm 的煤样约 1 g。

（6）酸洗石棉绒：使用前在 800 ℃下灼烧 30 min。

（7）擦镜纸：使用前先测定其燃烧热，方法是将 3～4 张擦镜纸，用手拧紧，精确称量，放入燃烧皿，按常规方法测量其发热量，并取两次结果的平均值作为标定值。

五、实验原理、方法和手段

一定量的分析煤样在氧弹热量计中，在充有过量氧气的氧弹内燃烧，煤的发热量是在氧弹热量计中测定的，取一定量的分析试样放于充有过量氧气的氧弹热量计中完全燃烧，氧弹筒浸没在盛有一定量水的容器中。煤样燃烧后放出的热量使氧弹热量计量热系统的温度升高，测定水温的升高值，即可计算氧弹筒发热量 QDT。热量计的热容通过在相近条件下燃烧一定量的基准物苯甲酸来确定，根据试样燃烧前后量热系统产生的温升，并对点火热等附加热进行校正后即可求得试样的弹筒发热量。从发热量中扣除硝酸形成热和硫酸校正热，即可得到高位发热量。

六、实验步骤

1）天平校正

调节天平水平，使水准泡居中即可。天平使用前，先预热 40 min。按"校正"键，屏幕显示"CAL"，放入标准砝码，天平自动校正。

2）安装充氧仪

（1）充氧仪安装前仔细检查各部件是否紧固，外观是否有损伤和破坏的痕迹。

（2）用充氧导管将充氧器与氧气减压阀连接，并紧固所有螺母。

（3）打开氧气瓶总阀门，调节减压阀，使出气压表显示为"2.8～3.0 MPa"。此时，整个气路应无漏气现象，否则应检查，直至正常为止。

（4）进行试充氧实验，此时应不漏气且操作自如，充氧器上的压力表指示应与减压阀上的出气压力表的压力相一致。

3）热容量标定

（1）称取苯甲酸质量。将坩埚放置在天平上，按天平的"去皮"键。用镊子将苯甲酸片放入坩埚内,记录所称量的苯甲酸质量,质量约为 1 g。

(2) 准备氧弹。卸下氧弹帽,将弹头部分置于弹头支架上,点火丝的两端分别接在氧弹的两个电极柱上。注意:保持良好接触,并注意勿使点火丝接触燃烧皿或弹筒外壁,以免形成短路,导致点火失败,甚至烧毁燃烧皿,在点火丝中间位置系上棉线,与坩埚内的苯甲酸接触(苯甲酸片压住棉线)。

首先在弹杯内加入 10 mL 蒸馏水,小心将弹头放入弹杯中,旋紧弹帽;然后用自动充氧仪进行充氧。直到压力达到 3 MPa,持续 25 s。

把氧弹放入装好水的内筒中,如果氧弹内无气泡冒出,表明气密性良好,即可把内筒放在外筒的绝缘架上;如果氧弹内有气泡冒出,则表明有漏气处,此时应找出原因,加以纠正并重新充氧。

(3) 进行标定。按"标定"键,输入称取的苯甲酸的质量,再按"标定"键。仪器开始进入测试状态,自动开启搅拌、自动点火、自动计算,打印测试结果。

重复以上步骤 3 次,标定 3 次样的最大值与最小值之差为 40 J 范围内可用,将 3 次标定的均值输入,按"设定"键,选择"热容量",输入均值即可。

当室内温度超过 ±5 ℃ 的范围,则需进行重新标定。

4) 煤样制备

将需测定的煤样过 0.2 mm 的标准筛,取粒径 0.2 mm 以下的煤样。

5) 称取试样质量

将坩埚放置在天平上,按天平的"去皮"键。用药匙将 0.2 mm 以下的试样放入坩埚内,记录所称量的试样质量,约 1 g。

6) 准备氧弹

同步骤 5)。

7) 进行测试

按"发热量"键,输入称取的试样的质量,再按"发热量"键。仪器开始进入测试状态,自动开启搅拌、自动点火、自动计算,打印测试结果。

8) 实验结束

取出氧弹,开启放气阀,放出燃烧废气,打开氧弹仔细观察弹筒和燃烧皿内部,如果有试样燃烧不完全的迹象(如试样有飞溅)或有炭黑存在,实验应作废。用蒸馏水充分冲洗氧弹内各部分、放气阀、燃烧皿内外和燃烧残渣,并晾干,以备下次使用。

七、实验注意事项

(1) 充氧过程一定要在老师监督指导下进行,严禁擅自操作。当钢瓶中氧气压力降到 5.0 MPa 以下时,充氧时间应酌量延长;当压力降低到 4.0 MPa 以下时,应更换新的氧气钢瓶。

(2) 充氧和放气应缓慢进行。充氧时间可不应少于 30 s,放气时间不应少于 60 s。

(3) 金属点火丝不得与燃烧皿接触,以防短路。

(4) 氧弹进气口禁止接触油脂。

(5) 氧弹放入内桶前,用手或毛巾擦拭底部,防止金属丝等杂物带入内桶。

(6) 如不连续做实验,需要将筒中水放掉,保持内部清洁干净。

(7) 实验结束后,打开氧弹,取出弹芯,观察试样,如在坩埚底部产生一层炭黑,表明燃烧不完全,实验应作废,分析原因后重新做。

（8）实验结束后，先用自来水充分清洗弹筒内各部分、放气阀、坩埚内外和燃烧残渣，再用蒸馏水冲洗。洗过的弹筒用干毛巾擦干，坩埚放入干燥器中干燥。

八、预习与思考题

（1）实验前为什么要在弹筒内加入 10 mL 蒸馏水？

（2）为什么要进行冷却校正？

（3）对不易完全燃烧及容易飞溅的煤样，在测定发热量时应采取哪些措施？

第11章
抢险与救灾

11.1 矿山安全救护仪器应用实验

实验类型:综合性　　　　　　　　实验学时:2

一、实验目的

熟悉并掌握呼吸器、自救器等救护设备的工作原理及使用方法。通过实验,巩固和加深对矿井工作中安全自救技术知识的理解及应用。

二、实验内容

(1) 过滤式自救器的使用。

(2) 隔绝式化学氧自救器的使用。

(3) 隔绝式压缩氧自救器的使用。

(4) 隔绝式正压氧气呼吸器的使用。

(5) 自动苏生器使用。

三、仪器设备

1) 过滤式自救器

在井下工作时,当人员发现有火灾或瓦斯爆炸时,必须立即佩戴自救器,撤离现场。灾区空气中氧浓度不低于18%和一氧化碳浓度不高于1.5%,环境温度为25 ℃,相对湿度为90%,呼吸量为30 L/min 时,自救器的使用时长为40 min。

如图 11-1 所示,过滤式自救器主要由保护罩、上盖、下壳、封印带、腰条环、后封口带、前封口带、过滤药罐组成。

2) 隔绝式化学氧自救器

如图 11-2 所示,隔绝式化学氧自救器是利用化学药品生氧原理,适用于各种有毒有害气体及缺氧环境及有煤尘与瓦斯突出、爆炸的矿井和其他有害气体突出的场所中,供个人佩戴逃生使用。主要用于煤矿采掘场所作业中发生瓦斯与煤尘爆炸、火灾和瓦斯与煤尘突出等灾害时,作为井下人员的逃生自救设备;也可用于其他地下工程、化学环卫工程和有可能出现有毒有害气体和窒息的工作环境。

图 11-1　过滤式自救器

3) 隔绝式压缩氧自救器

隔绝式压缩氧自救器主要用于煤矿井下或环境空气发生有毒气体污染及缺氧窒息性灾害时,供现场人员迅速佩戴,保护佩戴人员正常呼吸迅速逃离灾区实现自救。

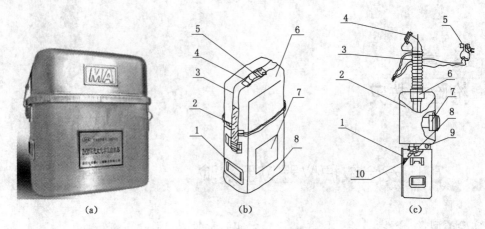

图 11-2　隔绝式化学氧自救器外观、外部结构图和内部特征

(b):1—号码牌卡;2—锁口带;3—封口带;4—开启扳手;5—封印条;6—上外壳;7—铭牌;8—下外壳

(c):1—隔热垫;2—气囊;3—呼吸软管;4—口具;5—鼻夹;6—呼、吸阀组;

7—排气阀;8—氧烛拉环;9—氧烛;10—药品

如图 11-3 所示,自救器主要由高压系统、呼吸系统及 CO_2 过滤系统组成。

高压系统包括氧气瓶、氧气瓶开关、减压器、自动手动补给阀和压力表等;呼吸系统由口具、鼻夹、呼吸软管、气囊、排气阀及呼吸阀等组成;清净罐内装入定量的、符合标准的 CO_2 吸收剂形成 CO_2 过滤系统。

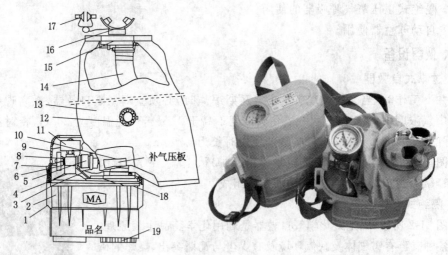

图 11-3　隔绝式压缩氧自救器结构示意图及外观

1—挂钩;2—清净罐;3—支架;4—氧气瓶;5—减压器;6—手轮;

7—安全帽;8—开关;9—上盖;10—补气压板;11—压力表;12—排气阀;

13—气囊;14—呼气管;15—呼吸阀;16—口具;17—鼻夹;18—压帽;19—底盖

4) 隔绝式正压氧气呼吸器

隔绝式正压氧气呼吸器主要用于煤矿军事化矿山救护队及其他工矿企业中,受过专门训练的人员在污染、缺氧、有毒、有害气体的环境中使用。

Biopak240 正压氧气呼吸器由氧气瓶(包括减压阀、手动补给阀、报警器、呼吸舱、清净罐、冷却罐、膜片、定量供氧装置、自动补给阀、排气阀、面罩、压力表)外壳、腰带、背带等组成。

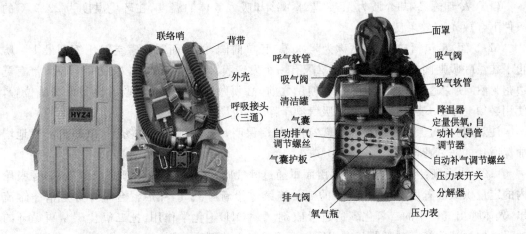

图 11-4　隔绝式正压氧气呼吸器外观及结构示意图

(1)氧气瓶:由复合材料(缠有玻璃纤维的铝合金)制成,储存一定的高压氧气供佩带者使用,压力表直接显示瓶中氧气压力。

(2)减压阀:氧气瓶装在减压阀紧固器座内,出厂时调好的减压阀可以把高压氧气降至1.7 MPa。

(3)手动补给(应急旁通阀):是在应急情况下,当供气系统发生故障或使用者感到定量供气不足时,可按手动补给按钮,使氧气绕过定量供氧装置和自动补给阀,直接流入呼吸舱。过多地使用手动补给阀将明显减少有效防护时间,这个手动补给阀只用于应急使用,决不能用以清理面罩和视窗雾气。

(4)报警器:当氧气瓶压力降到 4~6 MPa 时,报警器发出声响,提醒佩用者最多还有1 h 使用时间。报警器只报警一次,大约报警 1 min,所有作业人员听到报警声便要做好结束工作的准备,以便有足够的氧气撤离灾区。

(5)呼吸舱:呼吸舱为呼吸气体储存容器,也是呼吸器的心脏,它由定量供氧装置、膜片、自动补给阀、排气阀和清净罐等组成。

(6)定量供氧装置:氧气以(1.78±0.13)L/min 的流量从定量供氧装置流入呼吸舱,该装置 1.78 L/min 供给的氧气量为人休息时耗氧量的 4~6 倍。

(7)膜片:由于吸气和呼气所引起的呼吸舱容积变化是通过挠性膜片的运动来实现的。这样的膜片结构使 Biopak240 与其他闭路呼吸器有显著的差异。气室膜片调节呼吸用混合气体,必要时又是自动补气和自动排气的机械控制结构。

Biopak240 膜片有 3 种功能:

① 在重体力劳动时,自动补给阀启动。

② 呼吸舱内气体消耗不了时,为防止呼吸循环过压,排气阀自动启动。

③ 由膜片上的弹簧负载,使整个呼吸循环过程中始终保持"正压"。

(8)自动补给阀:在重体力劳动下,人的需氧量随之增大,当需求量超过 1.78 L/min 时,自动补给阀便可按耗氧量需要补充氧气。当膜片被推到呼吸舱顶部时,它启动自动补给阀进行快速加氧。如果定量供氧孔堵塞,它也是备用供氧的一种方式。

(9) 排气阀:轻体力劳动时,人体代谢氧用量只消耗 0.2~0.5 L/min 的情况下,为防止产生加压,单向排气阀把过多的呼吸气体排掉。

(10) 冷却罐:冷却介质为无毒"蓝冰",冷却吸入气体的温度,在环境温度为 23.9 ℃ 的条件下存放 4 h,效果良好。

(11) 面罩:包括口鼻罩(又称为阻水罩)和单向阀,能使面罩有害空间压缩到最少。防止了在浅呼吸期间 CO_2 的积聚,面罩配有一个发音膜,以帮助通话;硅橡胶面罩胶体带有宽边密封唇,使它适配大多数脸型。在使用之前,必须做好面罩适佩实验并调整好佩戴位置,使用必须要小心,要保证呼气阀和吸气阀干净、无污染、无损坏。

注意:为获得保明片的最佳防雾特性,使用保明片前必须涂上防雾剂,以最大限度地增加保明片的防雾特性。

(12) 清净罐:人体呼出的气体由面罩通过呼气阀、呼气软管返回呼吸舱的中部,呼吸舱内的定量供氧装置以 1.78 L/min 的流量连续供给新鲜氧气,然后混合气体穿过清净罐流出,人体呼出气体中的二氧化碳通过吸收剂[$Ca(OH)_2$]化学作用,把二氧化碳从再循环的呼吸气体中清除掉。呼吸器每次用后必须更换二氧化碳吸收剂。

(13) 压力表:该呼吸器带有一个发光的匣装压力表,位于肩带上。当氧气瓶阀门打开时,可显示氧气瓶内氧气压力,指示剩余氧气的使用时间。

注意:由于压力表内流量限制器的影响,压力表指示在打开瓶阀后 1 min 才能达到满压,这是正常现象;如果压力表管路被切断,必须立即撤离灾区。压力表管路中的流量限制器将把流量限制在 0.5 L/min 的流量,以便安全地撤离危险区。

其工作原理如图 11-5 所示。

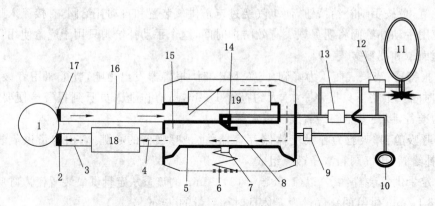

图 11-5 Biopak240 正压氧气呼吸器工作原理示意图

1—面罩;2—吸气阀;3—吸气管;4—连接管;5—膜片;6—弹簧;7—排气阀;
8—自动补给阀;9—手动补给阀;10—压力表;11—氧气瓶;12—减压器;13—报警器;
14—定量孔;15—呼吸舱;16—呼气管;17—呼气阀;18—冷却罐;19—清净罐

5) 自动苏生器

自动苏生器是一种自动进行负压人工呼吸的急救装置。自动苏生器能连续把新鲜空气自动地输入伤员的肺内,并将肺内的 CO_2 自动抽出,还可供呼吸机能并未麻痹的伤员吸氧,并能清除伤员呼吸道内的分泌物或异物,用来抢救呼吸麻痹或呼吸抑制的伤员。

四、所需耗材

无。

五、实验原理、方法和手段

1）过滤式自救器

过滤式自救器的工作原理：当人吸气时，由于肺吸气形成的负压，使呼气阀关闭；外界环境中含有一氧化碳的空气首先经过过滤器中的滤尘层，清除粉尘及烟粒，再经过过滤器中的干燥剂层，去除水汽，干燥后的空气进入催化剂层；由于催化剂层的催化作用，将空气中剧毒的一氧化碳氧化成无毒的二氧化碳，干净的空气经吸气阀、口具吸入人体内，至此完成了吸氧过程。人呼出的气体经呼气阀排出。

2）隔绝式化学氧化自救器化学氧自救器

隔绝式化学氧自救器是采用循环式闭路呼吸系统，使用时呼吸系统与外界空气隔绝，不受外界环境有害气体的影响。其利用生氧剂与人体呼出的 CO_2 与水汽结合，发生化学反应而生成氧气来供给人呼吸。这些富氧气体通过气囊、降温网、孔板、口具形成闭路循环系统，供人呼吸。

正常呼气时，呼出的气体经口具、呼吸导管、呼吸阀、呼吸软管进入药罐内发生化学反应。反应式如下：

$$4KO_2 + 2H_2O \longrightarrow 4KOH + 3O_2 \uparrow$$
$$2KOH + CO_2 \longrightarrow K_2CO_3 + H_2O \uparrow$$

呼气路径：呼气→口具→呼吸导管→呼气阀→呼吸软管→生氧药罐→呼气中的水汽和 CO_2 与生氧剂反应生成 O_2→气囊。

吸气路径：囊中氧气混合气→吸气阀→呼吸导管→口具→人体肺部。

当生氧剂产生的氧气超过人体的耗氧量时，气囊内的压力逐渐增大，达到排气阀排气压力时，排气阀的阀门自动打开，排出多余气体。

当气囊内压力小于排气压力时，排气阀自动关闭，保证呼吸正常进行。

3）隔绝式压缩氧自救器

采用了循环呼吸方式，人呼出的气体通过 CO_2 吸收剂，把 CO_2 吸收，而余下的气体和减压器输出的氧气进入气囊，通过口具吸入人体。

工作原理：

（1）供气。转动开关把手，打开气瓶阀氧气瓶中的高压氧气就通过开关流入减压器和手动供气阀，这时减压器将以不小于 1.2 L/min 的流量向气囊供气，如果定量供气量不能满足人体需要时，可短时间按压补气压板，以大于 60 L/min 的流量向气囊供气。

（2）呼吸。使用时，佩戴者咬住口具，夹上鼻夹，人体就和自救器组成了"人—机"呼吸系统。呼气时，气流通过呼气阀经内气囊进入清净罐，其中的二氧化碳与清净罐中的二氧化碳吸收剂发生化学反应而被吸收，余下的氧气进入外气囊。吸气时，通过吸气阀进入人体，就完成了整个呼吸循环过程。在整个佩戴过程中，人的鼻孔被鼻夹夹住，通过"人口—口具"的呼吸连接，完全用嘴进行呼吸。"人—机"呼吸系统与外界完全隔绝，有效地防止了瓦斯等有害气体进入人体。

（3）减压器安全保护。当减压器出现故障压力升高到 0.7～0.8 MPa 时，安全阀开启，向外泄气泄压，保护减压器不发生爆炸。

4）隔绝式正压氧气呼吸器

当氧气瓶开关被打开时，氧气连续输入呼吸舱。当使用者吸气时，气体从呼吸舱流入冷却罐,被冷却后通过吸气软管、吸气阀进入面罩而被吸入人体肺部。呼气时,气体经过面罩、呼气阀、呼气软管、经清净罐吸收二氧化碳后进入呼吸舱。

呼吸舱通过压缩弹簧给膜片加载,保持舱内压力比外界环境气压稍高的正压。气体驱动膜片往复运动,改变舱内容积。若舱容减少,舱内气压降低,自动补给阀开启补充氧气;若舱容增大,舱内气压升高,排气阀自动开启,向大气排出多余气体。其工作流程如图 11-6 所示。

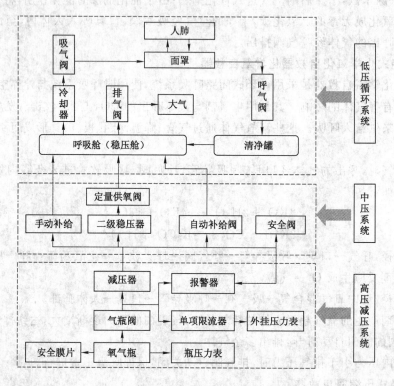

图 11-6 隔绝式正压氧气呼吸器工作流程图

5)自动苏生器

ASZ-30 型自动苏生器的结构和工作原理及外观如图 11-7 所示。

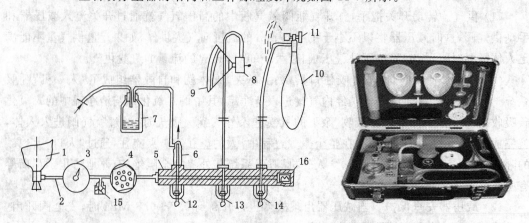

图 11-7 自动苏生器工作原理示意图及外观

1—氧气瓶;2—氧气管;3—压力表;4—减压器;5—配气阀;6—引射器;7—吸气瓶;8—自动肺;

9—面罩;10—储气囊;11—呼吸阀;12,13,14—开关;15—逆止阀;16—安全阀

氧气瓶 1 的高压氧气经氧气管 2,压力表 3,再经减压器 4 将压力减至 0.5 MPa 以下,进入配气阀 5。在配气阀 5 上有 3 个气路开关,即 12、13、及 14。开关 12 通过引射器 6 和导管相连,其功能是在苏生前,借引射器造成的高气流,先将伤员口中的泥、黏液、水等污物抽到吸气瓶 7 内。开关 13 利用导气管和自动肺 8 连接,自动肺通过其中的引射器喷出氧气时吸入外界一定量的空气,两者混合后经面罩 9 压入受伤者肺部;然后,引射器又自动操纵阀门,将肺部气体抽出,呈现人工呼吸的动作。当伤员恢复自主呼吸能力后,可停止自动人工呼吸而改为自主呼吸下的供氧,即将面罩 9 通过呼吸阀 11 与储气囊 10 相接,储气囊通过导管和开关 14 连接。储气囊 10 中的氧气经呼吸阀供伤员呼吸用,呼出的气体由呼吸阀排出。

为保证苏生抢救工作不致中断,应在氧气瓶内的氧气力接近 3 MPa 时,改用备用氧气瓶或工业用大氧气瓶供氧,备用氧气瓶使用两端带有螺旋的导管接到逆止阀 15 上。此外,配气阀还备有安全阀 16,它能在减压后氧气压力超过规定数值时排出一部分氧气,以降低压力,使苏生工作可靠地进行。

六、实验步骤

1) 过滤式自救器

(1) 自救器随身携带。

(2) 揭起保护罩。

(3) 掀起红色开启扳手,打开外壳密封。

(4) 揭开并扔掉上外壳。

(5) 抓住口具,拉出过滤器。

(6) 将口具片塞进牙齿与嘴唇之间,紧闭嘴唇。

(7) 双手拉开鼻夹弹簧,夹好鼻子用口呼吸。

(8) 取下安全帽,系好头带。

(9) 戴好安全帽,开始撤离危险区。

2) 隔绝式化学氧自救器

(1) 将专用腰带穿入自救器皮带卡,固定在背部腰间。

(2) 使用时先将自救器转到腹前,一只手托底,另一只手拉开封口带。

(3) 去掉上外罐,手提头带将自救器抽出后将下外罐丢弃。

(4) 戴好头带,整理好气囊。

(5) 拔掉口具塞,迅速启动氧烛(若氧烛启动失效,应深吸气后通过口具向药罐呼气以强制生氧)。

(6) 将口具放入口中,口具片置于唇齿之间,牙齿咬紧牙垫,用鼻夹垫夹住鼻子,开始用口呼吸。

(7) 均匀呼吸,快速撤离灾区。

3) 隔绝式压缩氧自救器

(1) 将自救器从佩戴时的腰部侧面移到人体正前面。

(2) 用手水平拉开左边的塑料挂钩下部,使上壳上的塑料挂钩从下壳脱出;再解开上、下外壳另一边的挂钩;然后用手沿竖直方向将上壳提起,使它与下壳脱离,展开气囊。注意:气囊不能扭折,这样就完成了自救器的启封。

(3) 将口具放在嘴唇与牙齿之间,牙齿紧紧咬住口具牙垫,并紧闭嘴唇,使人体口腔与口具之间有可靠的气密。

（4）转动气瓶开关把手,打开气瓶阀,马上按动补气压板,当气囊鼓起后松开手指,停止手动补气;然后迅速掰开鼻夹弹簧,用鼻夹夹住鼻翼两侧,使鼻腔与外界隔绝,用嘴通过口具呼吸。

使用中如果看见气囊在呼完气后仍不太鼓或吸气有憋气感时,应及时用手指按动压板向气囊补气,直到气囊鼓起;也可用力吸气,气囊吸瘪后,补气压板压迫补气杆,也会自动补气。

（5）使用过程中,减压器以不小于 1.2 L/min 的流量向气囊连续供气,供人体吸气,如定量供气不能满足人体需要时,可按压补气压板,向气囊内及时手动补气,气囊鼓起后,停止手动供气。由于手动补气流量很大,故不能长时间按压手动补气,也不能频繁按压手动补气。

4）隔绝式正压氧气呼吸器

（1）工作时,打开气瓶开关。

（2）氧气经减压后,连续供给呼吸舱,当使用者吸气时,氧气从呼吸舱经冷却罐、吸气软管、吸气阀进入面罩。

（3）呼气时,气体经呼气阀、呼气软管、进入呼吸舱与定量孔供给的氧气混合后,通过清净罐吸收掉呼气中的 CO_2,然后进入呼吸舱,完成一次循环。

（4）使用过程中,依次反复循环,保证工作人员正常呼吸。

当使用者从事重体力劳动时,呼吸量大,耗氧量高,流量不能满足呼吸需求。呼吸舱内气体压强会不断降低,正压弹簧推动膜片开启自动补给阀,补充氧气。反之,定量供给的氧气用不完,呼吸舱内气体压强会不断升高,推动膜片开启排气阀,排出多余气体。

正压弹簧、自动补给阀和排气阀的共同运作,使整个呼吸过程中系统内气体压强始终保持一定范围的正压值。这一系统称之为正压系统。

5）自动苏生器

伤员的处置:采用人工呼吸,使伤员呼吸道畅通。

① 安置伤员:首先将伤员放在新鲜空气处,解开紧身上衣或脱掉湿衣服,将肩部垫高 $100\sim150$ mm,使头尽量后仰,面部转向任一侧,并适当覆盖,保持体温。如果是溺水者,应先将伤员俯卧,轻压背部,将水从气管和胃部倾出。

② 口腔清理:首先将开口器从伤员嘴角处插入臼齿间,将口启开,用拉舌器将舌头拉出;然后用药布裹住手指,将口腔中的异物清除掉。

③ 清理喉腔:从鼻腔插入吸引管,打开气路,将吸引管往复移动,污物、黏液及水被吸到吸引瓶。如果瓶内积污过多,可拨开连接管,半堵引射器,积污即可排掉。

④ 插入口咽导气管。根据伤员的情况不同插入大小适宜的口咽导气管,以防舌头后坠,使呼吸梗阻,插好后将舌头送回,以防伤员痉挛咬伤舌头。

进行人工呼吸:将自动肺与导气管、面罩连接,打开气路,即听到"飒…"的气流声音,将面罩紧压在伤员面部,自动肺便自动地交替进行充气与抽气,自动肺上的杠杆既有节律地上下跳动,与此同时用手指轻压伤员喉头中部的环状软骨,借以闭塞食道,防止气体充入胃内。如人工呼吸进行正常,则伤员胸部有明显起伏动作,可停止压喉,然后用头带将面罩固定。

注意:当自动肺不自动工作时,就是由于面罩不严密,漏气所致。当自动肺动作过快、并发出疾速的"喋喋"声时,这是呼吸道不畅通引起的。此时,若已插入口咽导气管,可试将伤员下颌骨托起,使下牙床移至上牙床前,以利于呼吸道畅通。如果仍然无效,应马上重新清理呼吸道,切勿耽误时间。

调整呼吸频率。调整减压器和配气阀旋钮,使呼吸频率成人达到 12~16 次/min。当苏生奏效后、伤员出现自主呼吸时,自动肺会出现瞬时紊乱动作。这时,可将呼吸频率稍调慢点,随着上述现象重复出现,呼吸频率可再次减慢,直至 8 次/min 以下。当自动肺仍频繁出现无节律动作,则说明伤员自主呼吸已基本恢复,便可改用氧吸入。

氧吸入:氧吸入时应取出口咽导气管,调整气量,使储气囊不经常膨胀,也不经常空瘪。氧含量调节环一般应调在 80%,CO 中毒的伤员则应调在 100%。吸氧不要过早终止,以免伤员站起来后导致昏厥。当人工呼吸正常进行后,必须将备用氧气瓶及时接在自动苏生器上,氧气即可直接送入。

七、实验注意事项

1) 过滤式自救器的注意事项

(1) 佩用自救器时,吸气时会有些干、热的感觉,这是正常现象。自救器必须佩戴到安全地带,方能取下自救器,切不可因干、热感觉而取下。

(2) 佩戴自救器撤离时,要求匀速行走,禁止狂奔和取下鼻夹、口具或通过口具讲话。

(3) 在佩用自救器时,因外壳变形,不能取出过滤器,也能正常使用,可以用手托住罐体。

(4) 平时要避免摔落、碰撞自救器,自救器不能当坐垫用,防止漏气失效。

2) 隔绝式化学氧自救器的注意事项

(1) 佩戴自救器撤离灾区时要注意口具和鼻夹一定要咬紧夹好,绝不能中途取下口具和鼻夹。

(2) 生氧剂产生的氧气要比环境空气干热,但对人体无害。

(3) 佩戴时不要压迫气囊,以防损坏漏气。

(4) 佩带自救器要求操作准确迅速,使用者必须经过预先训练,并经考试合格方可配备。

3) 隔绝式压缩氧自救器的注意事项

(1) 携带自救器下井前,应观察压力表的示值不得低于 18 MPa。

(2) 使用中应特别注意防止利器刺伤撞伤气囊。扣盖时应将气囊叠好,装入上壳内,再扣盖,以免将气囊压坏。

(3) 储存自救器应避免阳光直射,严禁与油脂混放一处。储存环境干燥、无腐蚀性气体,温度应在 0 ℃以上。

(4) 自救器每次使用完后,应对口具、气囊进行清洗,酒精消毒,晾干;重新装二氧化碳吸收剂;重新对氧气瓶充气;并对重新组装后的自救器进行校验扣盖,使自救器处于可再次使用的完好状态。对长期未使用的自救器也应定期(6 个月)更换二氧化碳吸收剂,补充氧气。

(5) 在未达到安全地点时不要摘下自救器。

4) 隔绝式正压氧气呼吸器的注意事项

(1) 在 0 ℃以下的环境中工作时,一定要在室内先预热 15 min,然后试戴 8~10 min。只有在呼吸器处于正常状态时,才能进入灾区作业。这主要是防止呼吸器组件内部结冰而造成气路不畅,影响组件工作,特别是防止调节器腔室内结冰而可能造成的调节器损坏。

(2) 在高温环境中工作,必须遵守高温作业的有关规定。防止佩戴人员体力劳动过大而发生中暑。

（3）在佩戴中途休息时，一定不能摘机，只能佩戴着呼吸器进行休息，中途摘机然后再佩戴是很危险的。

5）自动苏生器的注意事项

（1）做好伤员的安置，清理伤员的口腔和喉腔，达到呼吸道畅通。选择适当的咽喉导管送入伤员口内，防止舌头后坠，使呼吸梗阻，放好后要将舌头送回，防止伤员痉挛时咬伤舌头。

（2）进行人工呼吸操作时，要同时用手指轻压伤员喉头中部的环状软骨，借以闭塞食道，防止气体充入胃部，导致人工呼吸失败。

（3）自动肺过慢时，是面罩与面部接触不严密或接头漏气；自动肺动作过快，表明呼吸道不畅通，应再次清理呼吸道或摆动伤员头部。

（4）对腐蚀性气体中毒的伤员，不能进行人工呼吸，只能用氧吸入，对 CO 中毒的伤员吸氧不要过早终止，以免伤员起来后导致昏厥。

（5）当人工呼吸正常进行时，必须接好备用氧气瓶。

（6）用自动苏生器为儿童苏生时，不需要调整自动肺呼吸频率。由于自动肺向儿童肺部充气和抽气所需时间皆缩短，自动肺动作次数将自行增加到某一定值。儿童的肺容量越小，增加的次数越多。这种变化是自动的，故不需要调整减压器。

11.2　心肺复苏与呼吸实验

实验类型：综合性　　　　　　　　　　实验学时：2

一、实验目的和实验内容

（1）掌握人工呼吸操作技巧。

（2）掌握心脏按压操作技巧。

（3）熟练掌握人工呼吸和胸外按压联合救护病人的操作方法。

二、实验仪器

包括高级全自动电脑心肺复苏模拟人（图 11-8）、镊子等。

图 11-8　高级全自动电脑心肺复苏模拟人

三、所需耗材

包括无菌纱布、酒精棉球。

四、实验原理、方法和手段

对于任何原因引起的呼吸心搏骤停,及时有效地采取措施对患者进行抢救治疗,使循环和呼吸恢复,这些措施称心肺复苏。

心搏呼吸骤停在医学上称为"猝死"(如心脏疾病、心肺梗死、触电、溺水、中毒、矿难、高空作业、交通事故、自然灾害、意外事故等所造成的心脏骤停)。人的脑细胞对于缺氧十分敏感,一般在血液循环停止后 4～6 min,大脑即发生严重损害,甚至不能恢复。因此,必须争分夺秒,积极抢救。

心脏骤停的严重后果以秒计算:

10 s——意识丧失,突然倒地;

30 s——全身抽搐;

60 s——自主呼吸逐渐停止;

3 min——开始出现脑水肿;

6 min——开始出现脑细胞死亡;

8 min——脑死亡——"植物状态"。

为了使病人得救,避免脑细胞死亡,以便于心搏呼吸恢复后,意识也能恢复,就必须在心搏停止后,立即进行有效的心肺复苏术(cardio-pulmonary resuscitation,CPR),复苏开始越早,存活率越高。大量实践表明,4 min 内进行复苏者可能有 50% 的人被救活;4～6 min 开始进行复苏者,10% 可以救活;超过 6 min 者,存活率仅为 4%,10 min 以上开始进行复苏者,存活可能性更小。

在生活中,健康人由于心脏骤停,而必须采取胸外按压、气道放开、人工口鼻呼吸、心内注射等抢救过程。使病人最短时间内得救。在抢救过程中,胸外按压位置、按压强度是否正确,人工呼吸吹入的吹气量是否足够,规范动作是否正确等,这些都是抢救病人是否成功的关键。因此,在系列抢救过程中,必须要掌握心肺复苏技术。模拟胸外按压、人工呼吸、心内注射、颈动脉模拟搏动、瞳孔由一只散大与一只缩小的比较认识,达到掌握操作训练心肺复苏术的基本要求。对操作正确与否,有光电信号显示、数码显示等功能,它是训练抢救人员进行心肺急救技术训练的理想的模拟机。

当病人发生心搏呼吸骤停时,其开展的抢救顺序依次为:胸外心脏按压→开放气道→人工呼吸。

五、实验步骤

1) 判断与呼救

发现昏迷倒地的病人后,轻摇病人的肩部并高声喊叫:"喂,你怎么了?"若无反应,立即掐压人中、合谷 5 s;若病人仍未苏醒,立即向周围呼救并打急救电话 120。判断心跳方式如图 11-9 所示。

判定心跳:脉搏检查一直是判定心脏是否跳动的标准。判定心跳方法:患者仰头,急救人员一手按住前额,用另一手的食、中手指找到气管,两指下滑到气管与颈侧肌肉之间的沟内即可触及颈动脉评价时间不要超过 10 s。判断位置如图 11-10 所示。

若患者无反应、呼吸和循环,或呼吸心跳均已停止(非专业急救者如不能确定,可立即实

图 11-9　意识判断

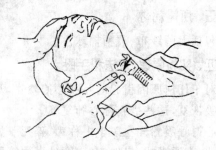

图 11-10　判断心跳

施胸外心脏按压),应立即按照 30∶2 的比例进行胸外按压和人工呼吸。按压频率成人至少100 次/min,吹气频率 10~12 次/min(每 5~6 s 进行一次人工呼吸)。

2) 胸外心脏按压

胸外按压法是一种抢救心跳已经停止的伤员的有效方法。如果发现伤员已经停止呼吸,同时心跳也不规则或已停止,就要立即进行心脏按压,绝对不能为了反复寻找原因或惊慌失措而耽误时间。具体操作方法如下:

(1) 患者体位。患者仰卧于硬板床或地上,如为软床,身下应放一木板,以保证按压有效,但不要为了找木板而延误抢救时间。

抢救者应紧靠患者胸部一侧,为保证按压时力量垂直作用于胸骨,抢救者可根据患者所处位置的高低采用跪式或用脚凳等不同体位,如图 11-11 所示。

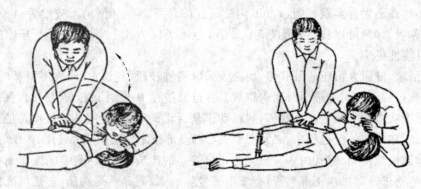

图 11-11　胸外心脏按压患者体位及抢救者所处姿势

(2) 按压部位。正确的按压部位是胸骨中、下 1/3 处,如图11-12 所示。定位方法:抢救者食指和中指沿肋弓向中间滑移至两侧肋弓交点处,即胸骨下切迹,然后将食指和中指横放在胸骨下切迹的上方,将一只手的手掌根贴在胸骨下部(胸骨下切迹上两横指),另一只手掌叠放在这一只手的手背上,十指相扣,手指翘起脱离胸壁。

图 11-12　按压部位

快速定位方法:双乳连线法,如图 11-13 所示。

(3) 按压手势。按压在胸骨上的手不动,将定位的手抬起,用掌根重叠放在另一只手的掌背上,手指交叉扣抓住下面手的手掌,下面手的手指伸直,手指指尖弯曲向上离开胸壁,这样只使掌根紧压在胸骨上,如图 11-14 所示。

(4) 按压姿势。抢救者双臂伸直,肘关节固定不能弯曲,双肩部位于病人胸部正上方,垂直下压胸骨。按压时肘部弯曲或两手掌交叉放置均是错误的,如图 11-15 所示。

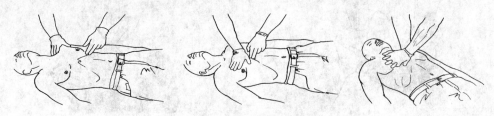

图 11-13 双乳连线快速定位方法

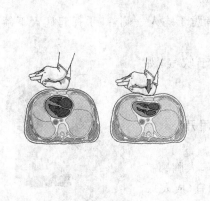

图 11-14

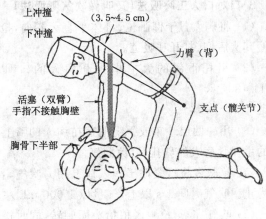

图 11-15 按压姿势

(5) 按压频率。应平稳有规律,成人至少 100 次/min,按压与放松间隔比为 50% 时,可产生有效的脑和冠状动脉灌注压。

每次按压后,放松使胸骨恢复到按压前的位置,血液在此期间可回流到胸腔,放松时双手不要离开胸壁。

(6) 按压幅度。成人应使胸骨下陷至少 5 cm,不能冲击式猛压,用力太大造成肋骨骨折,用力太小起不到有效作用。

(7) 按压方式。垂直下压不能左右摇摆,下压时间与向上放松时间相等,下压至最低点应有明显停顿。

放松时,手掌根部不要离开胸骨按压区皮肤,但应尽量放松,切勿使胸骨不受任何压力。

3) 放开气道

患者无反应或无意识时,其肌张力下降,舌体可能把咽喉部阻塞,舌是造成呼吸道阻塞最常见原因。若口中有与异物,应及时清除患者口中异物和呕吐物,用指套或指缠纱布清除口腔中的液体分泌物。

(1) 仰头抬颈法。抢救者跪于患者头部的一侧,一只手放在患者的颈后将颈部托起,另一只手置于前额,压住前额使头后仰,其程度要求下颌角与耳垂边线和地面垂直,动作要轻,用力过猛可能损伤颈椎,如图 11-16 所示。

(2) 仰头抬颌法。把一只手放在患者前额,用手掌把额头用力向后推,使头部向后仰,另一只手的手指放在下颌骨处,向上抬颌,如图 11-17 所示。

勿用力压迫下颌部软组织,否则有可能造成气道梗阻,避免用拇指抬下颌。

— 213 —

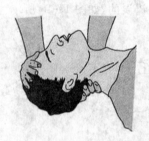
图 11-16　仰头抬颈法

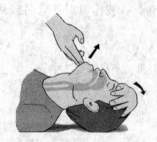
图 11-17　仰头抬颌法

3)口对口人工呼吸法(又叫做吹气呼吸法)

(1) 将病人置于仰卧位、身体平直无卷曲,抢救者跪于病人一侧,一手托起病人下颌尽量使其头后仰,打开呼吸道。

(2) 用托下颌的大拇指张开病人的口,以利于吹气,如图 11-18 所示。

(3) 用一两层纱布或手绢覆盖在病人的嘴上,并用另一只空着的手捏紧病人的鼻孔,以免漏气。

(4) 抢救者将口紧贴于病人口上用力吹气,直至病人胸廓扩张为止。吹气时间 1 s 以上,气量以 1 000 mL 左右为宜(成人)。

(5) 吹气完毕,抢救者稍抬头面侧转,同时松开捏鼻孔的手。使胸廓及肺弹性回缩。

图 11-18　口对口人工呼吸

(6) 如此反复进行,每分钟吹气 10～12 次。

六、实验注意事项

1)胸外心脏按压注意事项

(1) 在抢救中要随时注意按压效果,判断指标如下:

① 可触及大动脉的搏动,血压维持在 60 mmHg 以上。

② 颜色、口唇及皮肤色泽转为红润。

③ 瞳孔由大转小,角膜湿润。

④ 自主呼吸逐渐恢复。

(2) 病员有下列情况之一者不能做心脏按压:

① 胸廓骨折、胸部有效弹性消失者。

② 有严重胸廓畸形者。

③ 心包填塞者。

④ 已开胸病人。

2)人工呼吸注意事项

(1) 首先要检查病人口内是否有泥沙、痰、呕吐物、活动义齿等,如有则清理,并解松病人的衣领、内衣、胸罩、裤带等。

(2) 吹气应均匀,一次吹气量为 800～1 200 mL。

(3) 吹气时间约占一次呼吸周期的 1/3。

(4) 尚存微弱的自主呼吸时,人工呼吸应与自主呼吸同步。

（5）胸廓及肺弹性回缩无力时，可借助手压胸的办法。

（6）张开的口紧紧包绕病人口部，使口鼻均不漏气为宜。

（7）吹气完毕，立即用手感觉病人口、鼻有无气体呼出，以确定人工呼吸是否有效。若无气体呼气，应检查呼吸道是否打开或有无堵塞物，鼻孔是否漏气等。

（8）口对口呼吸常导致胃胀气，可引发胃内容物反流，致误吸或吸入性肺炎。缓慢吹气，减少吹气量及气道压峰值水平，有助于减低食道内压，减少胃胀气的发生。

11.3　灭火器的使用

实验类型：演示性　　　　　　　　　实验学时：1

一、实验目的

掌握干粉灭火器、泡沫灭火器、1211 灭火器的使用方法。

二、实验内容

（1）了解干粉灭火剂、泡沫灭火剂、1211 灭火剂的灭火原理。

（2）掌握干粉灭火器、泡沫灭火器、1211 灭火器的使用方法及使用条件。

三、仪器设备

包括干粉灭火器、手提式泡沫灭火器、手提式 1211 灭火器、铁槽。常见灭火器外观如图 11-19 所示。

四、所需耗材

柴油、木柴。

五、实验原理、方法和手段

1）干粉灭火器灭火原理

干粉灭火剂一般分为 BC 干粉灭火剂（碳酸氢钠）和 ABC 干粉（磷酸铵盐）两大类。矿

图 11-19　手提式灭火器及推车式灭火器外观

用干粉灭火器中以磷酸铵盐干粉为最多。

干粉灭火的原理：一是靠干粉中的无机盐的挥发性分解物，与燃烧过程中燃料所产生的自由基或活性基团发生化学抑制和负催化作用，使燃烧的链反应中断而灭火；二是靠干粉的粉末落在可燃物表面外，发生化学反应，并在高温作用下形成一层玻璃状覆盖层，从而隔绝氧，进而窒息灭火。另外，还有部分稀释氧和冷却作用。

干粉灭火器适应于扑灭可燃液体、可燃气体、电气设备、可燃金属等火灾。

2）1211 灭火器灭火原理

1211 灭火器是将二氟一氯一溴甲烷（$CBrClF_2$）气体加压液化后灌注在氮气介质的容器中，是卤代烷灭火器的一种。

其灭火原理是：打开开关，在氮气压力的作用下，灭火剂立即雾状喷出，利用 $CBrClF_2$ 相对密度大、扩散慢和不可燃的特点，滞留在火区内，降低火区氧气浓度。

1211 灭火器主要适用于扑救易燃、可燃液体、气体、金属及带电设备的初起火灾；扑救精密仪器、仪表、贵重的物资、珍贵文物、图书档案等初起火灾;扑救飞机、船舶、车辆、油库、宾馆等场所固体物质的表面初起火灾。

3) 泡沫灭火器灭火原理

泡沫灭火器由化学反应产生的化学泡沫灭火的一类灭火器材。使用时将灭火器倒置,内瓶中的酸性药剂溶液和外瓶中的碱性溶液混合,发生化学反应,生成泡沫喷出,覆盖燃烧物上,隔绝空气;另外,泡沫中的水分吸收热,可以降低燃烧物的温度,使火熄灭。

可用来扑灭 A 类火灾,如木材、棉布等固体物质燃烧引起的失火;最适宜扑救 B 类火灾,如汽油、柴油等液体火灾;不能扑救水溶性可燃、易燃液体的火灾(如醇、酯、醚、酮等物质)和 E 类(带电)火灾。

六、实验步骤

1) 干粉灭火剂灭火演示步骤

(1) 取铁槽 1 个、干粉灭火器 2 个、柴油 1kg,置于空旷的地方;

(2) 将柴油加入铁槽中,点燃柴油;

(3) 将干粉灭火器提到离火源 7~8 m 的地方,将灭火器直立于在地上,打开铅封,拔去安全销,把灭火器移向火源 5 m 左右的上风侧,一只手握住喷嘴胶管,另一只手握住压把,喷嘴对准火源根部,按下压把灭火。

若 1 个灭火器未使火源彻底熄灭,用同样的方法启用第二个灭火器。

2) 1211 灭火器灭火演示步骤

(1) 拿两个手提式 1211 灭火器放在演示现场;

(2) 在铁槽中加上柴油,点火;

(3) 拔掉安全销,一只手拿胶管,另一只手紧握压把打开密封阀,喷嘴对准火源喷射灭火剂,直至火熄灭。火熄灭后,松开压把,停止喷射。若 1 个灭火器未扑灭火源,用同样的方法打开第二个灭火器灭火。

3) 泡沫灭火器灭火演示步骤

(1) 取 5 kg 的木材,放于空旷处点燃,使之全部燃烧。

(2) 拿两个手提式泡沫灭火器,桶底朝下,平稳地提到燃烧物附近。

(3) 倒置灭火器,将喷嘴对准燃烧物,使喷出的泡沫覆盖在燃烧物上,使其熄灭。

七、实验注意事项

1) 干粉灭火器使用注意事项

(1) 点火用端头包布的棍子,先点燃蘸油的布头,然后离开油槽 1.0 m 左右点燃柴油。

(2) 喷干粉时防止干粉气流流速过大,溅起油料烧伤灭火人员。

(3) 观看人员站于火源上风侧,离火源 8 m 以外。

2) 1211 灭火器使用注意事项

(1) 灭火人员与火源保持一定的安全距离。

(2) 灭火时要保持灭火器直立位置,不可水平或颠倒使用,喷嘴应对准火焰根部,由远及近,快速向前推进。

(3) 要防止回火复燃,零星小火则可采用点射。如遇可燃液体在容器内燃烧时,可使1211 灭火剂的射流由上而下向容器的内侧壁喷射。如果扑救固体物质表面火灾,应将喷嘴对准燃烧最猛烈处,左右喷射。

3) 泡沫灭火器使用注意事项

(1) 筒身和筒底不准面向人身体。

(2) 颠倒灭火器后无泡沫喷出,应将筒身平放在地上,用铁丝疏通喷嘴。灭火演示结束后,应清理掉现场的可燃物,以防引发火灾。

11.4　止血、包扎、固定、搬运训练

实验类型:综合性　　　　　　　　实验学时:4

一、实验目的

(1) 通过学习,了解止血、包扎、固定、搬运的重要性。

(2) 学会并掌握止血、包扎、固定、搬运 4 大操作的正确方法。

(3) 通过对止血、包扎、固定、搬运知识的学习,使学生了解现场急救的基础知识。

(4) 通过训练操作,学生能够独立进行止血、包扎、固定、搬运,能够对各种外伤出血及搬运进行现场处理。

二、实验内容

掌握止血、包扎、固定、搬运 4 大操作的训练。

三、仪器设备

包括止血带、三角巾、绷带、钳夹、夹板、木棒、弯盘颈部固定器等。

四、所需耗材

包括卷轴绷带、胶布。

五、实验原理、方法和手段

1) 止血

(1) 出血的种类

① 出血可分为外出血和内出血 2 种:

外出血:体表可见到。血管破裂后,血液经皮肤损伤处流出体外。

内出血:体表见不到。血液由破裂的血管流入组织、脏器或体腔内。

② 根据出血的血管种类,还可分为动脉出血、静脉出血及毛细血管出血 3 种:

动脉出血:血色鲜红,出血呈喷射状,与脉搏节律相同。危险性大。

静脉出血:血色暗红,血流较缓慢,呈持续状,不断流出。危险性较动脉出血少。

毛细血管出血:血色鲜红,血液从整个伤口创面渗出,一般不易找到出血点,常可自动凝固而止血。危险性小。

(2) 失血的表现

一般情况下,一个成年人失血量在 500 mL 时,可以没有明显的症状。当失血量在 800 mL 以上时,伤者会出现面色、口唇苍白,皮肤出冷汗,手脚冰冷、无力,呼吸急促,脉搏快而微弱等。当出血量达 1 500 mL 以上时,会引起大脑供血不足,伤者出现视物模糊、口渴、头晕、神志不清或焦躁不安,甚至出现昏迷症状。

(3) 外出血的止血方法

① 指压止血法。指压止血法是一种简单有效的临时性止血方法。它根据动脉的走向，在出血伤口的近心端，通过用手指压迫血管，使血管闭合而达到临时止血的目的，然后再选择其他的止血方法。指压止血法适用于头、颈部和四肢的动脉出血。人体主动脉及脑部动脉如图 11-20 所示。

依出血部位的不同，可分为头顶部出血、头颈部出血、面部出血、头皮出血；腋窝肩部出血、上臂出血、前臂出血、手掌出血；下肢出血、足部出血。

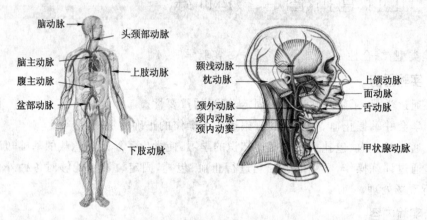

图 11-20　人体主动脉及脑部动脉

Ⅰ. 头顶部出血：伤侧耳前下颌关节上方，用拇指压迫颞浅动脉，如图 11-21 所示。

Ⅱ. 头颈部出血：用拇指将伤侧的颈总动脉向后压迫，但不能同时压迫两侧的颈总动脉，否则会造成脑少血坏死，如图 11-22 所示。

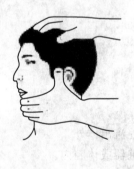

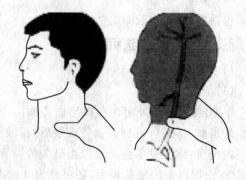

图 11-21　头顶部出血指压点　　　　　　图 11-22　头颈部出血指压点

Ⅲ. 面部出血：用拇指压迫下颌角处的面动脉，如图 11-23 所示。

Ⅳ. 头皮出血：头皮前部出血时，压迫耳前下颌关节上方的颞动脉。头皮后部出血则压迫耳后突起下方稍外侧的耳后动脉。如图 11-24 和图 11-25 所示，黑色部位为止血区域。

Ⅴ. 腋窝和肩部出血：锁骨上窝对准第一肋骨用拇指压迫锁骨，如图 11-26 所示。

Ⅵ. 上臂出血：患肢抬高，用另一手拇指压迫上臂内侧的肱动脉，如图 11-27 所示。

Ⅶ. 手掌出血：用两手指分别压迫腕部的尺动脉、桡动脉，如图 11-28 所示。

Ⅷ. 下肢出血：用两手拇指用力压迫腹股沟中点下方的股动脉，如图 11-29 所示。

Ⅸ. 足部出血：用两手拇指分别压迫足背拇长肌腱外侧的足背动脉和内踝与跟腱之间的胫后动脉，如图 11-30 所示。

图 11-23 面部出血指压点

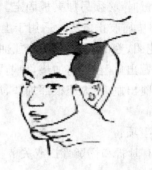

图 11-24 头皮前部出血指压点

图 11-25 头皮后部出血指压点

图 11-26 腋窝和肩部出血指压点

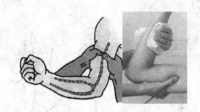

图 11-27 上臂出血指压点

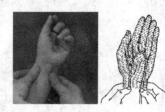

图 11-28 手掌出血指压点

图 11- 29 下肢出血指压点

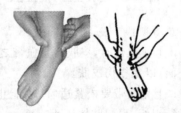

图 11-30 足部出血指压点

　　② 加压包扎止血法。加压包扎止血法是急救中最常用的止血方法之一。适用于小动脉、静脉及毛细血管出血。

　　方法:用消毒纱布或干净的手帕、毛巾、衣物等敷于伤口上,然后用三角巾或绷带加压包扎。压力(松紧度)以能止住血而又不影响伤肢的血液循环为合适,如图 11-31 所示。若

图 11-31 加压包扎止血法

伤处有骨折时,必须另加夹板固定。关节脱位及伤口内有碎骨存在时,不用此方法。

③ 加垫屈肢止血法。适用于上肢和小腿出血。当前臂或小腿出血,在肘窝或腋窝放纱布垫、棉花团、毛巾或衣服等物,屈曲关节,用三角巾或绷带将屈曲的肢体紧紧缠绑起来。

当上臂出血,在腋窝加垫,使前臂屈曲于胸前,用三角巾或绷带把上臂紧紧固定在胸前。

当大腿出血,在大腿根部加垫,屈曲髋关节和膝关节,用三角巾或长带子将腿紧紧固定在躯干上。

注意事项:

Ⅰ. 有骨折和怀疑骨折或关节损伤的肢体不能用加垫屈肢止血,以免引起骨折端错位和剧痛。

Ⅱ. 要经常注意肢体远端的血液循环,如血液循环完全被阻断,要每隔 1 h 松开一次,观察 3～5 min,防止肢体坏死。

④ 止血带止血法。当遇到四肢大动脉出血,使用上述方法止血无效时采用。常用的止血带有橡皮带、布条止血带等。不到万不得已时,不要采用止血带止血。

操作过程中,用橡皮管或布条缠绕伤口上方肌肉多的部位,其松紧度以摸不到远端动脉的搏动为宜。

Ⅰ. 橡皮止血带止血法:用长 1 m 的橡皮管,先用绷带或布块垫平上止血带的部位,两手将止血带中段适当拉长,绕出血伤口上端肢体两三圈后固定,借助橡皮管的弹性压迫血管而达到止血的目的,如图 11-32 所示。

Ⅱ. 布条止血带止血法:常用三角巾、布带、毛巾、衣袖等平整地缠绕在加有布垫的肢体上,拉紧或用"木棒、筷子、笔杆"等紧固,如图 11-33 所示。

图 11-32　橡皮止血带止血法

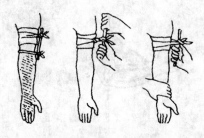

图 11-33　布条止血带止血法

注意事项:

Ⅰ. 上止血带时,皮肤与止血带之间不能直接接触,应加垫敷料、布垫或将止血带上在衣裤外面,以免损伤皮肤。

Ⅱ. 上止血带要松紧适宜,以能止住血为度。扎松了不能止血,扎得过紧容易损伤皮肤、神经、组织,引起肢体坏死。

Ⅲ. 上止血带时间过长,容易引起肢体坏死。因此,止血带上好后,要记录上止血带的时间,并每隔 40～50 min 放松一次,每次放松 1～3 min。为防止止血带放松后大量出血,放松期间应在伤口处加压止血。

Ⅳ. 运送伤者时,止血带处要有明显标志,不要用衣物等遮盖伤口,以免妨碍观察,应用标签注明上止血带的时间和放松止血带的时间。

Ⅴ. 填塞止血。适用于颈部和臀部较大而深的伤口。先用镊子夹住无菌纱布塞入伤口内,如一块纱布止不住出血,可再加纱布,最后用绷带或三角巾绕颈部至对侧臂根部包扎固定,如图 11-34 所示。

图 11-34　填塞止血法

2) 包扎

常用的包扎材料有绷带、三角巾、四头带及其他临时代用品(如干净的手帕、毛巾、衣物、腰带、领带等)。绷带包扎一般用于支持受伤的肢体和关节,固定敷料或夹板和加压止血等。三角巾包扎主要用于包扎、悬吊受伤肢体,固定敷料,固定骨折等。

包扎目的:保护伤口、帮助止血、固定下敷料、减轻疼痛。

包扎要求:快、准、轻、牢,尽量暴露伤口。

常用的包扎法如下:

(1) 环形绷带包扎法。此法是绷带包扎法中最基本的方法,多用于手腕、肢体、胸、腹等部位的包扎。将绷带做环形重叠缠绕,最后用扣针将带尾固定,或将带尾剪成两头打结固定。

注意事项:

① 包扎伤口时,先清洁伤口,再覆盖纱布,然后绷带包扎。

② 包扎方向自下而上、由左向右,从远心端向近心端包扎,以助静脉血液的回流。绷带固定时,其结应放在肢体的外侧面,忌在伤口上、骨隆突处或易于受压的部位打结。

③ 包扎时要使病人位置保持舒适。皮肤皱褶处如腋下、乳下、腹股沟等,应用棉垫或纱布衬垫,骨隆突处也用棉垫保护。需要抬高肢体时,应给适当的扶托物。包扎的肢体必须保持功能位置。

④ 包扎时松紧要适宜,过紧会影响局部血液循环,过松易致敷料脱落或移动。使用腹带、胸带要注意呼吸活动度、呼吸音、触觉语颤等,鼓励做深呼吸及咳嗽。保持清洁,及时更换。

⑤ 包扎肢体时不得遮盖手指或脚趾尖,以便观察血液循环情况。

⑥ 检查远端脉搏跳动,触摸手脚有否发凉等。

⑦ 解除绷带时,先解开固定结或取下胶布,然后以两手互相传递松解。紧急时或绷带已被伤口分泌物浸透干涸时,可用剪刀剪开。

(2) 三角巾包扎法

① 三角巾全巾:三角巾全幅打开,可用于包扎或悬吊上肢。

② 三角巾宽带:将三角巾顶角折向底边,然后再对折一次。可用于下肢骨折固定或加固上肢悬吊等。

③ 三角巾窄带:将三角巾宽带再对折一次。可用于足、踝部的"8"字固定等。

常见的三角巾包扎法如图 11-35～图 11-39 所示。

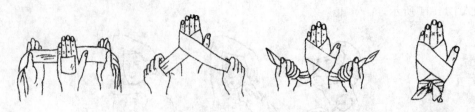

图 11-35　手部三角巾包扎

图 11-36　头部三角巾十字包扎

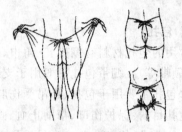

图 11-37　双臀蝴蝶式包扎法

图 11-38　侧胸部三角巾包扎法

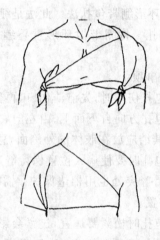

图 11-39　肩部三角巾包扎法

3) 固定

固定术是针对骨折的急救措施。

目的:限制受伤部位的活动,减轻疼痛,避免骨折端因移位而损伤血管、神经等。也可防止休克、便于伤员的搬运。

固定范围要包括上下关节。

固定材料:木制夹板、钢丝夹板、充气夹板、负压气垫、塑料夹板、其他材料,如特制的颈部固定器、股骨骨折的托马固定架,紧要时就地取材:竹棒、木棍、树枝等。

在缺乏外固定材料时也可以进行临时性的自体固定,如将受伤的上肢缚于上身躯干,或将受伤的下肢同健肢缚于一起。

就地固定,不要随便移动伤者,不要盲目复位。夹板的长度与宽度要与骨折肢体相适应,长度应超过上下关节,固定范围要包括上下关节,夹板不应直接接触皮肤,可适当加厚垫。固定应松紧适度,趾端外露以便观察血液循环。四肢骨折固定,先捆上端,后捆下端。上肢屈着绑(屈肘状);下肢固定要伸直绑。常见骨折固定方法如图 11-40～图 11-45 所示。

图 11-40 肱骨骨折固定法   图 11-42 手指骨骨折固定法   图 11-41 肘关节骨折固定法

图 11-43 股骨骨折固定法

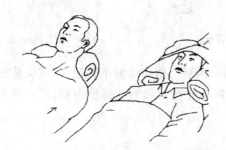 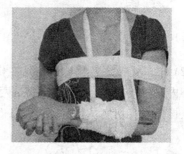

图 11-44 颈椎骨折固定法   图 11-45 桡、尺骨骨折固定法

注意事项:

先止血、包扎,再固定,有休克先抗休克。开放性骨折,严禁把骨折端断送回伤口内。

4) 搬运

基本原则:及时、迅速、安全地将伤员搬至安全地带,防止再次负伤。

搬运方法:背、夹、拖、抬、架等。徒手搬运法用于伤势较轻且运送距离较近者,担架搬运适用于伤势较重,不宜徒手搬运,且需转运距离较远伤者。常见搬运工具及搬运方法如图 11-46～图 11-53 所示。

(1) 双人搭椅。由两个救护人员对立于伤病员两侧,然后两人弯腰,各以一只手伸入伤病员大腿下方而相互十字交叉紧握,另一只手彼此交替支持伤病员背部;或者救护人员右手紧握自己的左手手腕,左手紧握另一救护人员的右手手腕,以形成口字形。这两种不同的握手方法,都形成类似于椅状而命名,如图 11-50 所示。

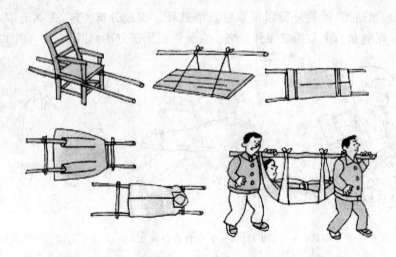

图 11-46　常见搬、抬、运工具及方法(注:脊椎伤不能使用)

图 11-47　单人搀扶法　　　　图 11-49　单人背驮法　　　　图 11-48　单人抱持法

(2) 拉车式。一名救护人员站在伤病员的头部,两手从伤病员腋下抬起,将其头背抱在自己怀内,另一名救护员蹲在伤病员两腿中间,同时夹住伤病员的两腿面向前,然后两人步调一致慢慢地将伤病员抬起,如图 11-51 所示。

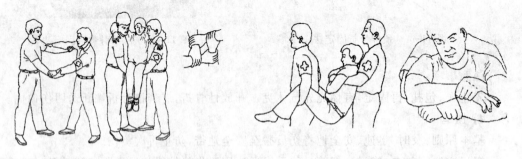

图 11-50　双人搭椅搬运方法　　　　　　　图 11-51　拉车式搬运方法

注意事项:

① 移动伤者首先应检查头、颈、胸、腹和四肢是否有损伤,如果有损伤,应先做急救处理。要做好途中护理,注意神志、呼吸、脉搏以及病(伤)势的变化。

② 担架搬运,一般头略高于脚,行进时伤者脚在前,头在后,以便观察伤者病情变化。

③ 用汽车、大车运送时,床位要固定,防止启动、刹车时晃动使伤者再度受伤。

六、预习与思考题

（1）肢体离断伤的包扎？

（2）胸部外伤的处理？

（3）伤口初次处理的注意事项？

（4）骨折固定的原则是什么？

（5）哪些部位出血可用加压包扎止血法？

第12章

煤矿地质学

12.1 煤类鉴别

实验类型：验证性   实验学时：1

一、实验目的

通过对煤样标本观察，鉴别煤的变质程度，并鉴别煤的种类，如褐煤、烟煤、无烟煤；在烟煤中，要求划分出低变质烟煤（长焰煤、气煤）、中变质烟煤（肥煤、焦煤）、高变质烟煤（瘦煤、贫煤）。对一些特殊煤类，也要有一定认识，如腐泥煤、残植煤等。同时，对煤的结构构造进行观察与描述，要求绘制出素描图。

二、实验内容

（1）对煤的变质程度鉴别。

（2）对煤的种类鉴别。

（3）煤的结构特征观察、描述及素描图绘制。

三、仪器设备

小刀、放大镜。

四、实验耗材

各类煤种。

五、实验原理、方法和手段

（1）褐煤（HM）：褐色，光泽弱，为土状光泽或弱玻璃光泽；易风化；分为老褐煤和年轻褐煤；水分多，密度小，不黏结，含腐殖酸，氧含量高，化学反应性强，热稳定性差，块煤加热时破碎严重，碎裂成小块或粉末，发热量低。

（2）长焰煤（CY）：高挥发分低级烟煤，点燃火焰高。沥青光泽强，块状。

（3）气煤（QM）：煤化程度较低、挥发分较高的烟煤，受热后能生成一定量的胶质体，黏结性从弱到中等均有；单种煤炼焦时产生出的焦炭细长、易碎，并有较多的纵裂纹，焦炭强度和耐磨性均较差。在炼焦中能产生较多的煤气、焦油和其他化学产品，多作为配煤炼焦使用，也是生产干馏煤气的好原料。

（4）肥煤（FM）：煤化程度中等的烟煤，在受热到一定温度时能产生较多的胶质体，有较强的黏结性，可黏结煤中一些惰性物质；用肥煤单独炼焦时，能产生熔融良好的焦炭，但焦炭有较多的横裂纹，焦根部分有蜂焦，因而其强度和耐磨性比焦煤稍差，是炼焦配煤中的重要组分，但不宜单独使用。

（5）焦煤（JM）：烟煤中煤化程度中等或偏高的一类煤，受热后能产生热稳定性较好的胶质体,具有中等或较强的黏结性;单种煤炼焦时可炼成熔融好、块度大、裂纹少、强度高而耐磨性又好的焦炭,是一种优质的炼焦用煤。

(6) 瘦煤(SM):烟煤中煤化程度较高、挥发分较低的一种,受热后能产生一定数量胶质体;单种煤炼焦时能炼成熔融不好、耐磨强度差、块度较大的焦炭,可作为炼焦配煤的原料,也可作为民用和动力燃料。

(7) 贫煤(PM):烟煤中煤化程度最高、挥发分最低而接近无烟煤的一类煤,国外也有称之为半无烟煤。这种煤燃烧时火焰短,但热值较高,无黏结性,加热后不产生胶质体,不结焦,多作为动力或民用燃烧使用。

(8) 无烟煤(WY):煤化程度最高的一类煤,挥发分低,含碳量最高,光泽强,硬度高,密度大,燃点高,无黏结性,燃烧时无烟。

(9) 腐泥煤:深褐色、灰黑色、条痕色为黄色,光泽暗淡,致密块状,贝壳状断口,具韧性,形似泥岩。

(10) 腐植腐泥煤:低等植物与高等植物遗体在水盆地的滨岸浅水地带混合堆积而成。其光泽暗淡,块状,挥发分、H 含量高和焦油产率高。类型有烛煤、烛藻煤和煤精等。

① 烛煤:黑色或褐色,丝绢状或油脂光泽,贝壳状断口或圆形断口,无层理或显示不明显的微细水平层理。致密块状,硬度大,韧性好,相对密度小,易被火点燃,烟浓焰长,明亮如蜡,故名烛煤。

② 煤精:由红褐色、褐黄色的混合基质形成。黑色,水平层理,有时显微波状层理,致密块状,韧性大,质轻。

(11) 残植煤:主要由高等植物中的稳定组分富集而成,可分为角质残植煤、树皮残植煤、孢子残植煤、树脂残植煤等。

(12) 柴煤:没有经过成煤作用由植物遗体经压实而成,保持了植物的组织结构。

(13) 琥珀:由树脂体形成,琥珀是第三纪松柏科植物的树脂,经地质作用掩埋地下,经过很长的地质时期,树脂失去挥发成分并聚合、固化形成琥珀。它常与煤层相伴而生。

(14) 泥炭:植物遗体经泥炭化作用形成的产物,未固结,松散。

六、实验结果处理

具体实验结果见表 12-1。

表 12-1　　　　　　　　　　煤类鉴别特征表

标本号	煤种名称	主要鉴定特征及描述(主要从颜色、光泽、硬度及形态进行描述)

七、预习与思考题

(1) 肉眼鉴定常见煤种时,主要依据哪些特性?

(2) 褐煤、气煤、焦煤和无烟煤的主要外观特征区别有哪些?

八、实验报告要求

观察并记录褐煤、气煤、肥煤、瘦煤、贫煤、焦煤和无烟煤等煤种的主要鉴定特征与描述,并绘制出素描图。

12.2 煤的物理性质及结构构造观察

实验类型：验证性　　　　　　　　实验学时：2

一、实验目的

通过实验，了解煤的颜色、光泽、硬度及断口等物理性质；能熟练对煤的结构构造进行鉴别。

二、实验内容

（1）煤的物理性质观察。

（2）煤的结构构造鉴别。

三、实验耗材

各类煤种。

四、实验原理、方法和手段

1）物理性质

煤的物理性质主要包括 5 个方面：光学性质、机械性质、空间结构性质、电磁性质和热性质。本次实验主要通过肉眼对煤的物理性质进行观察，主要包括煤的颜色、光泽、硬度等。

煤的物理性质鉴定的一般顺序如图 12-1 所示。

图 12-1　煤的物理性质鉴定顺序

（1）颜色

① 表色：普通白光照射下，煤表面反射光线所显示的颜色称为表色。腐植煤的表色随煤化程度的增高而变化，褐煤通常为褐色、褐黑色；低中煤化程度的烟煤为黑色，高煤化程度的烟煤为黑色略带灰色，无烟煤往往为灰黑色，带有铜黄色或银白色的色彩。因此，根据表色可以明显地区别出褐煤、烟煤和无烟煤。腐泥煤的表色变化较大，有深灰色、棕褐色，甚至灰绿色至黑色。煤中的水分能使颜色加深，而煤中的矿物质往往使煤的颜色变浅。

② 粉色：用镜煤在未上釉的瓷板上刻划条痕而得。粉色较固定，用粉色判断煤的煤化程度效果较好。褐煤的粉色为浅褐色、褐色，低煤级烟煤为深褐色到黑褐色，中煤级烟煤为褐黑色，高煤级烟煤为黑色有时略带褐色，无烟煤为深黑色或灰黑色。腐泥煤的粉色一般比腐植煤要浅，随煤级的增高，粉色也逐渐加深。煤的粉色不但决定于煤化程度，还与煤岩类型和风氧化程度有关。为了统一对比条件，一般应以新鲜的较纯净的光亮型煤的粉色为准。

（2）光泽：光泽与煤的成因类型、煤岩成分、煤化程度和风化程度有关。腐泥煤的光泽一般都比较暗淡。腐植煤的 4 种宏观煤岩成分中，镜煤的光泽最强、亮煤次之，暗煤和丝炭的光泽暗淡。随着煤化程度的增高，各种宏观煤岩成分的光泽有不同程度的增强。丝炭和暗煤的光泽变化小，而镜煤和较纯净的亮煤变化明显。根据镜煤或较纯净亮煤的光泽可判断煤级,即年青褐煤无光泽,老褐煤呈蜡状光泽或弱的沥青光泽,低煤级烟煤具沥青光泽、弱玻璃光泽,中煤级烟煤具强玻璃光泽,高煤级烟煤具金刚光泽,无烟煤具半金属光泽。

(3) 硬度。宏观煤岩成分中,暗煤硬度最大,亮煤、镜煤硬度小。煤的硬度还与煤级有关:褐煤和中煤化程度的烟煤硬度最小,为 2～2.5;无烟煤硬度最大,接近 4。

通常可以将矿物硬度略划分为软(其硬度＜指甲)、中(硬度＞指甲＜小刀)、硬(硬度＞小刀)、极硬(石英刻不动)4 类。但极硬矿物较少。

(4) 解理。矿物受力后沿着一定结晶方向断开,并产生光滑平面的性质称为解理,裂开的光滑平面称为解理面。解理一般沿着晶体内部构造联系力最弱的方向产生。根据列成光滑解理面的难易程度,可以分为:

① 极完全解理:矿物晶体极易裂成薄片,解理面光滑平整。

② 完全解理:晶体可以裂成规则的解理块或薄板。解理面光滑,很难发生断口。

③ 中等解理:晶体裂成的碎块上既有解理又有断口,解理面常具有小阶梯状或某一方向有不太平滑的解理。

④ 不完全解理:晶体破裂时很难发现平坦解理面,常为不规则断口。

⑤ 无解理:矿物碎块上都是断口。

(5) 断口。矿物在受力后,并不是沿着一定结晶方向断开而是沿着任意方向破裂,并呈各种凹凸不平的断面,这种断面称为断口。断口不包括层理面或裂隙面。煤中常见的断口有贝壳状断口—断口具有弯曲的凹面和同心状构造,很像贝壳;阶梯状断口、参差状断口—断口面粗糙不平;另外还有棱角状断口、粒状断口等。断口反映了煤物质组成的均一性和方向性的变化。组成较均一的煤,如腐泥煤、腐殖腐泥煤、镜煤等常具有贝壳状断口;而组成不均一的煤,常见其他类型的断口。

2) 煤的结构构造鉴别

(1) 煤的结构特征

① 原生结构。煤的原生结构是指由成煤原始物质及成煤环境所形成的结构。常见的原生结构有以下 8 种:

条带状结构:煤岩成分呈条带状相互交替出现。按条带的宽窄,可分为宽条带状结构(条带宽大于 5 mm)、中条带状结构(条带宽 3～5 mm)和细条带状结构(条带宽 1～3 mm)。条带状结构在烟煤的半亮型煤和半暗型煤中最为常见,年轻褐煤和无烟煤中条带状结构不明显。

线理状结构:指镜煤、丝炭、黏土矿物等以厚度小于 1 mm 的线理断续分布于煤中,形成线理状结构。半暗型煤和半亮型煤中常见。据线理之间交替的线距,又可分为密集线理状结构和稀疏线理状结构。

凸镜状结构:镜煤、丝炭、黏土矿物、黄铁矿等,常以大小不等凸镜体形式散布于煤中,构成凸镜状结构。半暗型和暗淡型煤中常见,有时光亮型煤中也可见到。

均一状结构:组成成分较单纯、均匀,形成均一状结构。如镜煤、腐泥煤、腐殖腐泥煤类等,都具有均一状结构。光亮型煤和暗淡型煤有时也表现出均一状结构。

粒状结构:由于煤中散布着大量的孢子或矿物杂质,使煤呈现出粒状结构。多见于暗煤或暗淡型煤中。有时含黄铁矿鲕粒或含黄铁矿结核而呈鲕粒状结构或豆状结构,它们为粒状结构的变种。

叶片状结构:煤中有大量的木栓层或角质层,使煤呈现纤细的叶理,如叶片状、纸片状等,煤易被分成薄片。角质残植煤和树皮残植煤具有叶片状结构。

木质状结构:煤中保存了植物茎部的木质纤维组织的痕迹,植物茎干的形态清晰可辨,称为木质状结构。褐煤中常可见到木质状结构,有些低煤阶烟煤中也可见到。例如,我国山西繁峙褐煤中保存有良好的木质状结构而被称为"紫皮炭"。

纤维状结构:为丝炭所特有,它是植物根茎组织经丝炭化作用而形成。可见到植物原生的细胞结构沿着一个方向延伸,表现出纤维状,疏松多孔。观察时,要在煤层层面的丝炭上才可见到。

② 次生结构。煤的次生结构是指煤层形成后受到应力作用产生各种次生的宏观结构。

碎裂结构:煤被密集的次生裂隙相互交切成碎块,但碎块之间基本没有位移,可看到煤层的层理。碎裂结构往往位于断裂带的边缘。

碎粒结构:煤被破碎成粒状,主要粒级大于 1 mm。大部分煤粒由于相互位移摩擦失去棱角,煤的层理被破坏,碎粒结构往往位于断裂带的中心部位。

糜棱结构:煤被破碎成很细的粉末,主要粒级小于 1 mm。有时被重新压紧,已看不到煤层的层理和节理,煤易捻成粉末。糜棱结构一般出现在压应力很大的断裂带中。

(2) 煤的构造特征

① 层状构造。

② 块状构造。

(3) 煤的内外生裂隙特征

煤的裂隙是指煤受到自然界各种应力作用而造成的裂开现象。按成因不同,可分为内生裂隙和外生裂隙两种。

① 内生裂隙。内生裂隙是在煤化过程中,煤中的凝胶化物质受到温度和压力等因素的影响,体积均匀收缩产生内张力而形成的一种张裂隙。

内生裂隙主要出现在镜煤中,有时也出现在均匀致密的光亮型煤分层中。内生裂隙一般都垂直或大致垂直于层理面,只发育在镜煤或光亮煤条带或分层内。内生裂隙面较平坦光滑,有时可见到十分细密的环纹组成的眼球状张力痕迹。内生裂隙有大致互相垂直的两组,其中,一组较发育,称为主要裂隙组;另一组则较稀疏,称为次要裂隙组。

② 外生裂隙。外生裂隙是在煤层形成之后,受构造应力的作用而产生。外生裂隙可出现在煤层的任何部分,与煤层的层理呈不同角度相交,并切穿煤岩成分和煤分层的层理。外生裂隙面上常有波状、羽毛状或光滑的滑动痕迹,有时可见到次生矿物或破碎的煤屑。外生裂隙面有时与内生裂隙面重叠。

五、实验结果处理

具体实验结果见表 12-2。

表 12-2　　　　　　　　　　　　　煤类鉴别特征表

标本号	颜色	光泽	硬度	解理	断口	煤的结构特征		层状构造	块状构造	内外生裂隙特征
						原生结构	次生结构			

12.3　宏观煤岩组分观察

实验类型:验证性　　　　　　　　　实验学时:2

一、实验目的

掌握腐殖煤中、低变质程度烟煤的宏观物理特征;掌握腐殖煤硬煤的 4 种宏观煤岩成分和镜煤、丝炭、亮煤和暗煤的宏观煤岩类型的特征和鉴别方法;掌握腐殖煤硬煤光泽岩石类型的划分标志及鉴别方法;了解硬煤宏观结构、构造特点。

二、实验内容

(1) 腐植煤的宏观煤岩类型。

(2) 腐植煤的宏观煤岩组合类型。

(3) 煤的结构和构造。

三、实验耗材

各类煤种。

四、实验原理、方法和手段

1) 宏观煤岩组分识别与描述

(1) 镜煤。镜煤的颜色深黑、光泽强,是煤中颜色最深和光泽最强的成分。它质地纯净,结构均一,具贝壳状断口和内生裂隙。镜煤性脆,易碎成棱角状小块。在煤层中,镜煤常呈凸透镜状或条带状,条带厚几毫米至 1～2 cm,有时呈线理状存在于亮煤和暗煤之中。

镜煤是由植物的木质纤维组织经凝胶化作用转变而成。镜煤的显微组成比较单一,是一种简单的宏观煤岩成分。

(2) 丝炭。外观像木炭,颜色灰黑,具明显的纤状结构和丝绢光泽,丝炭疏松多孔,性脆易碎,能染指。丝炭的胞腔有时被矿物质充填,称为矿化丝炭,矿化丝炭坚硬致密,相对密度较大。在煤层中,丝炭常呈扁平透镜体沿煤层的层理面分布,厚度多在 1～2 mm,甚至几毫米,有时能形成不连续的薄层;个别地区,丝炭层的厚度可达几十厘米以上。

丝炭是植物的木质纤维组织在缺水的多氧环境中缓慢氧化或由于森林火灾所形成。丝炭也是一种简单的宏观煤岩成分,孔隙度大。

(3) 亮煤。亮煤的光泽仅次于镜煤,一般呈黑色,较脆易碎,断面比较平坦,相对密度较小。亮煤的均一程度不如镜煤,表面隐约可见微细层理。亮煤有时也有内生裂隙,但不如镜煤发育。在煤层中,亮煤是最常见的宏观煤岩成分,常呈较厚的分层,有时甚至组成整个煤层。亮煤的组成比较复杂。

(4) 暗煤。暗煤的光泽暗淡,一般呈灰黑色,致密坚硬,相对密度大,韧性大,不易破碎,断面比较粗糙,一般不发育内生裂隙。在煤层中,暗煤是常见的宏观煤岩成分,常呈厚、薄不等的分层,也可组成整个煤层。暗煤的组成比较复杂。

除上述 4 种成分外,有学者提出过暗亮煤和亮暗煤,用以描述介于亮煤和暗煤之间的煤岩类型,前者接近于亮煤,后者接近于暗煤。

划分煤岩成分时应注意下列事项:

① 只有条带厚度大于 3～5 mm 时,才能单独构成一个煤岩成分,小于这个厚度则应与

相邻的条带归为一个煤岩成分。

② 肉眼条件下划分煤岩成分与显微镜下所鉴定的显微煤岩类型之间具有一定的联系，但没有完全必然的联系。一般说来，单元组分的煤岩成分（镜煤和丝炭）可以对应与相应的显微煤岩类型（微镜煤和微惰煤），但复组分的煤岩成分（亮煤和暗煤）却往往由一个以上的不同的显微煤岩类型构成。

2）宏观煤岩类型鉴定

（1）光亮型煤。主要由镜煤和亮煤组成（＞80％），光泽很强。由于成分比较均一，呈均一状或不明显的线理状结构。内生裂隙发育，脆度较大，容易破碎。光亮型煤的质量最好，中煤化程度时是最好的冶金焦用煤。

（2）半亮型煤。亮煤和镜煤占多数（50％～80％），含有暗煤和丝炭。光泽强度比光亮型煤稍弱。由于各种宏观煤岩成分交替出现，所以呈条带状结构。具棱角状或阶梯状断口。

（3）半暗型煤。镜煤和亮煤含量较少（50％～20％），而暗煤和丝炭含量较多，光泽比较暗淡，常呈条带状、线理状或透镜状结构。半暗型煤的硬度、韧性和相对密度都较大，半暗型煤的质量多数较差。

（4）暗淡型煤。镜煤和亮煤含量很少（＜20％），而以暗煤为主，有时含较多的丝炭。光泽暗淡，不显层理，块状构造，呈线理状或透镜状结构，致密坚硬，韧性大，相对密度大。暗淡型煤的质量多数很差，但含壳质组多的暗淡型煤的质量较好，且相对密度小。

在实际工作中，苏联煤岩工作者按"平均光泽"划分出光亮型煤、半亮型煤、半暗型煤和暗淡型煤4种类型，叫做"煤的光泽岩石类型"或"宏观煤岩类型"。该宏观描述术语系统在国内至今仍在广泛使用，见表12-3。

表 12-3   **硬煤的宏观煤岩类型**

煤岩类型	平均光泽强度	镜煤＋亮煤含量	主要煤岩组分
光亮型煤	很强	＞75％	镜煤、亮煤
半亮型煤	较强	50％～75％	镜、亮、暗煤，夹丝炭
半暗型煤	暗淡	25％～50％	暗煤为主，有亮煤
暗淡型煤	极暗	＜25％	暗煤为主

划分宏观煤岩类型（光泽岩石类型）时应注意下列事项：

① 只有煤级和成因类型相同的煤才能进行平均光泽强度的比较，仅比较光泽的相对强度，不涉及到具体的光泽特征。

② 划分依据：不同煤条带的平均光泽强度；宏观煤岩成分的相对含量、显微组分是微观特征，仅作为一种辅助标志。

③ 以光泽强度最强的镜煤条带作为比较平均光泽强度的标准。

④ 划分光泽岩石类型的最小分层厚度是 3～10 cm，视具体的研究目的而定。

⑤ 每一光泽岩石类型还可以根据结构、构造等特征进一步细分。

3）煤的结构和构造

（1）煤的结构。煤的结构是指煤的组成成分的各种特征，包括形态、厚度、大小、植物组织残迹以及它们之间的数量变化关系等。依据观察方法的不同，可分为宏观结构和显微结构；依据成因不同，又可分为原生结构（泥炭化时期形成的）和次生结构（煤化作用期间在构造运动等外力下形成的)两类。

　　宏观的原生结构常见的有:条带状结构、线理状结构、透镜状结构、均一状结构、粒状结构、致密状结构、叶片状结构、木质结构、纤维结构等。

　　煤的结构往往不是单一的,常见的几种结构同时存在,如细条带～线理状结构、透镜状～线理状结构。

　　构造煤中可以见到各种次生的宏观结构,如碎裂结构(煤被密集的次生裂隙相互交切成碎块,但碎块之间基本没有位移)、碎粒结构(主要粒径>1 mm,大部分煤粒由于相互间摩擦已失去棱角)、糜棱结构(煤已成较细的粉末,主要粒径<1 mm,有时被重新压紧)。

　　(2)煤的构造。煤的构造是指煤的组成成分在空间的排列和分布特点以及它们之间的相互产出关系。它们与煤的组成成分的自身特点无关,而与泥炭的堆积环境和煤化程度有关。煤的构造同样也可分为宏观和微观,以及原生和次生大类。

　　煤的原生宏观构造包括层状和块状两种,层状构造反映成煤沼泽中水流的活动状态,而块状构造则表明成煤沼泽的滞留状态。

　　由于构造变动而形成的构造煤中具有滑动镜面、鳞片状构造、揉皱状构造等次生的宏观构造。

五、实验结果处理

　　具体实验结果见表 12-4。

表 12-4　　　　　　　　　　　　　**硬煤的宏观煤岩类型**

标本号	煤岩组分观察			
	宏观煤岩组分识别与描述 (颜色、光泽、硬度、断口、微层理、裂隙等)	煤岩类型	煤的结构	煤的构造

六、实验报告要求

　　观察"煤岩成分、光泽岩石类型",描述它们的主要特征并画图表示。

第 13 章
通风网络解算

13.1 通风网络解算程序操作

实验类型:设计性 实验学时:4

一、实验目的

通过实验教学使学生掌握矿井通风网络解算程序 vnt 的使用方法,能够利用该软件独立进行矿井通风设计及优化改造,为从事矿井通风管理工作打下基础。

通过实验,要求学生掌握 vnt 程序的操作使用方法。

二、实验内容

(1) 实际上机操作 vnt 程序,熟悉 vnt 各菜单功能、网络解算所需数据的输入和输出方法。

(2) 了解通风网络解算程序的功能、解算操作步骤等。

(3) 分析风流调节解算结果的区别。

三、仪器设备

计算机、vnt 网络解算软件。

四、所需耗材

无。

五、实验原理、方法和手段

(1) 传统的矿井通风总阻力计算方法是不同时期的风网图上,人工凭经验确定最大阻力路线,再沿该路线逐个分支计算通风阻力,最后求其总和作为矿井通风总阻力。当通风网络比较复杂时,这种方法可能出现差错,即人为确定的最大阻力路线不一定是真正的最大阻力路线。若选取几条路线来计算,最后通过比较确定最大阻力路线,则计算量又增大。当网络中所有分支的风量都已确定以后,按照第 7 章介绍的节点压力分析法,可以自动计算出网络的最大阻力路线和最大阻力值,这比传统的算法更加准确科学,并且不易出错。

(2) 传统的通风设计方法,一般不进行阻力调节计算。但在实际矿井中,为保证各用风地点的需风量,必须进行调节。采取调节措施后,对用风地点的风量和风机工况点,不可避免地要产生一定程度的影响。因此,在设计阶段就进行调节计算,可充分考虑调节后对网络按需分风和风机工况的影响,使得设计结果更加符合实际,这对于提高设计质量无疑是十分有利的。

(3) 当各分支风量和阻力都已求出后,可进行调节计算。其中节点压力分析法,在计算最大阻力的同时就可以计算出各分支的调节参数,而且可考虑各种调节方式和对调节的限制,显然最适合在设计阶段采用。

六、实验步骤

启动 vnt 程序后,首先应选择【文件】菜单中的【新建数据文件】选项或者工具栏上的第1个按钮,然后在数据输入视图上的表格中正确填写各项通风网络数据。原始数据是根据通风阻力测定和风机鉴定的结果求出的,其精确程度在根本上决定了网络解算结果的准确程度。vnt 程序中原始数据输入包括三大部分,分别为分支数据输入、风机数据输入和风机曲线点坐标的输入。

vnt 程序主界面如图 13-1 所示。

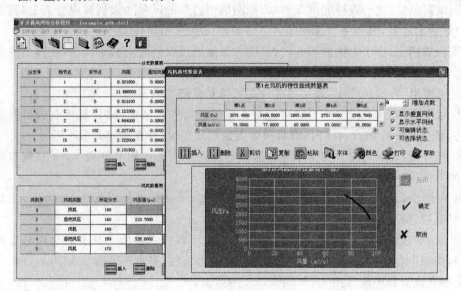

图 13-1 程序主界面

(1) 分支数据输入

分支数据输入是整个输入工作的重点,是通过按一定的要求填写分支数据表格(在输入视图的上半部分)来完成的。分支数据输入表格如图 13-2 所示。

分支数据表

分支号	始节点	末节点	风阻	固定风量	调节标志	最小风阻
1	1	2	0.021800	0.0000	可增阻	
2	2	3	11.680000	0.0000	可增阻	
3	2	5	0.013100	0.0000	可增阻	
4	2	15	0.123300	0.0000	可增阻	
5	2	4	4.684000	0.0000	可增阻	
6	3	102	0.227300	0.0000	可增阻	
7	15	4	2.222000	0.0000	可增阻	
8	15	4	0.101900	0.0000	可增阻	

图 13-2 分支数据输入表格

由图 13-2 可知,分支数据输入的内容按列的顺序从左到右依次为:分支号、始节点、末节点、风阻、固定风量、调节标志和最小风阻。其具体输入要求为：

① 分支号：位于表格的第一列，由 vnt 程序根据分支数目按从小到大的顺序自动生成，无需填写。

② 始、末节点：分别位于表格的第 2 列、第 3 列，其输入类型只能为整数，小数及其他字符无法输入。输入时应注意：同一分支的始、末节点号不能相同；否则，将弹出一消息框，提示为无效输入，要求重新输入。

③ 风阻：位于表格的第 4 列，其输入类型为整数或者小数，其他字符无法输入，单位为 Ns^2/m^8。

④ 固定风量：位于表格的第 5 列，即把网络中已知的风量输入到对应分支上，其数据类型为整数或者小数，其他字符无法输入。该项默认值为 0，单位为 m^3/s。

⑤ 调节标志：位于表格的第 6 列，其输入只能通过双击对应的单元格，在弹出的组合框中选择合适的选项。

⑥ 可增阻：为默认选项，表示对应分支可以安设调节风窗。

⑦ 可降阻：表示对应分支可以通过增大巷道断面等方法来降阻，其地点应根据客观条件人为给定。vnt 在进行调节时，对对应分支处理方法为：事先确定其最小阻力。

⑧ 不可调：表示对应分支由于种种原因不能或不宜安设调节装置。vnt 在调节过程结束后，对其对应分支的处理方法为："风窗搬家"。

⑨ 可增压：表示对应分支可以安设辅助通风机。vnt 在进行调节时，对对应分支处理方法为：计算时忽略该分支。

⑩ 最小风阻：位于表格的第 7 列，输入类型为小数或者整数。只有其对应分支调节标志为"可降阻"时，才可进行编辑；否则单元格显示为灰色，表示不可选。

分别在该界面中输入图 13-3 和图 13-4 的数据。

（2）风机数据输入

风机数据输入，是按一定的要求填写风机数据表格（在输入视图的下半部分）来完成的。输入方法与分支数据所论述的表格输入方法基本相同，其表格控件分布在表格的右部和下部。风机数据输入表格见图 13-3。

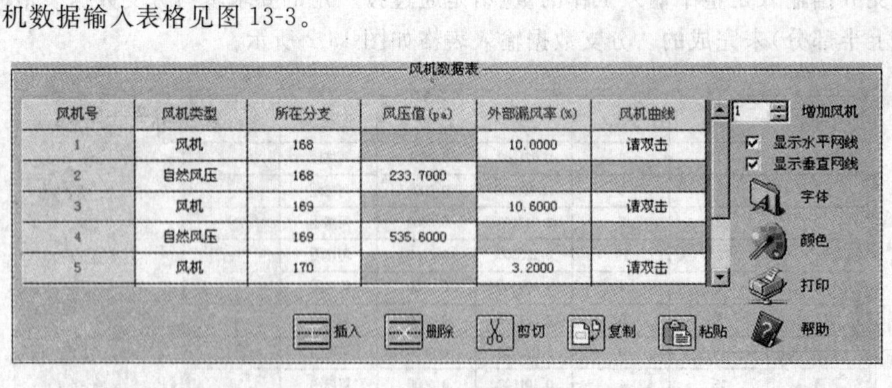

图 13-3　风机数据输入表格

由图 13-3 可知，分机数据输入的内容包括六项，按列的顺序从左到右依次为：风机号、风机类型、所在分支、风压值、外部漏风率和风机曲线。其具体输入要求为：

① 风机号：位于表格的第 1 列，由 vnt 程序根据风机的数目按从小到大的顺序自动生成，无须填写。

②风机类型:位于表格的第 2 列,其输入只能通过双击对应的单元格在弹出的组合框中选择合适的选项。vnt 程序中把风机类型分为 3 种:风机、自然风压、固定风压。

③风机:通常所说的轴流式或离心式通风机(包括主要通风机和辅助通风机)。

④自然风压:当对应分支所在回路其自然通风所产生的风压不能忽略时应输入自然风压值。

⑤固定风压:对应分支所需的固定风压值。

⑥所在分支:位于表格的第 3 列,输入类型只能为整数,该项表示的是风机所在位置。

⑦风压值:位于表格的第 4 列,输入类型为整数或者小数,单位为 Pa。该项当对应风机类型为风机时,不可填写,显示为灰色;当对应风机类型为自然风压或者固定风压时,必须填写。

⑧风机外部漏风率:位于表格的第 5 列,输入类型为整数或者小数。应注意的是其单位为百分制,例如当某风机外部漏风率为 0.012 时,应在此项填写为 1.2。该项只有当对应风机类型为风机时才可填写;否则显示为灰色,表示不可填写。

⑨风机曲线:位于表格的第 5 列,当对应风机类型为风机时,该单元显示"请双击",要求用户在该单元格通过双击鼠标,在弹出的风机曲线点输入表格中填写对应的数据。当该项对应风机类型为自然风压或者固定风压时,显示为灰色,表示不可选。

(3)风机曲线点数据输入

风机曲线点数据输入是在特性曲线上合理工作段范围内,选出若干个具有代表性的点,把其风压、风量值填写在表格中。对设计矿井风网,可用风机出厂特性曲线;对实际矿井风网,应用风机实际运转特性曲线。点数据输入表格是在用户双击风机数据输入表格中提示有"请双击"单元格而在弹出的对话框上半部分显示出来的,其输入方法与前面所论述的表格输入方法基本相同,其表格控件分布在表格的右部和下部。风机曲线点数据输入表格见图 13-4。

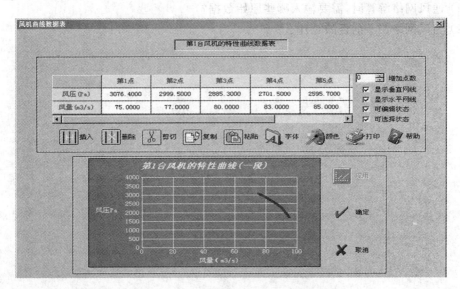

图 13-4　风机曲线点数据输入表格

①风压:位于表格的第 1 行,数据类型为整数或者小数,单位为 Pa。其在输入过程中只能按从大到小的顺序,即后一点的风压值应小于前一点的风压值。

② 风量:位于表格的第 2 行,数据类型为整数或者小数,单位为 m^3/s,在输入过程中只能按从小到大的顺序输入。

注意事项:

① 选择【运行】顶层菜单或者工具栏上的第 6 个按钮,vnt 程序就会自动完成解算、调节及优化等复杂任务,得到解算结果。

② 对比解算结果的差异,并分析原因。

③ 将容易时期和困难时期的解算结果分别保存。

七、实验结果处理

应参照表 13-1 的格式记录通风容易时期或困难时期的调节参数。

表 13-1　　　　　　　　　通风容易时期或困难时期的调节参数

分支号	风窗阻力/Pa	风窗风阻/$(N \cdot s^2 \cdot m^{-8})$
4		
8		
11		
13		
16		

八、实验注意事项

(1) 按照正确的操作方法使用 vnt 程序,避免程序运行错误。

(2) 正确开关及使用计算机,避免计算机硬件或系统的毁坏。

九、预习与思考题

(1) 通风网络解算时,需要输入哪些原始数据?

(2) 通风网络调节的目的是什么?

附　录

附录 1　实验课程信息汇总表

实验课程信息汇总表

序号	课程名	实验项目	实验类型	学时
1	矿井通风	风流状态参数的测定	综合性	2
		摩擦阻力系数和局部阻力系数的测定	设计性	2
		通风机性能测定	设计性	2
		矿井通风阻力测定	综合性	2
		矿井反风演习实验	验证性	1
2	瓦斯地质	瓦斯地质编图	上机	4
		煤的坚固性系数测定	综合性	2
		构造煤微观观察	综合性	2
		煤的显微组分鉴定与定量	综合性	2
		瓦斯放散初速度指标(Δp)测定	综合性	2
3	煤矿瓦斯灾害防治	煤层瓦斯含量井下自然解吸模拟测定	综合性	
		煤的瓦斯残存含量测定	综合性	6
		煤层瓦斯压力测定	设计性	2
		煤的吸附常数测定	综合性	6
		煤层瓦斯含量及瓦斯压力的快速测定	验证性	2
4	矿井粉尘防治	矿尘浓度及分散度测定	综合性	2
		粉尘中游离 SiO_2 含量测定	综合性	2
		煤尘爆炸性测定	验证性	1
		布袋式、旋风式除尘器性能测定	综合性	2
5	矿井火灾防治	细水雾灭火性能实验	设计性	2
		煤自燃倾向性测定	综合性	2
		阻燃材料实验	创新性	2
		瓦斯爆炸演示实验	演示性	1
		泡沫灭火剂的配制及其性能测定	创新性	2
		无氨凝胶制备与胶凝特性测定	创新性	2

序号	课程名	实验项目	实验类型	学时
6	矿山安全检测现监控技术	矿井气候条件和有害气体浓度的测定	综合性	2
		矿井空气中瓦斯和二氧化碳浓度的测定	综合性	2
		光学瓦斯检定器校正实验	综合性	2
		矿山安全监控系统	创新性	2
7	矿井瓦斯预测技术	突出预测指标 Δh_2、K_2 和瓦斯解吸速度衰减系数 C 的测定	综合性	2
		突出预测指标 K_1 的测定	综合性	2
		煤的瓦斯吸附解吸规律物理模拟	创新性	16
		钻孔瓦斯涌出初速度的测定方法	综合性	2
8	矿井瓦斯抽采技术	煤层瓦斯抽采管路中瓦斯流量参数的测定	设计性	2
		瓦斯成分色谱分析	综合性	2
9	煤化学	煤的工业分析	综合性	4
		煤的视(真)相对密度的测定	综合性	4
		煤中全硫含量测定	综合性	2
		煤的发热量测定	综合性	2
10	抢险与救灾	矿山安全救护仪器应用实验	综合性	2
		心肺复苏与呼吸实验	综合性	2
		灭火器的使用	演示性	1
		止血、包扎、固定、搬运训练	综合性	4
11	煤矿地质学	煤类鉴别	验证性	1
		煤的物理性质及结构构造观察	验证性	2
		宏观煤岩组分观察	验证性	2
12	通风网络解算	通风网络解算程序操作	设计性	4

附录2　实验教学(归档)信息

201____～201____学年第____学期实验教学计划

实验任课教师所在学院：_____　　实验室名称：_____　日期:201____年____月____日

序号	实验项目名称	课程名称	理论课老师	班级	实验类别	实验要求	实验类型	实验人数	实验者类别	每组人数	循环次数	学时	开课周次	实验准备教师	实验指导教师及人数	
															指导教师	指导人数
1																
2																
3																
4																
5																

实验教师签字_____　　系(所)负责人签字_____　　教学院长签字_____

注：1.“实验类别”为基础、技术(专业)基础、专业或其他；

　　2.“实验要求”为必修、选修或其他；

　　3.“实验类型”为演示、验证、综合、设计、创新、上机；

　　4.“实验者类别”为博士生、硕士生、本科生、专科生、教师或其他；

　　5.同一实验项目因实验对象、实验要求不同时，分别填写；

　　6.“实验指导教师及人数”一列根据指导教师实际人数填写。

201____～201____学年第____学期 第____周

实验课课程表

学院：_____　　实验室名称：_____

		星期一	星期二	星期三	星期四	星期五	星期六	星期日
上午	第1,2节							
	第3,4节							
下午	第5,6节							
	第7,8节							
	晚上							

实验教师签字_____　　安全工程实验中心负责人签字_____

注:空格中要填写的内容包括:实验项目名称、专业班级、分组及实验地点等。

实验室开放计划

学院:＿＿＿＿＿＿＿＿＿＿ 实验室名称:＿＿＿＿＿＿＿＿＿＿

序号	实验项目名称	计划学时数	开放时间	开放要求

开放实验中心(室)主任意见:

负责人签字:
年　月　日

开放实验室所在学院意见:

负责人签字:
年　月　日

学生参加开放实验登记表

实验中心(室)名称：_____　　项目名称：_____

开放时间：_____　　学　时　数：_____

学生姓名	专业班级	联系方式	登记日期	安排日期	指导教师

学生参加开放实验申请表
(学生自拟项目)

学生姓名		专业班级		联系方式	
实验室名称		项目名称			
计划学时数		指导教师			

	专业班级	学号	姓名	签名	日期
参与学生					

实验目的及要求

实验内容

预期成果

实验中心(室)审查意见(安排实验时间、地点、指导教师等作出具体说明)

负责人签字：_____
_____年___月___日

注：此表送交相应实验中心(室)，并存档备案。

安全工程实验中心本科实验成绩单

学年第___学期

课 程 名 称:_____ 实验项目:_____
实验室名称:_____ 指导教师:_____
专 业 班 级:_____ 实验日期:_____

序号	姓　名	成绩	序号	姓　名	成绩

实验教师签名:_____

_____年___月___日

安全工程实验中心学生开放实验成绩单

_____学年第____学期

实验项目名称：_____ 指导教师：_____

序号	姓　名	班　级	成绩	序号	姓　名	班　级	成绩
1				21			
2				22			
3				23			
4				24			
5				25			
6				26			
7				27			
8				28			
9				29			
10				30			
11				31			
12				32			
13				33			
14				34			
15				35			
16				36			
17				37			
18				38			
19				39			
20				40			

实验教师签名：_____

_____年___月___日

安全工程实验中心实验报告

姓　　名：_____

专业班级：_____

学　　号：_____

同 组 人：_____

实验时间：_____

大学(学院)

课 程 名 称：_____　　实验项目：_____

实验室名称：_____　　实验教师：_____

一、实验目的：

二、实验仪器：

三、实验原理：

四、实验内容及步骤：

五、实验结果及分析：

任课教师评语：

实验成绩：_____　评阅人：_____　日期：_____

大学(学院)

安全工程实验中心实验报告存档信息

课程名称	
实验项目名称	
实验类型	
专业班级	
课程任课教师	
实验指导教师	
实验学期	＿＿＿＿＿＿学年第＿＿学期
备　　注	共＿＿＿＿本,第＿＿＿＿本

参考文献

[1] 彭子飞. 实验员[M]. 北京：中国劳动社会保障出版社，2009.

[2] 张敬东，余明远. 安全工程实践教学综合实验指导书[M]. 北京：冶金工业出版社，2009.

[3] 倪文耀，朱顺兵. 安全工程专业实践与设计教程[M]. 徐州：中国矿业大学出版社，2012.

[4] 邓奇根，高建良，刘明举. 安全系统工程（双语）[M]. 徐州：中国矿业大学出版社，2011.

[5] 崔克清. 安全工程试验与鉴别技术[M]. 北京：中国计量出版社，2005.

[6] 邓奇根. 高建良，牛国庆，等. 地矿类高校实验教学示范中心建设与实践[J]. 实验技术与管理，2013，30(1)：137-141.

[7] 邓奇根，王燕，刘明举，等. 2001～2013 年全国煤矿事故统计分析与启示[J]. 煤炭技术，2014，33(09)：73-75.

[8] 余本胜，高建良. 高校地矿类专业人才培养模式课程体系改革的实践[J]. 中国大学教学，2009(2).

[9] 国家安全生产监督管理总局. 煤矿安全规程[M]. 北京：煤炭工业出版社，2016.

[10] 张国枢. 通风安全学[M]. 徐州：中国矿业大学出版社，2007.

[11] 孙一坚. 工业通风[M]. 北京：中国建筑工业出版社，1994.

[12] 国家安全生产监督管理总局. 煤矿在用主通风机系统安全检测检验规范：AQ 1011—2005[S]. 北京：煤炭工业出版社，2005.

[13] 国家安全生产监督管理总局. 矿井瓦斯等级鉴定规范：AQ 1025—2006[S]. 北京：煤炭工业出版社，2006.

[14] 王德明. 矿井通风与安全[M]. 徐州：中国矿业大学出版社，2007.

[15] 国家安全生产监督管理总局. 煤矿通风能力核定标准：AQ 1056—2008[S]. 北京：煤炭工业出版社，2009.

[16] 韩德馨，杨起. 中国煤田地质学[M]. 煤炭工业出版社，1979.

[17] 焦作矿业学院瓦斯地质研究室. 瓦斯地质概论[M]. 北京：煤炭工业出版社，1990.

[18] 张子敏，张玉贵. 瓦斯地质规律与瓦斯预测[M]. 北京：煤炭工业出版社，2005.

[19] 杨力生. 我国煤矿开展瓦斯地质研究现状与展望[J]. 瓦斯地质，1985(1)：1-6.

[20] 张子敏，张玉贵，卫修君，等. 煤矿三级瓦斯地质图[M]. 北京：煤炭工业出版社，2007.

[21] 张子敏. 瓦斯地质学[M]. 徐州：中国矿业大学出版社，2009.

[22] 国家安全生产监督管理总局. 煤的瓦斯放散初速度指标测定方法：AQ 1080—2009[S]. 北京：中国标准出版社，2010.

[23] 国家质量监督检验检疫总局，国家标准化管理委员会. 煤和岩石物理力学性质测定方法 第 12 部分 煤的坚固性系数测定方法：GB/T 23561.12—2010[S]. 北京：中国标准出版社，2010.

[24] 国家安全生产监督管理总局.地勘时期煤层瓦斯含量测定方法:AQ 1046—2007[S].北京:煤炭工业出版社,2007.

[25] 国家安全生产监督管理总局.煤矿井下煤层瓦斯压力的直接测定方法:AQ 1047—2007[S].北京:煤炭工业出版社,2007.

[26] 国家质量监督检验检疫总局,国家标准化管理委员会.煤层瓦斯含量井下直接测定方法:GB/T 23250—2009[S].北京:中国标准出版社,2009.

[27] 国家安全生产监督管理总局.煤与瓦斯突出矿井鉴定规范:AQ 1024—2006[S].北京:煤炭工业出版社,2006.

[28] 张铁岗.矿井瓦斯综合治理技术[M].北京:煤炭工业出版社,2001.

[29] 王佑安.矿井瓦斯防治[M].北京:煤炭工业出版社,1994.

[30] 张铁岗.矿井瓦斯综合治理技术[M].北京:煤炭工业出版社,2001.

[31] 王省身.矿井灾害防治理论与技术[M].徐州:中国矿业大学出版社,1986.

[32] 于不凡.煤矿瓦斯灾害防治及利用技术手册[M].北京:煤炭工业出版社,2005.

[33] 国家安全生产监督管理总局.煤的甲烷吸附量测定方法(高压容量法):MT/T 752—1997[S].中国标准出版社,1998.

[34] 付建华.煤矿瓦斯灾害防治理论研究与工程实践[M].徐州:中国矿业大学出版社,2005.

[35] 周世宁,林柏泉.煤层瓦斯赋存与流动理论[M].北京:煤炭工业出版社,1999.

[36] 俞启香.矿井灾害防治理论与技术[M].徐州:中国矿业大学出版社,2008.

[37] 卫生部.工作场所空气中粉尘测定 第3部分 粉尘分散度:GBZ/T 192.3—2007[S].北京:中国计划出版社,2007.

[38] 傅贵,金龙哲,徐景德.矿尘防治[M].徐州:中国矿业大学出版社,2002.

[39] 国家安全生产监督管理总局.呼吸性粉尘个体采样器:AQ 4204—2008[S].北京:煤炭工业出版社,2009.

[40] 国家安全生产监督管理总局.矿山个体呼吸性粉尘测定方法:AQ 4205—2008[S].北京:煤炭工业出版社,2009.

[41] 国家安全生产监督管理总局.作业场所空气中呼吸性煤尘接触浓度管理标准:AQ 4202—2008[S].北京:煤炭工业出版社,2009.

[42] 马中飞,沈恒根.工业通风与除尘[M].北京:中国劳动社会保障出版社,2009.

[43] 国家安全生产监督管理总局.煤矿井下粉尘综合防治技术规范:AQ 1020—2008[S].北京:煤炭工业出版社,2006.

[44] 金龙哲.矿井粉尘防治[M].北京:煤炭工业出版社,1993.

[45] 国家安全生产监督管理总局.煤矿用袋式除尘器:AQ 1022—2006[S].北京:煤炭工业出版社,2006.

[46] 国家安全生产监督管理总局.煤尘爆炸性鉴定规范:AQ 1045—2007[S].北京:煤炭工业出版社,2007.

[47] 周心权,方裕璋.矿井火灾防治[M].徐州:中国矿业大学出版社,2002.

[48] 王省身,张国枢.矿井火灾防治[M].徐州:中国矿业大学出版社,1990.

[49] 国家安全生产监督管理.煤自燃倾向性的氧化动力学测定方法:AQ/T 1068—2008[S].北京:煤炭工业出版社,2009.

[50] 煤科总院抚顺分院防火组.利用阻化剂预防采煤工作面自然发火[J].煤矿安全,1993
(2):1-15.

[51] 杨泗霖.防火与防爆[M].北京:首都经济贸易大学出版社,2006.

[52] 国家安全生产监督管理总局.煤层自然发火标志气体色谱分析及指标优选方法:AQ
1019—2006[S].北京:煤炭工业出版社,2006.

[53] 国家安全生产监督管理总局.煤矿低浓度瓦斯与细水雾混合安全输送装置技术规范:
AQ 1078—2009[S].北京:煤炭工业出版社,2010.

[54] 范维澄,王清安,姜冯辉,等.火灾学简明教程[M].合肥:中国科学技术大学出版
社,1995.

[55] 国家安全生产监督管理总局.煤矿采掘工作面高压喷雾降尘技术规范:AQ 1021—
2006[S].北京:煤炭工业出版社,2006.

[56] 国家安全生产监督管理总局.煤矿安全监控系统及检测仪器使用管理规范:AQ
1029—2007[S].北京:煤炭工业出版社,2007.

[57] 国家安全生产监督管理总局.矿用二氧化碳传感器通用技术条件:AQ 1052—2008
[S].北京:煤炭工业出版社,2009.

[58] 国家安全生产监督管理总局.煤矿安全监控系统通用技术要求:AQ 6201—2006[S].
北京:煤炭工业出版社,2006.

[59] 国家安全生产监督管理总局.煤矿用低浓度载体催化式甲烷传感器:AQ 6203—2006
[S].北京:煤炭工业出版社,2006.

[60] 国家安全生产监督管理总局.瓦斯抽放用热导式高浓度甲烷传感器:AQ 6204—2006
[S].北京:煤炭工业出版社,2006.

[61] 国家安全生产监督管理总局.煤矿用电化学式一氧化碳传感器:AQ 6205—2006[S].
北京:煤炭工业出版社,2006.

[62] 国家安全生产监督管理总局.煤矿用高低浓度甲烷传感器:AQ 6206—2006[S].北京:
煤炭工业出版社,2006.

[63] 国家安全生产监督管理总局.便携式载体催化甲烷检测报警仪:AQ 6207—2007[S].
北京:煤炭工业出版社,2007.

[64] 国家安全生产监督管理总局.煤矿用固定式甲烷断电仪:AQ 6208—2007[S].北京:煤
炭工业出版社,2007.

[65] 蔡成功,王魁军.MD-2 型煤钻屑瓦斯解吸仪[J].煤矿安全.1992,(7):16-18.

[66] 胡千庭.WTC 瓦斯突出参数仪及其应用[D].煤炭工程师,1994(6).

[67] 胡千庭.关于煤巷掘进时几个突出预测指标的讨论[D].重庆:煤炭科学研究总院重庆
分院,1985.

[68] 国家安全生产监督管理总局.钻屑瓦斯解吸指标测定方法:AQ/T 1065—2008[S].北
京:煤炭工业出版社,2009.

[69] 程五一,邓全封,栾永祥,等.确定工作面突出预测指标临界值方法的研究[J].煤矿安
全,1996(10):12-16.

[70] 刘明举,刘希亮,何俊.煤与瓦斯突出分形预测研究[J].煤炭学报,1998,23(6):
616-619.

[71] 王凯.钻孔法预测煤与瓦斯突出的研究[D].徐州:中国矿业大学,1997.

[72] 王凯,俞启香.煤与瓦斯突出的非线性特征及预测模型[M].徐州:中国矿业大学出版社,2005.

[73] 何学秋,刘明举.含瓦斯煤岩破坏电磁动力学[M].徐州:中国矿业大学出版社,1995.

[74] 何学秋,王恩元,聂百胜等.煤炭流变电磁动力学[M].北京:科学出版社,2003.

[75] 林柏泉,张建国.矿井瓦斯抽放理论与技术[M].徐州:中国矿业大学出版社,1996.

[76] 袁亮.松软低透煤层群瓦斯抽采理论与技术[M].北京:煤炭工业出版社,2004.

[77] 煤炭工业部.矿井瓦斯抽放规范[M].北京:煤炭工业出版社,1997.

[78] 俞启香,王凯,杨胜强.中国采煤工作面瓦斯涌出规律及其控制研究[J].中国矿业大学学报,2000,5(1):9-14.

[79] 俞启香,程远平,蒋承林,等.高瓦斯特厚煤层煤与泄压瓦斯共采原理及实践[J].中国矿业大学学报,2004,33(2):127-131.

[80] 国家质量监督检查检疫总局.煤矿瓦斯抽采工程设计规范:GB 50471—2008[S].北京:中国计划出版社,2009.

[81] 国家安全生产监督管理总局.矿井瓦斯涌出量预测方法:AQ 1018—2006[S].北京:煤炭工业出版社,2006.

[82] 国家安全生产监督管理总局.煤矿瓦斯抽采基本指标:AQ 1026—2006[S].北京:煤炭工业出版社,2006.

[83] 国家安全生产监督管理总局.煤矿瓦斯抽放规范:AQ 1027—2006[S].北京:煤炭工业出版社,2006.

[84] 国家质量监督检验检疫总局,中国国家标准化管理委员会.煤的工业分析方法:GB/T 212—2008[S].中国标准出版社,2008.

[85] 国家质量监督检验检疫总局,中国国家标准化管理委员会.煤的发热量测定方法:GB/T 213—2008[S].中国标准出版社,2008.

[86] 国家质量监督检验检疫总局,中国国家标准化管理委员会.煤中全硫的测定方法:GB/T 214—2007[S].中国标准出版社,2007.

[87] 国家质量监督检验检疫总局,中国国家标准化管理委员会.煤样的制备方法:GB/T 474—2008[S].中国标准出版社,2007.

[88] 国家质量监督检验检疫总局,中国国家标准化管理委员会.煤的视相对密度测定方法:GB/T 6949—2010[S].中国标准出版社,2011.

[89] 国家质量监督检验检疫总局,中国国家标准化管理委员会.GB/T 217—2008 煤的真相对密度测定方法[S].中国标准出版社,2008.

[90] 国家安全生产监督管理总局.隔绝式负压氧气呼吸器:AQ 1053—2008[S].北京:煤炭工业出版社,2009.

[91] 国家安全生产监督管理总局.隔绝式压缩氧气自救器:AQ 1054—2008[S].北京:煤炭工业出版社,2009.

[92] 国家安全生产监督管理总局.化学氧自救器初期生氧器:AQ 1057—2008[S].北京:煤炭工业出版社,2009.

[92] 国家安全生产监督管理总局.矿山救护规程:AQ 1008—2007[S].北京:煤炭工业出版社,2008.

[93] 国家安全生产监督管理总局.矿山救护队质量标准化考核规范:AQ 1009—2007[S].

北京:煤炭工业出版社,2008.

[94] 国家安全生产监督管理总局. 煤矿职业安全卫生个体防护用品配备标准:AQ 1051—2008[S]. 北京:煤炭工业出版社,2009.

[95] 杨起,韩德馨. 中国煤田地质学(上册)[M]. 北京:煤炭工业出版社,1979.

[96] 车树成,张荣伟. 煤矿地质学[M]. 徐州:中国矿业大学出版社,1996.

[97] 焦作矿业学院瓦斯组. 湘、赣、豫煤和瓦斯突出带地质构造特征[R]. 焦作:焦作矿业学院,1982.

[98] 中华人民共和国煤炭工业部. 钻孔瓦斯涌出初速度的测定方法:MT/T 639—1996[R]. 北京:煤炭工业出版社,2007.